최상위수학 라이트

이 책을 만드신 선생님

최문섭 최희영 송낙천 한송이 김종군 민승기 남덕우 김의진 이상범 박선영

이 책을 검토하신 선생님

최상위에듀 집필연구소

최상위수학 라이트 중 1-1
펴낸날 [초판 1쇄] 2023년 10월 15일
펴낸이 이기열
펴낸곳 (주)디딤돌 교육
주소 (03972) 서울특별시 마포구 월드컵북로 122 청원선와이즈타워
대표전화 02-3142-9000
구입문의 02-322-8451
내용문의 02-336-7918
팩시밀리 02-335-6038
홈페이지 www.didimdol.co.kr
등록번호 제10-718호

Light 라이트 중 1|1

최상위 수학

Structure

상위권으로 가는 필수 교재,
최상위 수학 라이트

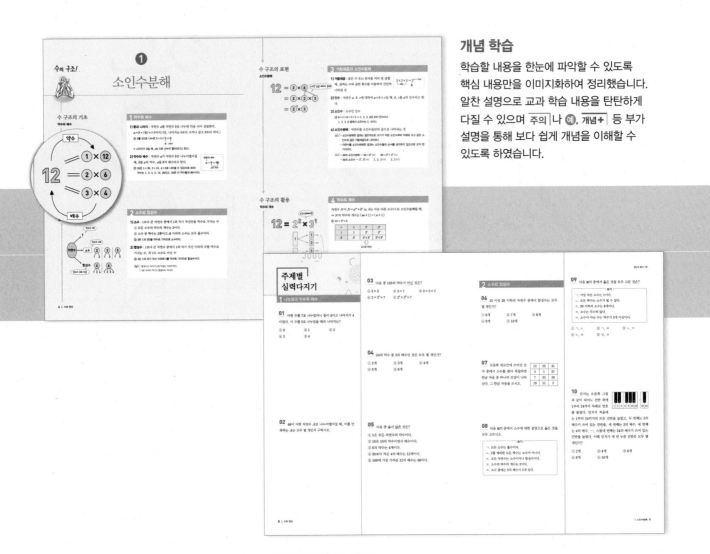

개념 학습

학습할 내용을 한눈에 파악할 수 있도록
핵심 내용만을 이미지화하여 정리했습니다.
알찬 설명으로 교과 학습 내용을 탄탄하게
다질 수 있으며 주의 나 예, 개념+ 등 부가
설명을 통해 보다 쉽게 개념을 이해할 수
있도록 하였습니다.

주제별 실력 다지기

중단원별로 세분화 유형 중 시험에 잘 나오거나
틀리기 쉬운 핵심 유형을 수록하여 집중 연습할 수
있도록 하였습니다. 보다 깊이있는 수학적 개념의
이해를 위한 엄선된 문제를 제시하여 문제해결
능력을 키울 수 있도록 하였습니다.

개념은 연결하고 확장해야 제맛!

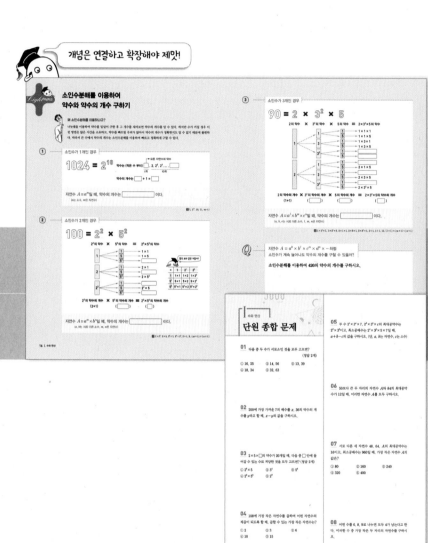

Light 개념특강

학습한 내용에서 자연스럽게 확장되는 과정과 개념을 보여주어 논리적 사고를 넓힐 수 있도록 하였으며, 이를 통해 이후 학습에 대한 방향성을 제시하였습니다.

단원 종합 문제

대단원 학습 내용을 정리할 수 있도록 학습 내용, 난이도, 문제 형태를 고려하여 엄선된 문제를 구성하였습니다.

도전! 최상위

최상위 문제의 도전을 통해 학습의 성취감을 느끼며, 심화 학습에 대한 자신감을 가질 수 있도록 하였습니다.

Contents

I

수와 연산

수의 구조!

① 소인수분해

수 구조의 기초

약수와 배수

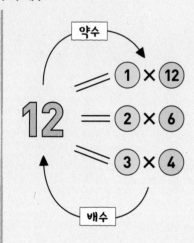

수 구조의 핵심

소수

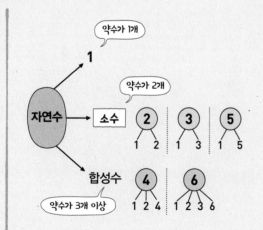

1 약수와 배수

1) 몫과 나머지 : 자연수 a를 자연수 b로 나누면 다음 식이 성립한다.

$a=b\times(몫)+(나머지)$ (단, 나머지는 0보다 크거나 같고 b보다 작다.)

예 5를 3으로 나누면 $5=3\times\underset{몫}{1}+\underset{나머지}{2}$

＋ 나머지가 0일 때, a는 b로 나누어 떨어진다고 한다.

2) 약수와 배수 : 자연수 a가 자연수 b로 나누어떨어질 때, b를 a의 약수, a를 b의 배수라고 한다.

예 20은 1×20, 2×10, 4×5로 나타낼 수 있으므로 20의 약수는 1, 2, 4, 5, 10, 20이고, 20은 이 약수들의 배수이다.

$$\underset{a의 약수}{\underbrace{a=\overset{b(몫)의 배수}{\overbrace{b}}\times(몫)}}$$

2 소수와 합성수

1) 소수 : 1보다 큰 자연수 중에서 1과 자기 자신만을 약수로 가지는 수

① 모든 소수의 약수의 개수는 2이다.

② 소수 중 짝수는 2뿐이고, 2 이외의 소수는 모두 홀수이다.

예 3은 1과 3만을 약수로 가지므로 소수이다.

2) 합성수 : 1보다 큰 자연수 중에서 1과 자기 자신 이외의 수를 약수로 가지는 수, 즉 1도 소수도 아닌 수

예 4는 1과 자기 자신 이외에 2를 약수로 가지므로 합성수이다.

개념＋ ・합성수는 약수가 3개 이상인 자연수이다.
・1은 소수도 아니고 합성수도 아니다.

수 구조의 표현
소인수분해

$$12 = ②\times⑥$$
$$= ②\times②\times③$$
$$= ②^2\times③$$

소수만 남을 때까지 분해!

3 거듭제곱과 소인수분해

1) 거듭제곱 : 같은 수 또는 문자를 여러 번 곱할 때, 곱하는 수와 곱한 횟수를 이용하여 간단히 나타낸 것

$$2\times2\times2 = 2^3 \leftarrow 지수$$
3번 ── 밑

2) 인수 : 자연수 a, b, c에 대하여 $a=b\times c$일 때, b, c를 a의 인수라고 한다.

3) 소인수 : 소수인 인수

예 $6=1\times6=2\times3 \Rightarrow$ 1, 2, 3, 6은 6의 인수이다.
1, 2, 3, 6 중에서 소인수는 2, 3이다.

4) 소인수분해 : 자연수를 소인수들만의 곱으로 나타내는 것

참고 • 소인수분해한 결과는 일반적으로 크기가 작은 소인수부터 차례로 쓰고 같은 소인수의 곱은 거듭제곱으로 나타낸다.
• 자연수를 소인수분해한 결과는 소인수들의 순서를 생각하지 않으므로 오직 한 가지이다.

주의 • 36의 소인수분해 → $36=6^2$ (×)　　$36=2^2\times3^2$ (○)
• 36의 소인수 → 2^2, 3^2 (×)　　1, 2, 3 (×)　　2, 3 (○)

수 구조의 활용
약수의 개수

소인수분해하면

$$12 = 2^2 \times 3^1$$

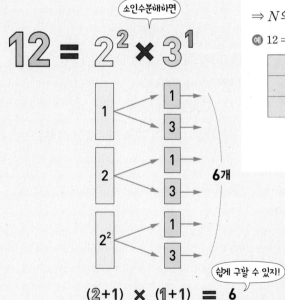

6개

$$(②+1) \times (①+1) = 6$$

쉽게 구할 수 있지!

4 약수의 개수

자연수 N이 $N=a^m\times b^n$ (a, b는 서로 다른 소수)으로 소인수분해될 때,
$\Rightarrow N$의 약수의 개수는 $(m+1)\times(n+1)$

예 $12=2^2\times3$

×	1	2^1	2^2
1	1	2^1	2^2
3^1	3^1	$2^1\times3^1$	$2^2\times3^1$

⬇
12의 약수

주제별
실력다지기

1 나눗셈과 약수와 배수

01 어떤 수를 7로 나누었더니 몫이 6이고 나머지가 4이었다. 이 수를 5로 나누었을 때의 나머지는?

① 0   ② 1   ③ 2
④ 3   ⑤ 4

02 48이 어떤 자연수 A로 나누어떨어질 때, 이를 만족하는 A는 모두 몇 개인지 구하시오.

03 다음 중 126의 약수가 <u>아닌</u> 것은?

① 2×3 ② 3×7 ③ $2 \times 3 \times 7$
④ $2 \times 3^2 \times 7$ ⑤ $2^2 \times 3^2 \times 7$

04 24의 약수 중 3의 배수인 것은 모두 몇 개인가?

① 2개   ② 3개   ③ 4개
④ 5개   ⑤ 6개

05 다음 중 옳지 <u>않은</u> 것은?

① 1은 모든 자연수의 약수이다.
② 10은 10의 약수이면서 배수이다.
③ 6의 약수는 4개이다.
④ 50보다 작은 4의 배수는 13개이다.
⑤ 100에 가장 가까운 12의 배수는 96이다.

2 소수와 합성수

06 10 이상 20 이하의 자연수 중에서 합성수는 모두 몇 개인가?

① 6개   ② 7개   ③ 8개
④ 9개   ⑤ 10개

07 오른쪽 네모칸에 쓰여진 숫자 중에서 소수를 찾아 색칠하면 한글 자음 중 하나의 모양이 나타난다. 그 한글 자음을 쓰시오.

13	23	31
3	1	27
7	33	28
19	11	2

08 다음 **보기** 중에서 소수에 대한 설명으로 옳은 것을 모두 고르시오.

┌─────── 보기 ───────┐
ㄱ. 모든 소수는 홀수이다.
ㄴ. 2를 제외한 모든 짝수는 소수가 아니다.
ㄷ. 모든 자연수는 소수이거나 합성수이다.
ㄹ. 소수의 약수의 개수는 2이다.
ㅁ. 소수 중에는 5의 배수가 2개 있다.
└────────────────────┘

09 다음 **보기** 중에서 옳은 것을 모두 고른 것은?

┌─────── 보기 ───────┐
ㄱ. 가장 작은 소수는 1이다.
ㄴ. 모든 짝수는 소수가 될 수 없다.
ㄷ. 20 이하의 소수는 8개이다.
ㄹ. 소수는 무수히 많다.
ㅁ. 소수가 아닌 수는 약수가 3개 이상이다.
└────────────────────┘

① ㄱ, ㄴ   ② ㄱ, ㅁ   ③ ㄴ, ㄷ
④ ㄷ, ㄹ   ⑤ ㄹ, ㅁ

10 민지는 오른쪽 그림과 같이 피아노 건반 위에 1부터 24까지 차례로 번호를 붙였다.

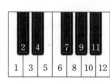

민지가 처음에는 1부터 24까지의 모든 건반을 눌렀고, 두 번째는 2의 배수가 쓰여 있는 건반을, 세 번째는 3의 배수, 네 번째는 4의 배수, …, 스물네 번째는 24의 배수가 쓰여 있는 건반을 눌렀다. 이때 민지가 세 번 누른 건반은 모두 몇 개인가?

① 2개   ② 4개   ③ 6개
④ 8개   ⑤ 10개

11 다음 중 240의 소인수가 <u>아닌</u> 것을 모두 고르면?

(정답 2개)

① 1   ② 2   ③ 3

④ 5   ⑤ 2^4

12 $1 \times 2 \times 3 \times \cdots \times 10$을 소인수분해하면 $2^a \times 3^b \times 5^c \times 7$이 된다. 이때 자연수 a, b, c에 대하여 $a+b+c$의 값을 구하시오.

13   미남이는 형이 2명 있다. 미남이와 형들의 나이를 모두 곱하면 4095이고 큰 형은 20대일 때, 미남이의 나이는?

① 5세   ② 9세   ③ 12세

④ 13세   ⑤ 15세

14   다음 중 옳지 <u>않은</u> 것을 모두 고르면? (정답 2개)

① $3 \times 3 \times 3 \times 3 = 3^4$

② 18의 소인수는 2, 3, 3^2이다.

③ 28을 소인수분해하면 $2^2 \times 7$이다.

④ 15와 42는 서로소이다.

⑤ 125의 약수의 개수는 4이다.

15   자연수 a를 소인수분해하였을 때, 소인수를 그 개수만큼 모두 더한 값을 $S(a)$라 하자. 예를 들어 $20 = 2^2 \times 5$이므로 $S(20) = 2+2+5 = 9$이다. 이때 $S(x) = 8$을 만족시키는 모든 자연수 x의 값의 합을 구하시오.

4 완전제곱수

16 $180 \times a = b^2$을 만족하는 a, b가 모두 가장 작은 자연수가 되도록 할 때, $a+b$의 값은?

① 32   ② 33   ③ 34
④ 35   ⑤ 36

17 189에 자연수 a를 곱하여 어떤 자연수의 제곱이 되도록 할 때, a의 값이 될 수 있는 것을 모두 고르면?

(정답 2개)

① 3^2 ② 7   ③ $3^3 \times 7$
④ $3^2 \times 7^3$ ⑤ $3^5 \times 7$

18 135에 자연수를 곱하여 어떤 자연수의 제곱이 되도록 할 때, 곱할 수 있는 자연수 중에서 두 번째로 작은 자연수는?

① 15   ② 30   ③ 45
④ 60   ⑤ 75

19 600에 가능한 작은 자연수를 곱하여 자연수 a의 제곱이 되게 할 때, a의 값을 구하시오.

20 336에 자연수 a를 곱하여 어떤 자연수의 제곱이 되도록 할 때, 다음 물음에 답하시오.

⑴ a의 값이 될 수 있는 수 중에서 가장 작은 수를 구하시오.

⑵ 200 이하의 자연수 중에서 a가 될 수 있는 수는 몇 개인지 구하시오.

21 250을 가장 작은 자연수 x로 나누어 어떤 자연수 y의 제곱이 되도록 할 때, $x-y$의 값을 구하시오.

22 자연수 a, b에 대하여 $160 \div a = b^2$을 만족하는 a의 값 중 가장 작은 수를 구하시오.

23 648을 자연수 x로 나누었을 때 어떤 자연수의 제곱이 되게 하려고 한다. 다음 중 x의 값이 될 수 <u>없는</u> 것은?

① 2   ② 2^3 ③ 2×3^2
④ 2×3^3 ⑤ 2×3^4

24 756을 자연수 x로 나누어 어떤 자연수의 제곱이 되게 하려고 한다. 다음 중 x의 값이 될 수 <u>없는</u> 것을 모두 고르면? (정답 2개)

① 3×7 ② $2^2 \times 3^2$ ③ $2^2 \times 3 \times 7$
④ $3^3 \times 7$ ⑤ $2^2 \times 3^2 \times 7$

25 360을 자연수 a로 나누어 어떤 자연수의 제곱이 되게 하려고 한다. 이때 a의 값이 될 수 있는 수 중에서 두 번째로 작은 자연수는?

① 10   ② 20   ③ 30
④ 40   ⑤ 50

5 약수의 개수

26 360의 약수의 개수는?

① 6　　　　② 12　　　　③ 18

④ 24　　　　⑤ 30

27 $2^a \times 5 \times 7^2$의 약수의 개수가 18일 때, 자연수 a의 값을 구하시오.

28 다음 중 48과 약수의 개수가 같은 것은?

① $2^3 \times 5$　　　② $2^2 \times 3^2$　　　③ 3×5^4

④ 2^8　　　　⑤ $3 \times 5 \times 7 \times 11$

29 다음 중 약수의 개수가 가장 많은 것은?

① $2 \times 5^2 \times 6$　　　② 10^4

③ 126　　　　④ 546

⑤ 875

30 $42 \times \square$의 약수의 개수가 16일 때, $\square$ 안에 들어갈 가장 작은 수는?

① 2　　　　② 3　　　　③ 4

④ 5　　　　⑤ 7

31 $2^3 \times \square$의 약수의 개수가 12일 때, 다음 중 $\square$ 안에 들어갈 수 <u>없는</u> 수를 모두 고르면? (정답 2개)

① 12   ② 27   ③ 49

④ 196   ⑤ 256

33 $A = B \times 3^3$은 약수의 개수가 8인 수 중에서 가장 작은 자연수이다. 이때 $A - B$의 값은?

① 44   ② 49   ③ 52

④ 54   ⑤ 58

34 약수의 개수가 10인 가장 작은 자연수를 구하시오.

32 180의 약수의 개수와 $2^2 \times 3 \times \square$의 약수의 개수가 같을 때, $\square$ 안에 들어갈 수로 적당하지 <u>않은</u> 것은?

① 15   ② 20   ③ 24

④ 25   ⑤ 64

35 200 이하의 자연수 중에서 약수의 개수가 홀수인 것은 모두 몇 개인가?

① 11개   ② 12개   ③ 13개

④ 14개   ⑤ 15개

36 300의 약수 중에서 어떤 자연수의 제곱이 되는 수의 개수는?

① 2   ② 3   ③ 4

④ 5   ⑤ 6

37 자연수 a의 약수의 개수를 $n(a)$라고 할 때, 다음을 만족하는 자연수 x 중에서 가장 작은 수를 구하시오.

$$n(18) \times n(x) = 24$$

38 다음 **조건**을 모두 만족하는 수를 구하시오.

┌─ 조건 ┐

(가) 세 자리의 자연수이다.

(나) 60의 배수이다.

(다) 약수의 개수는 27이다.

39 다음 **조건**을 모두 만족하는 수를 모두 구하시오.

┌─ 조건 ┐

(가) 소인수분해하였을 때 소인수는 2, 3이다.

(나) 두 자리의 자연수이다.

(다) 약수의 개수는 12이다.

40 1부터 50까지의 자연수가 각각 하나씩 적혀 있는 50개의 컵이 있다. 이때 1번 학생부터 50번 학생까지 아래와 같은 규칙으로 컵에 구슬을 넣었을 때, 구슬이 2개 들어 있는 컵의 개수를 구하시오.

1번 학생은 모든 컵에 구슬을 1개씩 넣는다.

2번 학생은 2의 배수가 적혀 있는 컵에 구슬을 1개씩 넣는다.

3번 학생은 3의 배수가 적혀 있는 컵에 구슬을 1개씩 넣는다.

$\vdots$

50번 학생은 50의 배수가 적혀 있는 컵에 구슬을 1개씩 넣는다.

소인수분해를 이용하여 약수와 약수의 개수 구하기

왜 소인수분해를 이용하냐고?

나눗셈을 이용하여 약수를 일일이 구한 후 그 개수를 세어보면 약수의 개수를 알 수 있다. 하지만 수가 커질 경우 이런 방법은 많은 시간을 소요하고, 약수를 빠뜨릴 우려가 많아서 약수의 개수가 정확한지도 알 수 없기 때문에 불편하다. 따라서 큰 수에서 약수의 개수는 소인수분해를 이용하여 빠르고 정확하게 구할 수 있다.

① ─── 소인수가 1개인 경우

$$1024 = 2^{10}$$

약수는 (작은 수부터) $\boxed{}$, 2, 2^2, 2^3, $\cdots$, $\boxed{}$ ← 모든 자연수의 약수

1개   10개

약수의 개수는 $\boxed{}$ $+ 1 = \boxed{}$

자연수 $A = a^m$일 때, 약수의 개수는 $\boxed{}$ 이다.

(a는 소수, m은 자연수)

답 1, 2^{10}, 10, 11, $m+1$

② ─── 소인수가 2개인 경우

$$100 = 2^2 \times 5^2$$

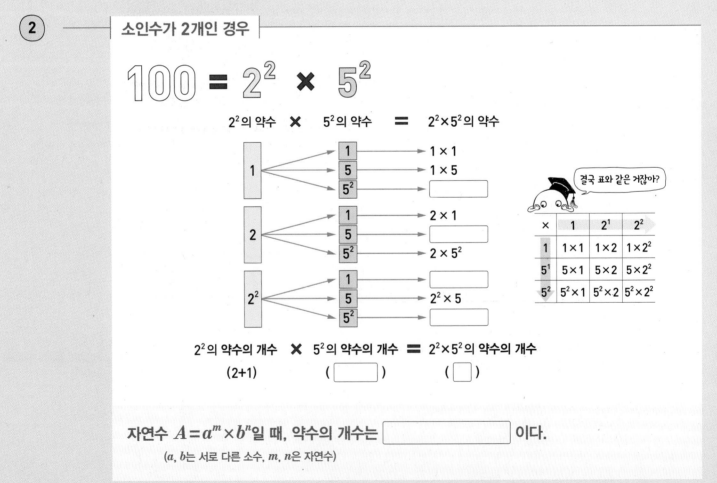

2^2의 약수 $\times$ 5^2의 약수 $=$ $2^2 \times 5^2$의 약수

	1	1×1
	5	1×5
1	5^2	$\boxed{}$
	1	2×1
2	5	$\boxed{}$
	5^2	2×5^2
	1	$\boxed{}$
2^2	5	$2^2 \times 5$
	5^2	$\boxed{}$

결국 표와 같은 거잖아?

$\times$	1	2^1	2^2
1	1×1	1×2	1×2^2
5^1	5×1	5×2	5×2^2
5^2	$5^2 \times 1$	$5^2 \times 2$	$5^2 \times 2^2$

2^2의 약수의 개수 $\times$ 5^2의 약수의 개수 $=$ $2^2 \times 5^2$의 약수의 개수

(2+1)   ($\boxed{}$)   ($\boxed{}$)

자연수 $A = a^m \times b^n$일 때, 약수의 개수는 $\boxed{}$ 이다.

(a, b는 서로 다른 소수, m, n은 자연수)

답 1×5^2, 2×5, $2^2 \times 1$, $2^2 \times 5^2$, 2+1, 9, $(m+1) \times (n+1)$

소인수가 3개인 경우

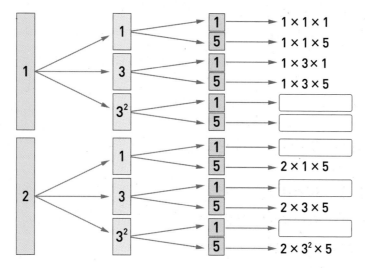

$$90 = 2 \times 3^2 \times 5$$

2의 약수 × 3^2의 약수 × 5의 약수 = $2 \times 3^2 \times 5$의 약수

1	1 → 1	1 × 1 × 1
		5 → 1 × 1 × 5
	3 → 1	1 × 3 × 1
		5 → 1 × 3 × 5
	3^2 → 1	
		5 →
2	1 → 1	
		5 → 2 × 1 × 5
	3 → 1	
		5 → 2 × 3 × 5
	3^2 → 1	
		5 → $2 \times 3^2 \times 5$

2의 약수의 개수 × 3^2의 약수의 개수 × 5의 약수의 개수 = $2 \times 3^2 \times 5$의 약수의 개수

(1+1)   ( )   ( )   ( )

자연수 $A = a^l \times b^m \times c^n$일 때, 약수의 개수는 [   ]이다.

(a, b, c는 서로 다른 소수, l, m, n은 자연수)

답 $1 \times 3^2 \times 1$, $1 \times 3^2 \times 5$, $2 \times 1 \times 1$, $2 \times 3 \times 1$, $2 \times 3^2 \times 1$, 2+1, 1+1, 12, $(l+1) \times (m+1) \times (n+1)$

Q 자연수 $A = a^k \times b^l \times c^m \times d^n \times \cdots$처럼
소인수가 계속 늘어나도 약수의 개수를 구할 수 있을까?

소인수분해를 이용하여 420의 약수의 개수를 구하시오.

답 24

수의
구조와 관계!

② 최대공약수와 최소공배수

수 구조의 공통 부분

공약수와 최대공약수

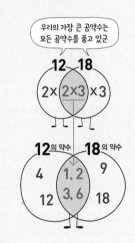

우리의 가장 큰 공약수는 모든 공약수를 품고 있군.

수 구조의 결합

공배수와 최소공배수

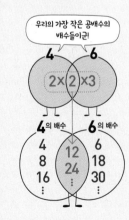

우리의 가장 작은 공배수의 배수들이군!

---

1 공약수와 최대공약수

1) 공약수 : 두 개 이상의 자연수의 공통인 약수

2) 최대공약수 : 공약수 중에서 가장 큰 수

3) 최대공약수의 성질 : 두 개 이상의 자연수의 공약수는 최대공약수의 약수이다.

> 예 6과 8의 공약수 1, 2는 6과 8의 최대공약수인 2의 약수이다.
>
> ✚ 공약수의 개수는 최대공약수의 약수의 개수와 같다.

4) 서로소 : 최대공약수가 1인 두 자연수

> 예 8과 15의 최대공약수는 1이므로 8과 15는 서로소이다.
>
> 주의 • 공약수 중에서 가장 작은 수는 항상 1이므로 최소공약수는 생각하지 않는다.

---

2 공배수와 최소공배수

1) 공배수 : 두 개 이상의 자연수의 공통인 배수

2) 최소공배수 : 공배수 중에서 가장 작은 수

3) 최소공배수의 성질 : 두 개 이상의 자연수의 공배수는 최소공배수의 배수이다.

> 예 6과 8의 공배수 24, 48, …은 6과 8의 최소공배수인 24의 배수이다.

4) 두 자연수가 서로소일 때, 이 두 수의 최소공배수는 두 수의 곱과 같다.

> 예 서로소인 두 수 3과 5의 최소공배수는 $3 \times 5 = 150$이다.
>
> 주의 • 공배수는 끝없이 계속 구할 수 있으므로 공배수 중에서 가장 큰 수는 알 수 없다. 따라서 최대공배수는 생각하지 않는다.

수 구조로 본 관계

최대공약수와 최소공배수의 관계

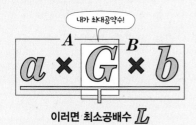

이러면 최소공배수 L

* a, b는 서로소
G: *Greatest Common Divisor*
L: *Least Common Multiple*

수 구조의 활용

최대공약수와 최소공배수의 활용

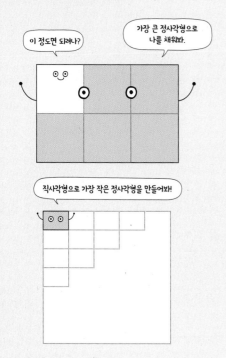

---

3 최대공약수와 최소공배수의 관계

두 자연수 A, B의 최대공약수를 G, 최소공배수를 L이라고 하면 다음이 성립한다.

a, b가 서로소일 때,

1) $A=a\times G$, $B=b\times G$

2) $L=a\times b\times G=a\times B=b\times A$

3) $A\times B=(a\times G)\times(b\times G)=(a\times b\times G)\times G=L\times G$

⇒ (두 수의 곱)=(최소공배수)×(최대공약수)

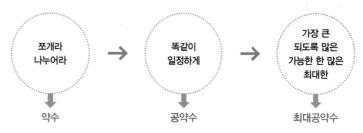

---

4 최대공약수와 최소공배수의 활용

1) 문장 속에 숨어있는 최대공약수

두 개 이상의 대상을 각각

쪼개라 나누어라	→	똑같이 일정하게	→	가장 큰 되도록 많은 가능한 한 많은 최대한
↓		↓		↓
약수		공약수		최대공약수

① 어떤 물건들을 가능한 한 <u>많은</u> 사람에게 <u>똑같이</u> 나누어 주는 문제
　　　　　　　　　　　　　　　　　　최대　　　　　　　공약수
② 직사각형을 가장 <u>큰</u> 정사각형으로 <u>빈틈없이</u> 채우는 문제
　　　　　　　　최대　　　　　　공약수
③ 직사각형 모양의 둘레에 <u>일정한</u> 간격으로 나무를 심을 때, 나무 사이의
　　　　　　　　　　　공약수

　간격이 <u>최대</u>가 되도록 하는 문제
　　　　최대
④ 몇 개의 자연수를 모두 <u>나누어떨어지게</u> 하는 가장 <u>큰</u> 자연수를 구하는 문제
　　　　　　　　　　　공약수　　　　　　　　　　최대

2) 문장 속에 숨어있는 최소공배수

두 개 이상의 대상을 각각

나아간다 (더 크게) 늘려 쌓다 회전한다	→	다시 만나는 가로/세로가 같게 맞물리는	→	처음으로 가능한 한 작은 가장 작은 최소한
↓		↓		↓
배수		공배수		최소공배수

① 배차 간격이 다른 두 버스가 동시에 출발하여 <u>처음</u>으로 다시 <u>만나는</u> 시각을 묻는 문제
　　　　　　　　　　　　　　　　　　　　　　　　　최소　　　공배수
② 톱니 수가 다른 두 톱니바퀴가 <u>처음</u>으로 다시 같은 톱니에서 <u>맞물릴</u> 때까지
　　　　　　　　　　　　　　　　최소　　　　　　　　공배수
　회전한 톱니 수를 구하는 문제
③ 일정한 크기의 직육면체를 빈틈없이 <u>쌓아서</u> 가장 <u>작은</u> 정육면체를 만드는 문제
　　　　　　　　　　　　　　　공배수　　　최소
④ 몇 개의 자연수로 모두 <u>나누어 떨어지는</u> 가장 <u>작은</u> 자연수를 구하는 문제
　　　　　　　　　공배수　　　　　　　　최소

주제별
실력다지기

1 공약수와 최대공약수

01 다음 중 옳지 <u>않은</u> 것은?

① 최대공약수가 1인 두 자연수는 서로소이다.
② 두 홀수는 서로소이다.
③ 36과 65는 서로소이다.
④ 두 자연수가 서로소이면 두 수의 공약수는 1뿐이다.
⑤ 서로 다른 두 소수는 서로소이다.

02 다음 중 두 수가 서로소가 <u>아닌</u> 것을 모두 고르면?

(정답 2개)

① 3, 7   ② 8, 15   ③ 14, 15
④ 28, 35   ⑤ 26, 65

03 두 자연수 A, B의 최대공약수가 48일 때, 다음 중 A와 B의 공약수인 것을 모두 고르시오.

2	5	7	8	12
15	18	24	36	48

04 세 수 60, 72, 144의 공약수의 개수를 구하시오.

05 세 수 $2^x \times 3^3 \times 7^3$, $2^3 \times 3^y \times 7^2$, $2^4 \times 3^4 \times 7^2$의 최대공약수가 $2^2 \times 3^2 \times 7$일 때, 자연수 x, y, z에 대하여 $x \times y \times z$의 값은?

① 4   ② 6   ③ 8
④ 10   ⑤ 12

06 두 수 $A=2^3\times3$, $B=2^2\times3^4\times\square$의 최대공약수가 $2^2\times3$일 때, 다음 중 $\square$ 안에 들어갈 수 <u>없는</u> 수는?

① 2　　　　② 3　　　　③ 5

④ 7　　　　⑤ 11

07 세 수 A, $2^2\times3^3\times5\times7$, $2\times3^2\times7^2$의 최대공약수가 $2\times3^2\times7$일 때, 다음 중 A의 값이 될 수 있는 것은?

① $2\times3^2\times5$　　　　② $2\times3\times5^2$

③ $2^2\times3\times5$　　　　④ $2\times3\times5^2\times7^2$

⑤ $2^2\times3^2\times7^2$

08 어떤 세 자리의 자연수와 52의 최대공약수는 13이다. 이러한 자연수 중 가장 작은 수는?

① 104　　　② 117　　　③ 130

④ 143　　　⑤ 156

09 다음 **조건**을 모두 만족시키는 두 자리의 자연수 A, B에 대하여 $A+B$와 $A-B$의 최대공약수를 구하시오.

(단, $A>B$)

┌─ 조건 ─┐

(가) A와 B는 서로소이다.

(나) $A\times B=300$이다.

10 서로 다른 세 자연수 36, 60, N의 최대공약수가 6일 때, N의 값으로 가능한 수 중에서 작은 쪽에서 두 번째인 수를 구하시오.

11 어떤 자연수로 74를 나누면 2가 남고, 112를 나누면 4가 남는다고 한다. 이러한 수 중에서 가장 큰 수를 구하시오.

12 어떤 자연수로 39를 나누면 3이 남고, 65를 나누면 5가 남는다고 한다. 이러한 자연수는 모두 몇 개인가?

① 1개   ② 2개   ③ 3개
④ 4개   ⑤ 5개

13 공책 40권과 지우개 96개를 되도록 많은 학생들에게 똑같이 나누어 주려고 한다. 이때 한 학생은 몇 권의 공책과 몇 개의 지우개를 받게 되는지 구하시오.

14 연필 86자루와 지우개 137개를 가능한 한 많은 학생들에게 똑같이 나누어 주려고 한다. 연필은 2자루가 부족하고 지우개는 5개가 남았을 때, 학생은 몇 명인가?

① 22명   ② 36명   ③ 40명
④ 44명   ⑤ 48명

15 개업식에 오시는 손님들께 답례품으로 떡을 드리려고 한다. 팥떡은 38개, 바람떡은 50개를 주문했는데, 손님들께 똑같이 나누어드리려고 하니 팥떡은 2개가 남고, 바람떡은 10개가 부족했다. 팥떡, 바람떡의 개당 가격이 각각 900원, 400원이었다면 손님 한 명 당 얼마의 돈이 들어가는지 구하시오.

(단, 손님이 최대한 많이 왔다고 가정한다.)

16 가로, 세로의 길이가 각각 105 cm, 75 cm인 직사각형 모양의 종이에 빈틈없이 정사각형 모양의 색종이를 붙이려고 한다. 가능한 한 큰 색종이를 붙이려고 할 때, 필요한 색종이는 모두 몇 장인가?

① 30장   ② 32장   ③ 35장
④ 38장   ⑤ 40장

17 오른쪽 그림과 같이 가로의 길이, 세로의 길이, 높이가 각각 36 cm, 24 cm, 48 cm인 직육면체 모양의 나무토막을 남는 부분이 없도록 잘라서 크기가 같은 정육면체 모양의 주사위를 여러 개 만들려고 한다. 주사위를 될 수 있는 한 크게 만들 때, 만들 수 있는 주사위의 개수를 구하시오.

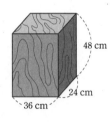

18 오른쪽 그림과 같이 가로의 길이, 세로의 길이, 높이가 각각 72 cm, 96 cm, 120 cm인 직육면체 모양의 상자를 가능한 한 큰 정육면체로 빈틈없이 채우려고 한다. 이때 필요한 정육면체의 개수를 구하시오.

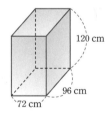

19 같은 크기의 정육면체 모양의 블록을 빈틈없이 쌓아서 가로의 길이, 세로의 길이, 높이가 각각 18 cm, 42 cm, 54 cm인 직육면체 모양을 만들려고 한다. 다음 물음에 답하시오.

(1) 쌓을 수 있는 정육면체 모양의 블록의 한 모서리의 길이를 모두 구하시오. (단, 모서리의 길이는 자연수이다.)

(2) 블록을 가능한 한 적게 사용하려고 할 때, 필요한 블록의 개수를 구하시오.

20 가로의 길이가 60 m, 세로의 길이가 44 m인 직사각형 모양의 땅 둘레에 일정한 간격으로 나무를 심으려고 한다. 네 모퉁이에 반드시 나무를 심으려고 할 때, 나무는 최소한 몇 그루가 필요한가?

① 24그루   ② 36그루   ③ 48그루
④ 52그루   ⑤ 56그루

21 세 수 6, 16, 18의 공배수 중에서 300에 가장 가까운 수를 구하시오.

22 두 자연수 a, b의 최소공배수가 32일 때, a와 b의 공배수 중 300 이하의 세 자리의 자연수의 개수는?

① 5   ② 6   ③ 7

④ 8   ⑤ 9

23 두 수 $2^x \times 3^y \times 5^2$, $2^2 \times 5^z$의 최소공배수가 $2^4 \times 3^4 \times 5^3$일 때, 자연수 x, y, z에 대하여 $x+y+z$의 값은?

① 8   ② 9   ③ 10

④ 11   ⑤ 12

24 어떤 수와 36의 최소공배수가 $2^2 \times 3^2 \times 7$일 때, 다음 중 어떤 수로 적당하지 <u>않은</u> 것은?

① 7   ② 21   ③ 42

④ 56   ⑤ 84

25 세 자연수의 비가 5 : 6 : 8이고 최소공배수가 960일 때, 세 자연수 중 가장 큰 수는?

① 40   ② 48   ③ 56

④ 64   ⑤ 72

4 최소공배수의 활용

26 어떤 자연수를 5, 6, 9로 나누면 모두 3이 남는다고 한다. 이러한 수 중 가장 작은 두 자리의 자연수는?

① 78　　　　② 84　　　　③ 87

④ 90　　　　⑤ 93

27 세 자연수 4, 6, 9 중 어느 것으로 나누어도 1이 남는 세 자리의 자연수 중 가장 작은 자연수를 구하시오.

28 다음 **조건**을 모두 만족하는 수 중에서 350에 가장 가까운 수를 구하시오.

┌─ 조건 ─
(가) 8로 나누면 3이 남는다.
(나) 10으로 나누면 3이 남는다.
(다) 15로 나누면 3이 남는다.
└

29 6으로 나누면 3이 남고, 7로 나누면 4가 남고, 8로 나누면 5가 남는 자연수 중 가장 작은 수는?

① 156　　　　② 158　　　　③ 162

④ 165　　　　⑤ 167

30 진석이네 학교 1학년 학생 수는 200명보다 많고, 250명보다 적다. 1학년 전체 학생을 각각 10명, 12명, 15명씩 나누어 조를 편성하면 언제나 2명이 남는다고 한다. 이때 1학년 학생은 모두 몇 명인가?

① 238명　　　　② 242명　　　　③ 244명

④ 246명　　　　⑤ 248명

31 2024년은 갑진년이다. 이러한 이름은 다음과 같은 10개의 천간과 12개의 지지를 차례로 대응시켜 만들어진다.

> 천간 : 갑, 을, 병, 정, 무, 기, 경, 신, 임, 계
> 지지 : 자, 축, 인, 묘, 진, 사, 오, 미, 신, 유, 술, 해

2024년을 나타내는 '갑진'은 천간의 '갑'과 지지의 '진'을 대응시킨 것이고, 다음 해인 2025년은 을사년이 된다. 이때 2142년은 무슨 해가 되는가?

① 경자년   ② 신묘년   ③ 병오년
④ 임인년   ⑤ 정유년

32 톱니가 각각 24개, 30개인 두 톱니바퀴 A, B가 서로 맞물려 있다. 두 톱니바퀴가 회전하기 시작하여 다시 처음의 위치에서 맞물리려면 A, B는 각각 최소한 몇 번을 회전해야 하는지 구하시오.

33 A역에서 기차는 28분마다 출발하고, 전철은 12분마다 출발한다고 한다. 오전 9시 정각에 기차와 전철이 동시에 출발하였다면 처음으로 다시 동시에 출발하는 시각을 구하시오.

34 성연이는 마당에 있는 소나무에는 4일마다, 전나무에는 6일마다 물을 준다. 어느 일요일에 두 나무에 동시에 물을 주었다면 처음으로 다시 동시에 두 나무에 물을 주게 되는 일요일은 그로부터 며칠 후인가?

① 14일 후   ② 28일 후   ③ 42일 후
④ 84일 후   ⑤ 168일 후

35 A, B 두 개의 전구가 있다. A 전구는 18초 동안 켜져 있다가 2초 동안 꺼지고, B 전구는 21초 동안 켜져 있다가 3초 동안 꺼진다. 10시 정각에 켜진 두 전구는 10시 15분까지 몇 번 더 동시에 켜지는지 구하시오.

36 천명이가 다니는 도서관은 7일간 열고 하루를 쉬고, 유신이가 다니는 도서관은 11일간 열고 하루를 쉬며, 두 도서관이 동시에 쉴 때 두 사람은 같이 PC방을 가기로 했다. 어느 해 4월 1일 수요일부터 두 도서관이 동시에 열기 시작해서 두 사람도 동시에 도서관에 다니기 시작했을 때, 두 사람이 처음으로 PC방에 간 요일은?

① 월요일   ② 화요일   ③ 수요일
④ 목요일   ⑤ 금요일

37 가로의 길이가 6 cm, 세로의 길이가 10 cm인 직사각형 모양의 천조각을 이어 붙여서 정사각형 모양의 식탁보를 만들려고 한다. 이때 만들 수 있는 가장 작은 식탁보의 넓이를 구하시오.
(단, 겹치는 부분이 없도록 이어 붙인다고 한다.)

38 가로의 길이, 세로의 길이, 높이가 각각 12 cm, 18 cm, 9 cm인 직육면체 모양의 벽돌이 있다. 이것을 빈틈없이 쌓아서 가능한 한 작은 정육면체를 만들려고 한다. 다음 물음에 답하시오.

(1) 정육면체의 한 모서리의 길이를 구하시오.

(2) 필요한 벽돌은 모두 몇 개인지 구하시오.

39 오른쪽 그림과 같이 세 모서리의 길이가 각각 15 cm, 6 cm, 20 cm인 직육면체 모양의 블록을 여러 개 쌓아서 정육면체 모양을 만들려고 한다. 블록을 되도록 적게 쌓을 때, 필요한 블록은 모두 몇 개인가?

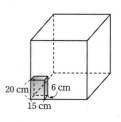

① 60개   ② 84개   ③ 96개
④ 120개   ⑤ 144개

40 원 모양의 공원의 둘레를 따라 나무를 동일한 간격으로 심으려고 한다. 나무를 12 m 간격으로 심을 때와 58 m 간격으로 심을 때, 필요한 나무의 수의 차가 92라고 한다. 이 공원의 둘레의 길이를 구하시오.

5 최대공약수와 최소공배수의 관계

41 두 수 $2^4 \times 3^a \times 5^2$, $2^3 \times 3 \times 5^b$의 최대공약수가 $2^3 \times 3 \times 5$이고, 최소공배수가 $2^4 \times 3^3 \times 5^2$일 때, $a+b$의 값은? (단, a, b는 자연수)

① 2   ② 3   ③ 4

④ 5   ⑤ 6

42 두 수 $2^a \times 3 \times 5$, $2^3 \times 3^b \times c$의 최대공약수가 $2^2 \times 3$, 최소공배수가 $2^3 \times 3^3 \times 5 \times 7$일 때, $a+b+c$의 값을 구하시오. (단, a, b는 자연수, c는 소수)

43 두 수 $2^2 \times 3 \times 5$, A의 최대공약수가 $2^2 \times 3$이고, 최소공배수가 $2^3 \times 3^4 \times 5 \times 7$일 때, A의 값은?

① $2^2 \times 3^2 \times 5$ ② $2^3 \times 3^4 \times 7$ ③ $2^3 \times 3^5 \times 7$

④ $2^4 \times 3^5 \times 5$ ⑤ $2^5 \times 3^3 \times 7$

44 두 자연수 96과 A의 최대공약수가 6이다. 다음 중 96과 A의 최소공배수가 될 수 <u>없는</u> 것을 모두 고르면? (정답 2개)

① $2^4 \times 3^2$ ② $2^5 \times 3^2$ ③ $2^5 \times 3^3$

④ $2^5 \times 3^2 \times 5$ ⑤ $2^6 \times 3^2$

45 다음 세 **조건**을 모두 만족시키는 자연수 x를 구하시오.

┌─── 조건 ┌
(가) x는 3과 4의 공배수이다.
(나) x는 72와 180의 공약수이다.
(다) x의 약수의 개수는 9이다.

46 다음 두 **조건**을 모두 만족하는 자연수 A의 값은?

┌─── 조건 ┌
(가) A와 $3^2 \times 5^2$의 최대공약수는 75이다.
(나) A와 $3^2 \times 5^2$의 최소공배수는 1125이다.

① 315   ② 330   ③ 375

④ 420   ⑤ 450

47 세 자연수 $4 \times k$, $5 \times k$, $6 \times k$의 최소공배수가 240일 때, 이 세 수의 최대공약수를 구하시오.

48 두 자연수 A와 B의 합이 110, 최대공약수가 10일 때, 다음 중 두 수 A와 B의 최소공배수를 최대공약수로 나눈 몫이 될 수 <u>없는</u> 것은?

① 12   ② 18   ③ 24

④ 28   ⑤ 30

49 두 자연수의 곱은 1470이고, 최대공약수는 7일 때, 이 두 수의 최소공배수는?

① 21   ② 35   ③ 42

④ 250   ⑤ 210

50 두 자연수의 곱이 432이고, 최소공배수가 72일 때, 두 수의 최대공약수를 구하시오.

51 두 분수 $\dfrac{24}{A}$, $\dfrac{36}{A}$이 모두 자연수가 되도록 하는 자연수 A의 총합은?

① 10   ② 12   ③ 16

④ 24   ⑤ 28

52 두 분수 $\dfrac{1}{10}$, $\dfrac{1}{35}$ 중 어느 것에 곱하여도 자연수가 되는 세 자리의 자연수 중 가장 작은 수를 구하시오.

54 세 분수 $\dfrac{4}{3}$, $\dfrac{6}{5}$, $\dfrac{8}{7}$ 중 어느 것에 곱하여도 그 결과가 자연수가 되도록 하는 수 중 가장 작은 수를 기약분수로 나타낼 때, 분자와 분모의 차는?

① 2   ② 24   ③ 103
④ 105   ⑤ 107

53 두 분수 $\dfrac{10}{13}$, $\dfrac{25}{3}$에 각각 어떤 수를 곱하여 그 결과가 모두 자연수가 되게 하려고 한다. 이러한 수 중 가장 작은 수는?

① $\dfrac{39}{50}$ ② $\dfrac{9}{5}$ ③ $\dfrac{117}{50}$
④ $\dfrac{13}{5}$ ⑤ $\dfrac{39}{5}$

55 다음 두 **조건**을 모두 만족하고, 1보다 크고 100보다 작은 자연수 N의 개수는?

---조건---
(가) $\dfrac{9}{16} \times N$은 자연수이다.
(나) $\dfrac{17}{8} \times N$은 자연수이다.

① 4   ② 6   ③ 8
④ 10   ⑤ 12

숫자를 문자로 나타내어 배수 판별하는 방법을 찾아보자.

소인수찾기? 문제는 소인수분해! 어떻게?

소인수분해를 하면 수의 구조를 알 수 있어 다양한 부분에서 활용할 수 있다. 하지만 아주 큰 수의 경우 소인수분해를 하는 것이 쉽지는 않다. 왜냐하면 그 수의 약수가 되는 소인수를 찾기가 쉽지 않기 때문이다. 이때 배수판별법을 이용하여 약수를 찾게 되면 아무리 큰 수라도 쉽게 소인수를 찾을 수 있어 원하는 소인수분해를 쉽게 할 수 있다.

① 9의 배수를 찾아보자!

4자리 자연수 $abcd$(a는 10보다 작은 자연수, b, c, d는 0 또는 10보다 작은 자연수)에 대하여

$$abcd = a \times 1000 + b \times 100 + c \times 10 + d$$

모든 자연수는 같은 방법으로 분해할 수 있어!

$$= a \times (999 + 1) + b \times (99 + 1) + c \times (9 + 1) + d$$

$$= 999a + a + 99b + b + 9c + c + d$$

결국 내가 모든 걸 결정해!

$$= 9(111a + 11b + c) + a + b + c + d$$

난 9의 배수!

4자리 자연수 $abcd$에서 $\boxed{}$ 가 9의 배수이면

원래의 4자리 자연수 $abcd$는 9의 배수이다. (a는 10보다 작은 자연수, b, c, d는 0 또는 10보다 작은 자연수)

답 $a+b+c+d$

② 같은 원리로 3의 배수를 찾아보자!

$$abcd = 9(111a + 11b + c) + a + b + c + d$$

또 내가 모든 걸 결정하는군!

난 3의 배수!

결국 자리수가 아무리 늘어나고 커지더라도 **10진법**의 원리에 의해 모든 자연수는 같은 방식으로 **3 또는 9**의 배수임을 판별할 수 있다.

결국 9의 배수 찾기와 같은 거잖아?

임의의 자연수 $abcdefg\cdots$ 에서 $\boxed{}$ 가 3의 배수이면

원래의 자연수 $abcdefg\cdots$는 3의 배수이다.

(a는 10보다 작은 자연수, b, c, d, e, f, g, $\cdots$은 0 또는 10보다 작은 자연수)

답 $a+b+c+d+e+f+\cdots$

3 | 비슷한 방법으로 11의 배수를 찾아보자! |

$$\mathcal{abcd} = a \times 1000 + b \times 100 + c \times 10 + d$$
$$= a \times (1001-1) + b \times (99+1) + c \times (11-1) + d$$
$$= 1001a - a + 99b + b + 11c - c + d$$
$$= 11(91a + 9b + c) - a + b - c + d$$

역시 내가 모든 걸 결정하는군!

난 11의 배수!

이때 음수가 나올 수 있으므로 **0 또는 −11의 배수**인 경우도 **11의 배수**가 된다.

5자리 자연수의 경우는 어떨까?

$$\mathcal{abcde} = a \times 10000 + b \times 1000 + c \times 100 + d \times 10 + e$$
$$= a \times (9999+1) + b \times (1001-1) + c \times (99+1) + d(11-1) + e$$
$$= 9999a + a + 1001b - b + 99c + c + 11d - d + e$$
$$= 11(909a + 91b + 9c + d) + a - b + c - d + e$$

난 11의 배수!

이번에도 내가 모든 걸 결정하는군!

마찬가지로 음수가 나올 수 있으므로 **0 또는 −11의 배수**인 경우도 **11의 배수**가 된다.

5자리 자연수 $abcde$에서 [   ] 가 0 또는 11의 배수이면 원래의 5자리 자연수 $abcde$는 11의 배수이다. (a는 10보다 작은 자연수, b, c, d, e는 0 또는 10보다 작은 자연수)

답 $a-b+c-d+e$

  아주 큰 수도 배수판별법을 이용하여 소인수를 구할 수 있을까?

배수판별법을 이용하여 8자리 자연수 123456[ ]8이 11의 배수가 될 수 있도록 [ ] 안에 알맞은 숫자를 구하시오.

답 0

2. 최대공약수와 최소공배수 **33**

수의 확장!

3

정수와 유리수

수의 확장(1)

정수

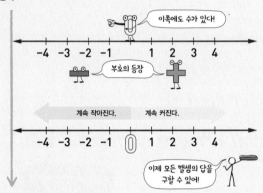

이쪽에도 수가 있다!

부호의 등장

계속 작아진다. 계속 커진다.

이제 모든 뺄셈의 답을 구할 수 있어!

수의 확장(2)

유리수

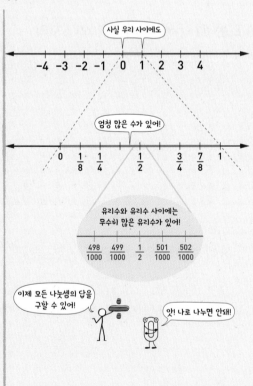

사실 우리 사이에도

엄청 많은 수가 있어!

유리수와 유리수 사이에는 무수히 많은 유리수가 있어!

$\dfrac{498}{1000}$ $\dfrac{499}{1000}$ $\dfrac{1}{2}$ $\dfrac{501}{1000}$ $\dfrac{502}{1000}$

이제 모든 나눗셈의 답을 구할 수 있어!

앗! 나로 나누면 안돼!

1 부호를 가진 수

서로 반대되는 성질을 갖는 수량을 수로 나타낼 때, 양의 부호인 +와 음의 부호인 −를 사용하여 나타낼 수 있다.

예 영하 5 ℃를 −5 ℃라고 하면 영상 10 ℃는 +10 ℃라고 한다.

✚ 양의 정수일 때, 양의 부호(+)는 보통 생략하고 쓴다.

2 정수와 유리수

1) 정수 : 양의 정수, 0, 음의 정수를 통틀어 일컫는 수

2) 정수의 분류

① 양의 정수(자연수) : 자연수에 양의 부호(+)를 붙인 수

② 0 : 0은 양의 정수도 음의 정수도 아니다.

③ 음의 정수 : 자연수에 음의 부호(−)를 붙인 수

3) 유리수 : 분자, 분모(0이 아닌 정수)가 모두 정수인 분수로 나타낼 수 있는 수로 $\dfrac{q}{p}$(단, p, q는 정수, $p \neq 0$)꼴이다.

① 양의 유리수(양수) : 분자, 분모가 자연수인 분수에 양의 부호(+)를 붙인 수

② 0 : 양의 유리수도 음의 유리수도 아니다.

③ 음의 유리수(음수) : 분자, 분모가 자연수인 분수에 음의 부호(−)를 붙인 수

✚ 수직선에서 두 수 a, b로부터 같은 거리에 있는 중점은

$$(a, b\text{의 중점}) = \dfrac{a+b}{2}$$

4) 유리수의 분류

유리수
├ 정수
│ ├ 양의 정수(자연수) : +1, +2, +3, +4, +5, ⋯
│ ├ 0
│ └ 음의 정수 : −1, −2, −3, −4, −5, ⋯
└ 정수가 아닌 유리수 : $-\dfrac{1}{2}$, $-\dfrac{1}{3}$, ⋯, $+\dfrac{4}{5}$, ⋯

확장된 수의 성질

절댓값과 정수와 유리수의 대소 관계

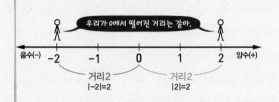

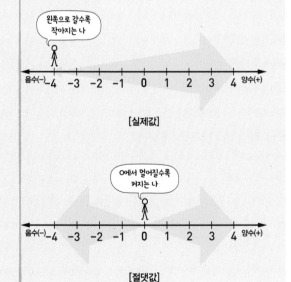

[실제값]

[절댓값]

3 절댓값

1) 절댓값 : 수직선 위에서 어떤 수를 나타내는 점과 원점 사이의 거리

기호 | |를 사용하여 나타낸다.

예 $|+2|=2$, $|-2|=2$

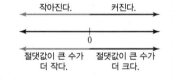

2) 절댓값의 성질

① 0의 절댓값은 0이다. 즉, $|0|=0$

② 원점에서 멀어질수록 절댓값이 커진다.

③ 절댓값이 가장 작은 수는 0이다.

④ 절댓값이 $a(a>0)$인 수는 $-a$, $+a$로 항상 두 개이다.

3) 절댓값의 표현 : 절댓값 a를 기호로 $|a|$로 나타낸다.

$$|a| = \begin{cases} a & (a \geq 0) \\ -a & (a < 0) \end{cases}$$

4 정수와 유리수의 대소 관계

1) 정수와 유리수의 대소 관계

수직선 위에서 오른쪽으로 갈수록 수가 커진다.

① 양의 정수(유리수)는 0보다 크고,
음의 정수(유리수)는 0보다 작다.

② 두 양의 정수(유리수)는 절댓값이
큰 수가 크다.

③ 두 음의 정수(유리수)는 절댓값이 큰 수가 작다.

2) 부등호의 사용

$a>b$	a는 b보다 크다. (초과)
$a<b$	a는 b보다 작다. (미만)
$a \geq b$	a는 b보다 크거나 같다. (이상) a는 b보다 작지 않다.
$a \leq b$	a는 b보다 작거나 같다. (이하) a는 b보다 크지 않다.

3) 절댓값의 범위

$a>0$일 때, $\begin{cases} |x|<a \text{이면} \Rightarrow -a<x<a \\ |x|>a \text{이면} \Rightarrow x>a \text{ 또는 } x<-a \end{cases}$

주제별
실력다지기

1 수의 분류

01 다음 중 밑줄 친 부분을 양의 부호 + 또는 음의 부호 −를 사용하여 나타낼 때, 양의 부호를 사용하는 것을 모두 고르면? (정답 2개)

① 0보다 2만큼 작은 수
② 500원 이익을 +500원이라고 할 때 100원 손해
③ 지하 3층을 −3층이라고 할 때 지상 10층
④ 해저 300 m를 −300 m라고 할 때 해발 200 m
⑤ 10점 득점을 +10점이라고 할 때 20점 감점

02 정수에 대한 다음 설명 중 옳은 것을 모두 고르면?
(정답 2개)

① 모든 자연수는 정수이다.
② 정수는 양의 정수와 음의 정수로 나누어진다.
③ 0은 양의 정수도 음의 정수도 아니다.
④ 가장 작은 정수는 0이다.
⑤ 서로 다른 두 정수 사이에는 무수히 많은 정수가 존재한다.

03 다음 중 옳지 <u>않은</u> 것을 모두 고르면? (정답 2개)

① −1과 0 사이에 무수히 많은 유리수가 있다.
② 모든 정수는 유리수이다.
③ 유리수는 양수와 음수로 분류된다.
④ 0은 정수이지만 유리수는 아니다.
⑤ 0.5는 유리수이다.

04 다음 **보기**의 수들에 대한 설명으로 옳은 것은?

$$\boxed{\text{보기}}$$
$$\frac{1}{5} \quad -2.3 \quad 4 \quad -\frac{7}{10} \quad 0 \quad -6 \quad \frac{8}{4}}$$

① 자연수는 1개이다.
② 양수는 3개이다.
③ 음의 정수는 3개이다.
④ 음의 유리수는 4개이다.
⑤ 정수가 아닌 유리수는 4개이다.

05 다음 유리수 중 자연수가 아닌 정수로만 짝지어진 것은?

① 4.3, −1, 0 ② −9, −5, 7

③ $-\frac{6}{3}$, −7, 0 ④ $\frac{1}{5}$, $\frac{4}{3}$, $-\frac{1}{2}$

⑤ 0, 2, 7

07 다음 **보기** 중 오른쪽 그림에서 (가)에 해당되는 수 중 (나) 또는 (다)에 해당하는 수의 개수는?

$$(가) \begin{cases} 정수 \begin{cases} (다) \\ 0 \\ 음의 정수 \end{cases} \\ (나) \end{cases}$$

보기
$-\frac{5}{4}$ 0 1.7 3 5

① 1 ② 2 ③ 3

④ 4 ⑤ 5

06 다음 중 (다)에 해당하는 수가 <u>아닌</u> 것을 모두 고르면? (정답 2개)

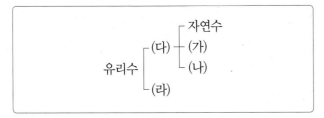

$$유리수 \begin{cases} (다) \begin{cases} 자연수 \begin{cases} (가) \\ (나) \end{cases} \end{cases} \\ (라) \end{cases}$$

① 0 ② $-\frac{1}{2}$ ③ −5

④ 3.1 ⑤ $-\frac{14}{2}$

08 수직선 위에서 −4를 나타내는 점을 A, 2를 나타내는 점을 B라고 할 때, 두 점 A, B로부터 같은 거리에 있는 점 C가 나타내는 수를 구하시오.

09 다음 수직선 위의 4개의 점 A, B, C, D에 대응하는 수를 각각 구하시오.

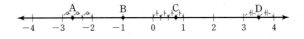

10 다음 **보기**의 수들을 수직선 위에 나타낼 때, 원점으로부터의 거리가 먼 것부터 차례대로 나열한 것은?

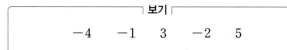

┌─────── 보기 ───────┐
    -4 -1 3 -2 5
└─────────────────────┘

① 5, 3, -1, -2, -4 ② 5, 3, -4, -2, -1
③ 5, -4, 3, -2, -1 ④ -1, -2, 3, -4, 5
⑤ -4, -2, -1, 3, 5

11 다음 중 옳지 <u>않은</u> 것은?

① 음의 정수는 절댓값이 클수록 작다.
② 절댓값이 가장 작은 정수는 0이다.
③ 원점에서 멀리 떨어질수록 그 점이 나타내는 수의 절
    댓값이 작다.
④ 수직선 위에서 어떤 수를 나타내는 점과 원점 사이의
    거리를 절댓값이라고 한다.
⑤ $|-6| > |+4|$

12 절댓값이 2보다 작은 정수의 개수는?

① 1   ② 2   ③ 3
④ 4   ⑤ 5

13 다음 **보기**의 정수 중에서 작은 쪽에서 두 번째인 수를 a, 절댓값이 가장 큰 수를 b라고 할 때, $|a-b|$의 값을 구하시오.

┌─────── 보기 ───────┐
    9 -3 -5 2 -11
└─────────────────────┘

14 두 수 a, b는 절댓값이 같고 부호가 반대인 수이다. a가 b보다 16만큼 크다고 할 때, a, b의 값을 각각 구하시오.

15 수직선 위에서 다음 **조건**을 모두 만족하는 두 수 a, b를 나타내는 두 점 사이의 거리를 6등분할 때, a, b를 나타내는 두 점을 제외하고 오른쪽에서 두 번째에 있는 점이 나타내는 수를 구하시오.

┌─── **조건** ─────────────────────┐
(가) 두 수 a, b의 절댓값이 같다.
(나) a는 b보다 12만큼 작다.
└──────────────────────────────┘

16 다음 **조건**을 모두 만족하는 두 수 a, b의 값을 각각 구하시오.

┌─── **조건** ─────────────────────┐
(가) $a < b$
(나) $|a| = |b|$
(다) 수직선 위에서 a, -1을 나타내는 두 점 사이의 거리는 4이다.
└──────────────────────────────┘

17 수직선 위에서 두 수 a, b를 나타내는 두 점을 각각 A, B라고 하자. 두 점 A와 B 사이의 거리가 10이고, 점 A와 점 B의 한가운데에 있는 점 M에 대응하는 수가 -3일 때, 두 수 a, b의 값을 각각 구하시오. (단, $a > b$)

18 3개의 수 a_1, a_2, a_3에 대하여 $|a_1 - 3| = 2$, $|a_2 - 6| = 4$, $|a_3 - 9| = 6$일 때, $a_1 + a_2 + a_3$의 값 중 2번째로 큰 수를 구하시오.

19 두 수 a, b에 대하여 $a < 0$, $b < 0$이고, $|a| < |b|$일 때, 다음 중 가장 작은 수는?

① a　　　② $a - b$　　　③ $b - a$
④ 0　　　⑤ $a + b$

20 a가 b보다 작은 두 정수 a, b에 대하여 a와 b의 절댓값의 합이 3이다. 이를 만족하는 두 정수 a, b에 대한 순서쌍 (a, b)를 모두 구하시오.

21 다음 **보기**의 수들을 큰 것부터 차례로 나열하시오.

┌──────────────── 보기 ┐
$$\frac{7}{10} \qquad -1.6 \qquad 0.6 \qquad 5 \qquad -\frac{3}{2} \qquad -2$$
└─────────────────────┘

22 다음 **보기**의 수들에 대한 설명으로 옳은 것은?

┌──────────────── 보기 ┐
$$-0.2 \qquad 3 \qquad -1\frac{1}{3} \qquad \frac{5}{2} \qquad 0.7$$
└─────────────────────┘

① 1.5보다 작은 수는 2개이다.
② 가장 작은 수는 -0.2이다.
③ 수직선에서 가장 오른쪽에 있는 수는 $\frac{5}{2}$이다.
④ 절댓값이 가장 큰 수는 3이다.
⑤ -1보다 큰 수는 5개이다.

23 다음 **보기**의 수들 중에서 절댓값이 가장 큰 수를 a, 절댓값이 가장 작은 수를 b라고 할 때, $|a|+|b|$의 값을 구하시오.

┌──────────────── 보기 ┐
$$-2 \qquad \frac{1}{2} \qquad -4 \qquad \frac{5}{4} \qquad 0.2 \qquad -1 \qquad 3$$
└─────────────────────┘

24 다음 **조건**을 모두 만족하는 유리수 a, b의 값을 각각 구하시오.

┌──────────────── 조건 ┐
(가) $|a|=|b|$ (나) $b=a+\frac{4}{3}$
└─────────────────────┘

25 다음 **조건**을 모두 만족하는 유리수 a, b의 값을 각각 구하시오.

┌──────────────── 조건 ┐
(가) a는 b보다 크다.
(나) 두 수 a, b의 절댓값이 같다.
(다) 수직선 위에서 a, b를 나타내는 두 점 사이의 거리가 $\frac{9}{4}$이다.
└─────────────────────┘

26 다음 **조건**을 모두 만족하는 두 유리수를 구하시오.

┌─── 조건 ┐
(가) 두 유리수의 합은 0이다.
(나) 두 유리수의 절댓값의 합은 $\frac{2}{3}$이다.
└────────┘

28 두 유리수 $\frac{1}{3}$과 $\frac{4}{5}$ 사이에 있는 유리수 중에서 분모가 15인 기약분수는 모두 몇 개인가?

① 없다.　　　② 1개　　　③ 2개
④ 3개　　　⑤ 4개

29 0보다 크고 a보다 작거나 같은 정수가 아닌 유리수 중 분모가 7인 수의 개수가 84일 때, 자연수 a의 값을 구하시오.

27 -3.5와 2 사이에 있는 정수 중에서 절댓값이 가장 큰 수를 a, $-\frac{1}{2}$과 4.5 사이에 있는 정수 중에서 절댓값이 가장 작은 수를 b라고 할 때, $a+b$의 값을 구하시오.

30 $-\frac{3}{2}$ 초과 $\frac{7}{6}$ 미만인 정수가 아닌 유리수 중에서 분모가 6인 기약분수의 총합을 구하시오.

4 부등호의 사용

31 다음 중 대소 관계가 옳은 것은?

① $\frac{1}{2} > \frac{2}{3}$ ② $4.2 < \frac{21}{5}$ ③ $0 < -\frac{1}{3}$

④ $-2 > -\frac{13}{6}$ ⑤ $\left| -\frac{3}{4} \right| > |-1|$

32 다음 문장을 부등호를 사용하여 나타낸 것으로 옳지 않은 것은?

① a는 3보다 작다. ➔ $a < 3$

② b는 -2보다 크다. ➔ $b > -2$

③ c는 1보다 크고, 3 이하이다. ➔ $1 < c \leq 3$

④ d는 2 이상이고, 5보다 크지 않다. ➔ $2 \leq d < 5$

⑤ e는 0 초과이고, 2 미만이다. ➔ $0 < e < 2$

33 다음 **조건**을 모두 만족하는 서로 다른 네 정수 a, b, c, d를 큰 것부터 차례로 나열하시오.

┌─────── **조건** ───────┐
(가) $|d| < |b|$ (나) $b < 0$
(다) $b > c$ (라) $|a| = |d|$
(마) 수직선에서 가장 오른쪽에 있는 수는 a이다.
└──────────────────────┘

34 다음 **조건**을 모두 만족시키는 정수 a의 값을 모두 구하시오.

┌─────── **조건** ───────┐
(가) $a \times b > 0$일 때, $a < b$이면 $|a| > |b|$
(나) $2 < |a| \leq 6$
(다) $|a|$의 약수의 개수는 2이다.
└──────────────────────┘

5 문자로 주어진 수의 대소 관계

35 $0 < a < 1$일 때, 가장 큰 수는?

① a ② a^2 ③ $\frac{1}{a}$

④ $\frac{1}{a^2}$ ⑤ $\frac{1}{a^3}$

36 $-1<a<0$일 때, 다음 중 가장 큰 수는?

① a ② a^2 ③ $\dfrac{1}{a}$

④ $-\dfrac{1}{a}$ ⑤ $-\dfrac{1}{a^2}$

37 $-3<a<-1$일 때, 다음 중 가장 작은 수는?

① $-a$ ② a^2 ③ $-a^3$

④ $-\dfrac{1}{a}$ ⑤ $-\dfrac{1}{a^2}$

38 $x<-2$일 때, 다음 **보기**의 수들을 큰 것부터 차례로 나열하시오.

┌─ 보기 ┐

$x-1$ $|x|$ $\dfrac{1}{x}$ $-\dfrac{1}{x}$

39 다음 **조건**을 모두 만족시키는 서로 다른 세 유리수 a, b, c의 대소 관계를 부등호를 사용하여 나타내시오.

┌─ 조건 ┐

(가) $a \times c = 1$이다.

(나) $a \times b \times c$는 음수이다.

(다) a, b, c 중 적어도 하나는 양수이다.

(라) a의 절댓값은 1보다 작다.

40 다음 **조건**을 모두 만족시키는 서로 다른 세 유리수 a, b, c의 대소 관계를 부등호를 사용하여 나타내시오.

┌─ 조건 ┐

(가) a는 양수이고, $|a| = |b|$이다.

(나) c는 음수이고 $|b| < |c|$이다.

확장된 수의 계산!

정수와 유리수의 계산

④

수의 계산(1)

덧셈과 뺄셈

• 덧셈

양수 **＋** 양수 **➡** 양수

음수 **＋** 음수 **➡** 음수

양수 **＋** 음수 **➡** 절댓값이 큰 수의 부호

음수 **＋** 양수 **➡** 절댓값이 큰 수의 부호

• 뺄셈 : 부호를 바꾸고 더하면 결국 덧셈과 같다.

수의 계산(2)

곱셈과 나눗셈

• 곱셈

양수를 곱할 때

양수 **✕** 양수 **➡** 양수

음수 **✕** 양수 **➡** 음수

방향은 그대로 크기만 계산한다.

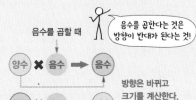

음수를 곱할 때

음수를 곱한다는 것은 방향이 반대가 된다는 것!

양수 **✕** 음수 **➡** 음수

음수 **✕** 음수 **➡** 양수

방향은 바뀌고 크기를 계산한다.

---

1 정수와 유리수의 덧셈과 뺄셈

1) 부호가 같은 경우의 덧셈 : 두 수의 절댓값의 합에 두 수의 공통인 부호를 붙인다.

2) 부호가 다른 경우의 덧셈 : 두 수의 절댓값의 차에 절댓값이 큰 수의 부호를 붙인다.

　＋ 절댓값이 같고 부호가 서로 반대인 두 수의 합은 0이다.

3) 덧셈에 대한 계산법칙 : 세 수 a, b, c에 대하여

　① 교환법칙 : $a+b=b+a$

　② 결합법칙 : $(a+b)+c=a+(b+c)$

　셋 이상의 유리수의 덧셈에서는 교환법칙과 결합법칙을 이용하면 계산이 편리하다.

4) 뺄셈 : 빼는 수의 부호를 바꾸어 덧셈으로 고쳐서 계산한다.

5) 덧셈과 뺄셈의 혼합 계산 : 뺄셈을 모두 덧셈으로 바꾸어 계산한다.

> 주의 • 유리수의 덧셈과 뺄셈의 혼합 계산에서 부호가 없는 경우에는 양의 부호(＋)가 생략된 것으로 생각하여 계산한다.

2 정수와 유리수의 곱셈

1) 부호가 같은 경우 : 두 수의 절댓값의 곱에 양의 부호(＋)를 붙인다.

2) 부호가 다른 경우 : 두 수의 절댓값의 곱에 음의 부호(－)를 붙인다.

3) 곱셈에 대한 계산법칙 : 세 수 a, b, c에 대하여

　① 교환법칙 : $a \times b = b \times a$

　② 결합법칙 : $(a \times b) \times c = a \times (b \times c)$

　＋ 0과 어떤 유리수와의 곱은 항상 0이다.

　＋ 셋 이상의 유리수의 곱셈

　　① 곱의 부호 결정하기 ┌ 음의 유리수가 짝수 개 ⇒ ＋

　　　　　　　　　　　　└ 음의 유리수가 홀수 개 ⇒ －

　　② 각 수들의 절댓값의 곱에 ①에서 정한 부호를 붙인다.

　＋ 세 수의 곱셈에서 어떤 두 수의 곱셈을 먼저 해도 그 결과는 항상 같다.

- 나눗셈 : 역수를 만들어 곱하면 결국 곱셈과 같다.

$$\square \div \bigcirc = \square \times \frac{1}{\bigcirc}$$

$$A \div B = A \times \frac{1}{B}$$

- $6 \div 2$와 $6 \times \frac{1}{2}$이 같은 이유는?

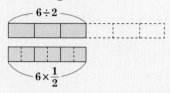

수의 계산(3)

계산 법칙

- 덧셈의 교환법칙
$$a+b=b+a$$

- 덧셈의 결합법칙
$$(a+b)+c=a+(b+c)$$

- 곱셈의 교환법칙
$$a \times b = b \times a$$

- 곱셈의 결합법칙
$$(a \times b) \times c = a \times (b \times c)$$

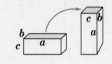

- 분배법칙 $a \times (b+c) = a \times b + a \times c$

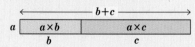

3 정수와 유리수의 나눗셈

1) 부호가 같은 경우 : 두 수의 절댓값의 나눗셈의 몫에 양의 부호(+)를 붙인다.

2) 부호가 다른 경우 : 두 수의 절댓값의 나눗셈의 몫에 음의 부호(−)를 붙인다.

3) 역수 : 두 수의 곱이 1일 때, 한 수를 다른 수의 역수라고 한다.

+ 역수 구하는 방법
   - 분자와 분모를 바꾼다. 이때 정수는 분모가 1이라고 생각한다.
   - 소수는 분수로 고친 후 분모와 분자를 바꾼다.
   - 역수를 구할 때 부호는 변하지 않는다.

+ 1의 역수는 1이다.

+ 0에 어떤 수를 곱해도 1이 될 수 없으므로 0의 역수는 생각하지 않는다.

예 $-\dfrac{3}{2}$의 역수는 $-\dfrac{2}{3}$ ┐ 분자와 분모를 바꾼 수
        부호는 변하지 않는다.

4) 정수와 유리수의 나눗셈 : 나누는 수의 역수를 곱하여 계산한다.

4 정수와 유리수의 덧셈, 뺄셈, 곱셈, 나눗셈의 혼합 계산

1) 사칙연산이 혼합된 식의 계산 순서
   ① 거듭제곱이 있는 식은 거듭제곱을 먼저 계산한다.
   ② 괄호가 있으면 괄호 안을 먼저 계산한다.
      (소괄호) → {중괄호} → [대괄호]
   ③ 곱셈, 나눗셈을 먼저 계산한 다음 덧셈, 뺄셈을 계산한다.

2) 분배법칙 : 세 유리수 a, b, c에 대하여
   ① $a \times (b+c) = a \times b + a \times c$
   ② $(a+b) \times c = a \times c + b \times c$

주제별
실력다지기

1 정수의 덧셈과 뺄셈

01 다음 중 계산한 결과가 <u>다른</u> 하나는?

① $(+1)+(-4)$　　　② $(-2)+(-1)$

③ $(+3)-(+6)$　　　④ $(+5)-(-2)$

⑤ $(-2)-(-1)-(+2)$

02 다음 수직선으로 설명할 수 있는 계산식을 모두 고르면? (정답 2개)

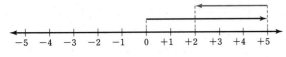

① $(+5)-(-3)$　　　② $(-3)+(+5)$

③ $(+5)-(+3)$　　　④ $(-5)-(+3)$

⑤ $(+5)+(-3)$

03 다음 식을 덧셈에 대한 교환법칙과 결합법칙을 이용하여 계산하시오.

$$(-42)-(-34)+(-18)-(-16)$$

04 $\square+(-15)-(-3)+(+2)=-7$일 때, $\square$ 안에 알맞은 수는?

① -3　　　② -2　　　③ -1

④ $+2$　　　⑤ $+3$

05 어떤 정수에 8을 더하면 양의 정수가 되고, 6을 더하면 음의 정수가 된다. 이때 어떤 정수를 구하시오.

2 정수의 덧셈과 뺄셈의 응용

06 다음 계산 과정에서 ㉠, ㉡에 이용된 덧셈에 대한 계산법칙을 말하시오.

$$(-7)+(+6)+(-9)$$
$$=(+6)+(-7)+(-9) \quad \}㉠$$
$$=(+6)+\{(-7)+(-9)\} \quad \}㉡$$
$$=(+6)+(-16)$$
$$=-10$$

07 4보다 -3만큼 작은 수를 a, -5보다 1만큼 큰 수를 b라 할 때, $3 \times a + 2 \times b$의 값은?

① -5 　　 ② -2 　　 ③ 4
④ 9 　　 ⑤ 13

08 3보다 -4만큼 작은 수를 a, -3보다 2만큼 큰 수를 b라고 할 때, $a-b$의 값을 구하시오.

09 어떤 정수에 -8을 더해야 할 것을 잘못하여 뺐더니 그 결과가 11이 되었다. 바르게 계산한 답은?

① -11 　　 ② -8 　　 ③ -5
④ 11 　　 ⑤ 27

10 7명의 학생의 수학 점수를 다음과 같이 정리하였다. 이때 A $\xrightarrow{+5}$ B는 B 학생의 수학 점수가 A 학생의 수학 점수보다 5점 높은 것을 의미한다. 수학 점수가 가장 높은 학생과 가장 낮은 학생의 점수 차는?

$$A \xrightarrow{-5} B \xrightarrow{+20} C \xrightarrow{+15} D \xrightarrow{-30} E \xrightarrow{+10} F \xrightarrow{-20} G$$

① 10점 　　 ② 20점 　　 ③ 30점
④ 40점 　　 ⑤ 50점

11
두 수 x, y에 대하여 $M(x, y)$는 두 수 중 절댓값이 큰 수, $m(x, y)$는 두 수 중 절댓값이 작은 수로 약속할 때 다음 값은?

$$M(-12, 9) - m(-8, -5)$$

① -17 ② -7 ③ -4

④ 14 ⑤ 17

12
오른쪽 **보기**와 같이 사각형에서 네 꼭짓점에 있는 ◯ 안의 수의 합은 항상 같다. 다음 그림에서 $a-b$의 값을 구하시오.

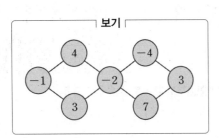

보기

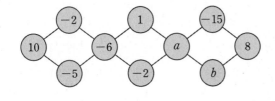

13
오른쪽 표에서 가로, 세로, 대각선에 있는 세 수들의 합이 모두 같을 때, ㉠에 알맞은 수를 구하시오.

	㉠	
-1	1	3
		2

14
오른쪽 표에서 가로, 세로, 대각선에 있는 세 수들의 합이 모두 같을 때, $a+b+c$의 값은?

	a	3
b	2	
1	6	c

① -3 ② -2

③ -1 ④ 1

⑤ 2

15 마주 보는 면의 합이 항상 6이 되는 2개의 주사위를 오른쪽 그림과 같이 쌓았다. 위에 놓인 주사위에서 보이지 않는 3개의 면에 적힌 수들과 아래에 놓인 주사위에서 보이지 않는 4개의 면에 적힌 수들의 합은?

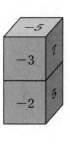

① -15 ② -6 ③ 12

④ 24 ⑤ 34

3 유리수의 덧셈과 뺄셈의 응용

16 다음 중 계산 결과가 가장 큰 것은?

① $(-5)+(+3)-(-2)$

② $6-14+7$

③ $2.4-3-0.5$

④ $-\dfrac{2}{5}+\dfrac{3}{2}-\dfrac{7}{10}$

⑤ $0.3-\dfrac{1}{3}+1-\dfrac{3}{4}$

17 다음을 계산하시오.

$$-\frac{1}{3}+\frac{5}{4}-\frac{7}{12}$$

18 다음을 계산하시오.

$$(-3)+\left(-\frac{7}{2}\right)-\left(+\frac{1}{5}\right)-(-0.3)$$

19 $x=\dfrac{2}{5}-\dfrac{5}{4}$, $y=-\dfrac{7}{10}+1.3$일 때, $x+y$의 값은?

① $-\dfrac{3}{4}$ ② $-\dfrac{1}{4}$ ③ $-\dfrac{1}{5}$

④ $\dfrac{1}{5}$ ⑤ $\dfrac{1}{4}$

20 다음 ☐ 안의 수의 총합을 구하시오.

$$\square + \left(-\frac{1}{4}\right) = +\frac{2}{5}$$

$$\square - \left(+\frac{3}{7}\right) = -\frac{1}{2}$$

$$\square - \left(-\frac{5}{6}\right) = -\frac{2}{3}$$

21 $-\frac{1}{4}$보다 $-\frac{1}{3}$만큼 작은 수를 a, $\frac{1}{2}$보다 $-\frac{2}{3}$만큼 큰 수를 b라고 할 때, $a+b$의 값을 구하시오.

22 어떤 유리수에서 $-\frac{1}{3}$을 빼어야 할 것을 잘못하여 더했더니 $-\frac{2}{5}$가 되었다. 바르게 계산한 답은?

① $-\frac{2}{5}$ ② $-\frac{1}{5}$ ③ $-\frac{1}{3}$

④ $\frac{1}{3}$ ⑤ $\frac{4}{15}$

23 두 수 x, y에 대하여 $x \bigstar y = x - y + \frac{1}{2} \times (x+y)$로 약속할 때, $(-3) \bigstar 5$의 값은?

① -7 ② -4 ③ -3

④ -1 ⑤ 2

24 두 수 a, b에 대하여 $a \blacklozenge b = \dfrac{a-b}{2}$로 약속할 때, $\left\{\left(-\frac{1}{2}\right) \blacklozenge \frac{2}{3}\right\} \blacklozenge \left(-\frac{3}{4}\right)$의 값을 구하시오.

25 서로 다른 두 유리수 a, b에 대하여 $\vee$, $\wedge$를 다음 **보기**와 같이 약속하자.

┌─────── 보기 ───────┐
$a \vee b = (a$와 b 중에서 큰 수$)$

$a \wedge b = (a$와 b 중에서 작은 수$)$
└────────────────────┘

이때 $\left\{\left(-\dfrac{2}{3}+0.5\right) \wedge \dfrac{4}{9}\right\} \vee \left(-\dfrac{1}{8}\right)$의 값은?

① $-\dfrac{1}{3}$ 　　② $-\dfrac{1}{6}$ 　　③ $-\dfrac{1}{8}$

④ $\dfrac{3}{8}$ 　　⑤ $\dfrac{1}{2}$

4 정수의 곱셈과 나눗셈

26 다음 계산 과정에서 ㉠, ㉡에 이용된 곱셈에 대한 계산법칙을 말하시오.

$$
\begin{aligned}
&(-4) \times (+8) \times (-2) \times (+5) \quad \Big\} ㉠\\
&= (-4) \times (-2) \times (+8) \times (+5) \quad \Big\} ㉡\\
&= \{(-4) \times (-2)\} \times \{(+8) \times (+5)\}\\
&= (+8) \times (+40)\\
&= 320
\end{aligned}
$$

27 다음 중 계산한 결과가 옳은 것을 모두 고르면?
(정답 2개)

① $(+3) \times (-3) \times (+2) = 18$

② $(-18) \div (+6) \div (-3) = 1$

③ $(-3) \times (-2) \div (-3) = 2$

④ $(-4) \div (+2) \times (-7) = -14$

⑤ $(+9) \times (-4) \div (+6) = -6$

28 네 정수 -5, 3, -2, 4 중에서 서로 다른 세 수를 뽑아 곱한 값 중 가장 큰 수를 x, 가장 작은 수를 y라고 할 때, $x+y$의 값은?

① -20 　　② -10 　　③ 10

④ 20 　　⑤ 30

29 두 정수 a, b에 대하여 $a \times b > 0$, $a + b < 0$일 때, a, b의 부호로 옳은 것은?

① $a > 0$, $b > 0$ ② $a > 0$, $b < 0$ ③ $a < 0$, $b > 0$

④ $a < 0$, $b < 0$ ⑤ $a > 0$, $b = 0$

30 세 정수 a, b, c에 대하여 $a \times b < 0$, $\dfrac{a \times b}{c} > 0$, $a < c$일 때, a, b, c의 부호를 각각 구하시오.

5 a^n의 계산

31 다음 중 옳지 <u>않은</u> 것은?

① $(-1)^2 = 1$ 　 ② $(-1)^3 = -1$

③ $(-1)^4 = 1$ 　 ④ $(-1)^{100} = -1$

⑤ $(-1)^{101} = -1$

32 다음 중 계산 결과가 나머지 넷과 <u>다른</u> 하나는?

① $(-1)^2$ 　 ② $-(-1)^2$

③ $-(-1)^3$ 　 ④ $\{-(-1)\}^3$

⑤ $\{-(-1)\}^2$

33 $(-1) + (-1)^2 + (-1)^3 + \cdots + (-1)^{100}$을 계산하면?

① -100 　 ② -50 　 ③ 0

④ 50 　 ⑤ 100

34 n이 짝수일 때, 다음을 계산하시오.

$$(-1)^n-(-1)^{n+1}+(-1)^{n+2}-(-1)^{n+3}$$

35 n이 홀수일 때,

$(-1)^n+(-1)^{2\times n}+(-1)^{3\times n}+(-1)^{4\times n}+(-1)^{5\times n}$

을 계산하면?

① -2 ② -1 ③ 0

④ 1 ⑤ 2

36 다음 중 옳은 것을 모두 고르면? (정답 2개)

① $(-2)^2=2^2$ ② $-(-4)^3=-4^3$

③ $(-5)^4=-5^4$ ④ $-6^3=6^3$

⑤ $(-1)^{999}+(-1)^{1000}=0$

37 $(-2)^3\div(+4)\times(-7)$을 계산하면?

① -14 ② -7 ③ 1

④ 7 ⑤ 14

38 다음을 계산하시오.

$$(+3)\times(-2)^2\div(-6)\times(-1)^3$$

39 다음 중 계산 결과가 가장 큰 것은?

① -3^4 ② $(-1)^5$ ③ $-(-4)^2$

④ $(-1)^4$ ⑤ $(-2)^3$

41 $-3^3-(-2)^3-(-1)^2-(-2)^2$을 계산하면?

① -17 ② -19 ③ -21

④ -23 ⑤ -24

6 유리수의 곱셈과 계산법칙

40 다음 **보기**의 수들 중 가장 큰 수와 가장 작은 수의 차를 구하시오.

┌─────────────── 보기 ───────────────┐
-2 $(-2)^2$ -2^2 $-(-2^2)$ $(-2)^3$
└────────────────────────────────────┘

42 다음 계산 과정 중 ①~⑤에 알맞은 것으로 옳지 <u>않은</u> 것을 모두 고르면? (정답 2개)

┌──────────────────────────────────────┐
$\dfrac{2}{5}\times(+7)+\dfrac{2}{5}\times(-5)+\dfrac{2}{5}\times(-17)$ ⟩①

$=\boxed{④}\times\{(+7)+(-5)+(-17)\}$ ⟩②

$=\boxed{④}\times\{(-5)+(+7)+(-17)\}$ ⟩③

$=\boxed{④}\times[(-5)+\{(+7)+(-17)\}]$

$=\boxed{④}\times\{(-5)+(-10)\}$

$=\boxed{④}\times(-15)=\boxed{⑤}$
└──────────────────────────────────────┘

① 분배법칙   ② 덧셈에 대한 교환법칙

③ 곱셈에 대한 결합법칙   ④ $\dfrac{2}{5}$

⑤ 6

43 세 유리수 a, b, c에 대하여 $a=2$, $b+c=4$일 때, $a \times b + a \times c$의 값은?

① -7 ② -4 ③ 6

④ 8 ⑤ 11

44 $-\dfrac{1}{3}-\dfrac{1}{2}\times\left\{\dfrac{1}{5}\times\dfrac{20}{3}-\dfrac{2}{3}\times(-0.5^2)\right\}$을 계산하면?

① $-\dfrac{13}{12}$ ② $-\dfrac{2}{3}$ ③ $-\dfrac{5}{12}$

④ $\dfrac{1}{3}$ ⑤ $\dfrac{5}{12}$

45 $\left[\left\{\left(-\dfrac{5}{4}\right)\times\left(-\dfrac{2}{15}\right)+2\right\}\times\dfrac{8}{13}-1\dfrac{5}{6}\right]^3$을 계산하시오.

46 다음 그림과 같이 수직선 위에서 각각 $-\dfrac{1}{2}$, $\dfrac{5}{4}$를 나타내는 두 점 A, B가 있다. 두 점 사이에 있는 점 P에 대하여

$$\fbox{두 점 A, P 사이의 거리} : \fbox{두 점 P, B 사이의 거리} = 1 : 2$$

일 때, 수직선 위에서 점 P가 나타내는 수를 구하시오.

47 네 유리수 $-\dfrac{5}{6}$, $\dfrac{8}{7}$, $-\dfrac{3}{2}$, $-\dfrac{3}{10}$ 중에서 서로 다른 세 수를 뽑아 곱한 값 중 가장 작은 수를 구하시오.

48 네 유리수 -8, $\dfrac{3}{7}$, $-\dfrac{5}{3}$, 14 중에서 서로 다른 세 수를 뽑아 곱한 값 중 가장 작은 수는?

① -48 ② -20 ③ -10

④ $\dfrac{40}{7}$ ⑤ $\dfrac{40}{3}$

49 네 유리수 $\dfrac{9}{4}$, $-\dfrac{8}{3}$, -1.5, -5 중에서 서로 다른 세 수를 뽑아 곱한 값 중 가장 큰 수를 구하시오.

50 5개의 유리수 -1.7, $-\dfrac{5}{3}$, $\dfrac{2}{5}$, $\dfrac{1}{4}$, $-\dfrac{3}{4}$ 중에서 서로 다른 세 수를 뽑아 곱한 값 중 가장 큰 수를 구하시오.

7 유리수의 나눗셈

51 다음 중 옳지 <u>않은</u> 것은?

① 모든 유리수는 역수가 있다.
② 역수가 자기 자신인 유리수는 2개이다.
③ 0의 역수는 없다.
④ $2\dfrac{3}{5}$의 역수는 $\dfrac{5}{13}$이다.
⑤ 0.75의 역수는 $\dfrac{4}{3}$이다.

52 $-\dfrac{5}{3}$의 역수를 a, $2\dfrac{8}{21}$의 역수를 b라고 할 때, $a \div b$의 값을 구하시오.

53 0.3의 역수를 a, $-\dfrac{7}{5}$의 역수를 b, $2\dfrac{1}{3}$의 역수를 c라고 할 때, $a \div b \times c$의 값은?

① -2 ② $-\dfrac{1}{2}$ ③ $-\dfrac{1}{4}$

④ 1 ⑤ 4

54 $(-3)^2 \div \left(-\dfrac{3}{2}\right)^3 \times \dfrac{1}{4}$ 을 계산하면?

① -2 ② $-\dfrac{2}{3}$ ③ $\dfrac{2}{3}$

④ $\dfrac{3}{2}$ ⑤ 2

55 $A = \left(-\dfrac{5}{6}\right) \div (-2)^2 \times \dfrac{27}{10}$,

$B = \dfrac{3}{4} \div \left(-\dfrac{15}{8}\right) \times (-1)^3 \div \dfrac{2}{3}$일 때, $A+B$의 값을 구하시오.

56 $a = \left(-\dfrac{5}{12}\right) \times \left(-\dfrac{3}{10}\right)$, $b = \left(-\dfrac{7}{5}\right) \div \dfrac{14}{5}$일 때, $a \div b$의 값을 구하시오.

57 다음 □ 안에 알맞은 수를 구하시오.

$$\left(-\dfrac{6}{5}\right) \times □ \div \dfrac{3}{7} = -\dfrac{14}{3}$$

58 오른쪽 그림과 같은 전개도를 접어 정육면체를 만들었을 때, 서로 마주 보는 면에 적혀있는 두 수의 곱이 -1이라 한다. 이때 $a \times b \times c$의 값을 구하시오.

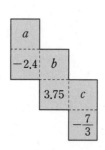

59 양의 정수 a, b, c에 대하여 $\dfrac{27}{4} = a + \dfrac{1}{b + \dfrac{1}{c}}$일

때, $a + b + c$의 값을 구하시오.

60 세 유리수 a, b, c에 대하여 $a \times b < 0$, $a - b < 0$, $b \div c > 0$일 때, a, b, c의 부호를 각각 구하시오.

61 세 유리수 a, b, c에 대하여 $a \times c < 0$, $b \div c < 0$, $a - c < 0$일 때, 다음 중 항상 옳은 것은?

① $b > 0$　　　　　　② $a \times b \times c < 0$
③ $a - b < 0$　　　　④ $a + b - c < 0$
⑤ $c \times (a + b) > 0$

8 사칙연산의 혼합 계산

62 다음 식의 계산 순서를 차례로 나열하시오.

$$2 - 3 \times [\{(-1)^3 \times 4\} \div (-5)]$$
$\underset{㉠}{\uparrow} \quad \underset{㉡}{\uparrow} \quad\quad \underset{㉢}{\uparrow} \quad \underset{㉣}{\uparrow} \quad \underset{㉤}{\uparrow}$

63 다음 식의 계산에서 네 번째로 계산해야 하는 곳을 말하시오.

$$-2+\frac{1}{3}\div\left\{\frac{3}{4}-\left(-\frac{1}{2}\right)^2\right\}\times\left(-\frac{1}{2}\right)$$

㉠   ㉡   ㉢   ㉣   ㉤

64 $-\dfrac{1}{2}+(-3)^2\div\left\{1-\left(-\dfrac{3}{4}\right)\times\dfrac{16}{15}\right\}$ 을 계산하시오.

65 $\dfrac{1}{2}-\left[3-\left\{(-1)^3+2\div\left(-\dfrac{4}{3}\right)\right\}\div\dfrac{5}{4}\right]$ 를 계산하면?

① $-\dfrac{9}{2}$ ② $-\dfrac{3}{4}$ ③ 1

④ $\dfrac{9}{4}$ ⑤ $\dfrac{5}{2}$

66 두 유리수 x, y에 대하여
$$x\,\text{☆}\,y=2\times x\times y,\quad x\,\nabla\,y=(x-y)\div y$$
로 약속할 때, $\left(\dfrac{1}{2}\,\text{☆}\,\dfrac{1}{3}\right)\nabla\dfrac{2}{3}$ 를 계산하시오.

67 네 유리수 a, b, c, d에 대하여
$$\mathrm{M}(a,\,b)=a\times b,\quad \mathrm{D}(c,\,d)=\frac{2\times c}{d}$$
로 약속할 때, $\mathrm{D}\!\left(\mathrm{M}\!\left(-\dfrac{3}{4},\,\dfrac{2}{3}\right),\,\mathrm{M}\!\left(-\dfrac{5}{2},\,-\dfrac{42}{5}\right)\right)$의 값을 구하시오.

규칙으로 이해하는
정수와 유리수의 곱셈

(음수) × (음수)는 왜 양수일까?

우리가 알고 있는 구구단은 (양수)×(양수)이다. (양수)×(양수)에서 곱하는 수를 1씩 줄이면 결과값에서도 일정한 규칙을 찾을 수 있다. 그 규칙들을 통해 (양수)×(음수)=(음수)임을 찾을 수 있다.

같은 방법으로 (음수)×(양수)=(음수)에서 곱하는 수를 1씩 줄이면 결과값에 나타나는 규칙을 통해 (음수)×(음수)=(양수)임을 이해할 수 있다.

① ┤ **두 정수의 곱** ├

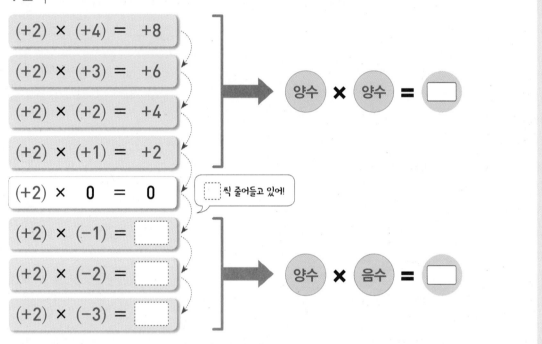

$(+2) \times (+4) = +8$

$(+2) \times (+3) = +6$

$(+2) \times (+2) = +4$

$(+2) \times (+1) = +2$

양수 × 양수 = ☐

$(+2) \times \quad 0 \ = \ 0$

☐씩 줄어들고 있어!

$(+2) \times (-1) = $ ☐

$(+2) \times (-2) = $ ☐

$(+2) \times (-3) = $ ☐

양수 × 음수 = ☐

답 2, −2, −4, −6, 양수, 음수

$(-2) \times (+4) = -8$

$(-2) \times (+3) = -6$

$(-2) \times (+2) = -4$

$(-2) \times (+1) = -2$

음수 × 양수 = ☐

$(-2) \times \quad 0 \ = \ 0$

☐씩 늘어나고 있어!

$(-2) \times (-1) = $ ☐

$(-2) \times (-2) = $ ☐

$(-2) \times (-3) = $ ☐

음수 × 음수 = ☐

답 2, +2, +4, +6, 음수, 양수

※ (양수)×(양수)에서 곱하는 수를 고정시킨 후, 곱해지는 수를 1씩 줄이면
(음수)×(양수)=(음수)도 설명할 수 있다.

$$(+2) \times (+3) = +6$$
$$(+1) \times (+3) = +3$$
$$0 \times (+3) = 0$$
$$(-1) \times (+3) = -3$$
$$(-2) \times (+3) = \boxed{}$$
$$(-3) \times (+3) = \boxed{}$$

□씩 줄어들고 있어!

음수 × 양수 = □

답 3, −6, −9, 음수

2 ── **2개 이상의 정수의 곱**

음수의 개수로 부호를 판별할 수 있네!

모두 양수일 때 $+ \times + \times + \times + \times + \times \cdots \times + = +$

음수가 1개일 때 $- \times + \times + \times + \times + \times \cdots \times + = -$

음수가 2개일 때 $- \times - \times + \times + \times + \times \cdots \times + = +$

음수가 3개일 때 $- \times - \times - \times + \times + \times \cdots \times + = -$

음수가 4개일 때 $- \times - \times - \times - \times + \times \cdots \times + = +$

⋮

모두 음수일 때 $- \times - \times - \times - \times - \times \cdots \times - = ?$

음수가 짝수 개일 때

결과는 □ ,

음수가 홀수 개일 때

결과는 □ 이다.

답 양수, 음수

다음 문제에서는 부호 결정에 대한 규칙말고도 또 다른 규칙을 발견할 수 있어!
계산을 더 바르게 할 수 있는 그 규칙을 찾아서 다음 문제를 해결해볼까?

다음을 계산하시오.

$$(-1) \times 1 + (-1)^2 \times 2 + (-1)^3 \times 3 + (-1)^4 \times 4 + \cdots + (-1)^{49} \times 49 + (-1)^{50} \times 50$$

답 25

분수 안에 또 분수가?

분수의 본질!

자연수를 나누다 보면 결국 더 이상 나눠지지 않는 경우가 생긴다. 이런 경우 우리는 분수를 사용해서 나타낸다.

그래서 분수는 수이기도 하지만 식이기도 하다. 그 시작이 수를 나눈다는 계산이 포함되기 때문이다.

이를 이해하면 다양한 형태의 수나 수식, 나아가 문제도 만들 수도 있다.

---

① 기본 개념 ── 유리수

두 정수 A, B에 대하여

나는 유리수라고 해!

$$A \div B = \frac{A}{B} \quad (B \neq 0)$$

여기서, 만약 A, B가 정수가 아니라 유리수라면? 그런 수도 가능할까?

개념의 확장

② 확장 개념 ── 번분수

두 수 A, B에 분수를 넣으면

나는 번분수라고 해!

$$\frac{b}{a} \div \frac{d}{c} = \frac{\dfrac{b}{a}}{\dfrac{d}{c}} \quad \left(\frac{d}{c} \neq 0\right)$$

계산하는 방법은 반대로!

$$\frac{\dfrac{b}{a}}{\dfrac{d}{c}} = \frac{b}{a} \div \frac{d}{c} = \frac{b}{a} \times \frac{c}{d} = \frac{b \times c}{a \times d}$$

결국 분수든 번분수든 모양만 다를 뿐 본질은 같군!

정수를 분수로, 분수를 번분수로 만들기

$$2 = \frac{2}{1} = \frac{1}{\boxed{}} = \frac{\dfrac{2}{1}}{1} = \frac{4}{2} = \frac{\dfrac{4}{4}}{2} = \frac{\dfrac{4}{6}}{3} = \frac{\dfrac{4}{8}}{4} = \frac{\dfrac{8}{2}}{2} = \frac{\dfrac{12}{3}}{2} = \frac{\dfrac{16}{4}}{2} = \frac{\dfrac{12}{3}}{4} = \frac{\dfrac{16}{4}}{6} = \cdots$$

❶ 분자가 1인 번분수 만들기

$$3 = \frac{3}{1} = \frac{1}{\boxed{}}, \quad \frac{3}{4} = \frac{1}{\boxed{}}$$

❷ 분자가 2인 번분수 만들기

$$5 = \frac{5}{1} = \frac{1}{\dfrac{1}{5}} = \frac{2}{\boxed{}}, \quad \frac{3}{4} = \frac{2}{\boxed{}}$$

답 $\dfrac{1}{2}$, $\dfrac{1}{3}$, $\dfrac{4}{3}$, $\dfrac{2}{5}$, $\dfrac{8}{3}$

$$\frac{\square}{\square} = a + \cfrac{1}{b + \cfrac{1}{c + \cfrac{1}{d}}}$$ 에서 미지수 a, b, c, d를 구하시오.

> 문제를 만들어 보면
> 문제의 구조를 알 수 있어!

① 미지수에 답을 정해!
아무거나!

a, b, c, d에 들어갈 수를 직접 정한다. ex $a = 1$, $b = 2$, $c = 3$, $d = 4$

② 정한 답으로
계산해 보자!

$$1 + \cfrac{1}{2 + \cfrac{1}{3 + \cfrac{1}{4}}} = 1 + \cfrac{1}{2 + \cfrac{1}{\frac{13}{4}}} = 1 + \cfrac{1}{2 + \frac{4}{13}} = 1 + \cfrac{1}{\frac{30}{13}} = 1 + \frac{13}{30} = \frac{43}{30}$$

③ 계산한 답으로
실제 문제를
만들자!

$$\frac{43}{30} = a + \cfrac{1}{b + \cfrac{1}{c + \cfrac{1}{d}}}$$ 일 때, 미지수 a, b, c, d를 구하시오.

풀이와 답까지
만들어야
문제 만들기
완성!

풀이 $$\frac{43}{30} = 1 + \frac{13}{30} = 1 + \cfrac{1}{\frac{30}{13}} = 1 + \cfrac{1}{2 + \frac{4}{13}} = 1 + \cfrac{1}{2 + \cfrac{1}{\frac{13}{4}}} = 1 + \cfrac{1}{2 + \cfrac{1}{3 + \cfrac{1}{4}}}$$

답 $a = 1$, $b = 2$, $c = 3$, $d = 4$

문제를 만든다는 것 ➡ 그 문제의 구조를 이해한다는 것
➡ 비슷한 형태의 문제를 쉽게 파악할 수 있다는 것

 같은 방법으로 비슷한 다른 문제를 만들 수 있을까?

1 미지수 a, b, c, d가 모두 2인 경우
의 문제 만들기

$$\frac{\square}{\square} = a + \cfrac{1}{b + \cfrac{1}{c + \cfrac{1}{d}}}$$

2 분자가 모두 2인 경우 문제 만들기

$$a + \cfrac{2}{b + \cfrac{2}{c + \cfrac{2}{d}}}$$

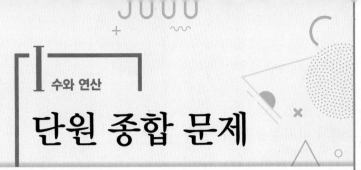

단원 종합 문제

01 다음 중 두 수가 서로소인 것을 모두 고르면?

(정답 2개)

① 16, 25　　② 14, 56　　③ 13, 39

④ 18, 34　　⑤ 32, 63

02 200에 가장 가까운 7의 배수를 x, 36의 약수의 개수를 y라고 할 때, $x-y$의 값을 구하시오.

03 $2 \times 5 \times \square$의 약수가 20개일 때, 다음 중 $\square$ 안에 들어갈 수 있는 수로 적당한 것을 모두 고르면? (정답 2개)

① $2^3 \times 5$　　② 3^4　　③ 5^3

④ $2^2 \times 5^3$　　⑤ 2^9

04 108에 가장 작은 자연수를 곱하여 어떤 자연수의 제곱이 되도록 할 때, 곱할 수 있는 가장 작은 자연수는?

① 2　　② 3　　③ 6

④ 10　　⑤ 15

05 두 수 $2^4 \times 3^a \times 7$, $2^b \times 3^2 \times c$의 최대공약수는 $2^2 \times 3^2$이고, 최소공배수는 $2^4 \times 3^3 \times 5 \times 7$일 때, $a+b-c$의 값을 구하시오. (단, a, b는 자연수, c는 소수)

06 50보다 큰 두 자리의 자연수 A와 84의 최대공약수가 12일 때, 이러한 자연수 A를 모두 구하시오.

07 서로 다른 세 자연수 48, 64, A의 최대공약수는 16이고, 최소공배수는 960일 때, 가장 작은 자연수 A의 값은?

① 80　　② 160　　③ 240

④ 320　　⑤ 400

08 어떤 수를 6, 8, 9로 나누면 모두 4가 남는다고 한다. 이러한 수 중 가장 작은 두 자리의 자연수를 구하시오.

09 어떤 자연수로 92를 나누면 2가 남고, 72를 나누면 나누어떨어진다고 한다. 다음 중 어떤 자연수로 적당하지 <u>않은</u> 것은?

① 3   ② 4   ③ 6
④ 9   ⑤ 18

10 가로의 길이가 12 cm, 세로의 길이가 15 cm인 직사각형 모양의 타일이 있다. 이 타일을 벽에 붙여서 가장 작은 정사각형 모양을 만들려고 한다. 이때 정사각형의 한 변의 길이를 구하시오.

11 두 분수 $\dfrac{14}{39}$, $\dfrac{21}{65}$ 중 어느 것에 곱하여도 그 결과가 자연수가 되는 분수 중 가장 작은 수를 구하시오.

12 절댓값이 같고 부호가 반대인 두 수를 수직선 위에 나타내었을 때, 두 수 사이의 거리가 $\dfrac{12}{5}$라고 한다. 이를 만족하는 두 수를 구하시오.

13 수직선 위에서 $-\dfrac{7}{3}$에 가장 가까운 정수를 a, $\dfrac{8}{5}$에 가장 가까운 정수를 b라고 할 때, $a+b$의 값을 구하시오.

14 어떤 정수에 5를 더해야 할 것을 잘못하여 뺐더니 -7이 나왔다. 바르게 계산한 답을 구하시오.

15 두 유리수 $-\dfrac{3}{4}$과 $\dfrac{11}{5}$ 사이에 있는 정수의 개수는?

① 1   ② 2   ③ 3
④ 4   ⑤ 5

16 다음 중 옳은 것을 모두 고르면? (정답 2개)

① $-\dfrac{1}{2}$의 역수는 $\dfrac{1}{2}$이다.

② 정수의 절댓값은 항상 양수이다.

③ 음수는 절댓값이 작을수록 크다.

④ 유리수는 양의 유리수와 음의 유리수로 나눌 수 있다.

⑤ 모든 유리수는 $\dfrac{b}{a}$ (단, a, b는 정수, $a \neq 0$)의 꼴로 나타낼 수 있다.

17 두 수 a, b에 대하여 $a \circ b = 3 \times a - b - 4$로 약속할 때, $(2 \circ 5) \circ 3$의 값은?

① -18 ② -16 ③ -15
④ -11 ⑤ -9

18 오른쪽 표에서 가로, 세로, 대각선 위에 있는 세 수들의 합이 모두 같을 때, A에 알맞은 수는?

	-4	
A	0	
-1	4	

① -3 ② -2
③ 1 ④ 2
⑤ 3

19 다음 중 옳지 <u>않은</u> 것은?

① $-(-1)^3 + (-1)^2 - (-1) = 3$
② $(-2)^3 - (-2)^2 + (-2) = -6$
③ $(-2)^2 - (-1) = 5$
④ $-3^2 + (-3)^2 + 3 = 3$
⑤ $-3^2 - 2^3 - (-1)^2 = -18$

20 $4 \times \{2 - (5-9) \div (-2)^2\} + (-3)$을 계산하면?

① -10 ② -9 ③ 1
④ 9 ⑤ 10

21 다음 계산 과정 중 분배법칙이 쓰인 곳의 기호를 쓰시오.

$$3 \times (-2) + 3 \times (+4) + 3 \times (-12) \quad)㉠$$
$$= 3 \times \{(-2) + (+4) + (-12)\} \quad)㉡$$
$$= 3 \times \{(-2) + (-12) + (+4)\} \quad)㉢$$
$$= 3 \times \{(-14) + (+4)\} \quad)㉣$$
$$= 3 \times (-10)$$
$$= -30$$

22 다음 식을 만족하는 x, y에 대하여 $x+y$의 값은?

$$45 \times (-0.7) + 32 \times (-0.7) + 23 \times (-0.7)$$
$$= x \times (-0.7)$$
$$= y$$

① 70   ② 60   ③ 50
④ 40   ⑤ 30

23 두 유리수 a, b에 대하여 $a<0$, $b>0$일 때, 다음 중 가장 큰 수는?

① a ② b ③ $a \times b$
④ $a-b$ ⑤ $-a+b$

24 세 유리수 a, b, c에 대하여 $a \times b < 0$, $b \times c < 0$, $a < b$일 때, 다음 중 옳은 것은?

① $a>0$, $b>0$, $c>0$
② $a>0$, $b>0$, $c<0$
③ $a>0$, $b<0$, $c>0$
④ $a<0$, $b>0$, $c<0$
⑤ $a<0$, $b<0$, $c<0$

25 네 유리수 $-\dfrac{2}{15}$, $-\dfrac{5}{3}$, 6, $-\dfrac{7}{10}$ 중에서 서로 다른 세 수를 뽑아 곱한 값 중 가장 큰 수는?

① $\dfrac{14}{25}$ ② $\dfrac{28}{45}$ ③ 2
④ 7   ⑤ 10

26 오른쪽 그림과 같은 주사위에서 마주 보는 면에 있는 두 수의 합은 0이다. 이때 보이지 않는 세 면에 있는 세 수의 합을 구하시오.

27 두 수 a, b에 대하여

$$a \triangle b = \frac{a \times b}{2}, \quad a \blacktriangledown b = a \div b - 1$$

로 약속할 때, $\{(-2) \triangle 4\} - \{12 \blacktriangledown (-3)\}$의 값은?

① -3 ② 0 ③ 1

④ 2 ⑤ 5

28 5개의 유리수 $-\dfrac{4}{5}$, $\dfrac{7}{12}$, $-\dfrac{4}{7}$, $\dfrac{15}{8}$, $\dfrac{4}{3}$ 중에서 서로 다른 세 수를 뽑아 곱한 값 중 가장 작은 수를 구하시오.

29 종군이와 덕우가 아르바이트를 하는데 종군이는 4일간 일하고 이틀을 쉬고, 덕우는 6일간 일하고 하루를 쉰다. 같은 날 일을 시작하여 840일 동안 일을 할 때, 두 사람이 같이 쉬는 날은 모두 며칠인지 구하시오.

30 1부터 50까지의 자연수가 각각 하나씩 적혀 있는 50개의 컵이 있다. 이때 1번 학생부터 50번 학생까지 다음과 같은 규칙으로 컵에 구슬을 넣었을 때, 50이 적혀 있는 컵에 들어 있는 구슬의 개수를 구하시오.

> 1번 학생은 모든 컵에 구슬을 1개씩 넣는다.
> 2번 학생은 2의 배수가 적혀 있는 컵에 구슬을 2개씩 넣는다.
> 3번 학생은 3의 배수가 적혀 있는 컵에 구슬을 3개씩 넣는다.
> ⋮
> 50번 학생은 50의 배수가 적혀 있는 컵에 구슬을 50개씩 넣는다.

II

문자와 식

① 문자의 사용과 식의 계산

식을 간단히!

수 대신 문자

문자의 사용

짝수 ⟶ 2, 4, 6, 8, …

간단하게 2n!

문자식의 표현

기호의 생략

$$a \times b \times 2 \times x \times b \times x \times y$$

⬇

×(곱하기)를 생략하면 간단해져!

$$2ab^2x^2y$$

$$a \div 3 = \frac{a}{3}$$

간단한 나눗셈은 바로 분자, 분모로 보내!

$$a \div 3 \div x \div x$$
$$= a \times \frac{1}{3} \times \frac{1}{x} \times \frac{1}{x}$$
$$= \frac{a}{3x^2}$$

문자에 수를 대입

식의 값

$a = 2$ 일 때, $3a \neq 32$

곱셈기호를 꼭 살려서 대입해!

$$= 3 \times a$$
$$= 3 \times 2$$
$$= 6 \quad \text{식의 값!}$$

---

1 문자를 사용한 식

1) 문자식 : 문자를 사용하여 어떤 수량 사이의 관계를 나타낸 식

2) 문자를 사용하여 식 세우는 방법
① 문제의 뜻을 파악하여 수량 사이의 관계 또는 수량 사이에 성립하는 규칙을 알아낸다.
② 관계식 또는 규칙에 맞게 문자를 사용하여 식을 세운다.

2 곱셈 기호와 나눗셈 기호의 생략

1) 곱셈 기호의 생략 : 수와 문자, 문자와 문자의 곱에서는 곱셈 기호 ×를 생략할 수 있다. 곱셈 기호를 생략할 때에는 다음 규칙을 따른다.
① (수)×(문자)는 수를 문자 앞에 쓴다.
② 1 또는 −1과 문자의 곱에서는 1을 생략한다.
③ (문자)×(문자)는 보통 알파벳 순으로 쓴다.
④ 같은 문자의 곱은 지수를 사용하여 거듭제곱의 꼴로 나타낸다.
⑤ 괄호가 있는 곱셈에서는 곱해지는 수 또는 문자를 괄호 앞에 쓴다.

2) 나눗셈 기호의 생략
① 나눗셈 기호 ÷를 사용하지 않고 분수의 꼴로 나타낸다.
② 나눗셈을 역수의 곱셈으로 고쳐서 곱셈 기호 ×를 생략할 수도 있다.

3 식의 값

1) 대입 : 문자를 포함한 식에서 문자를 어떤 수로 바꾸어 넣는 것

2) 식의 값 : 문자를 포함한 식에서 문자에 수를 대입하여 계산한 값
예 $a = 2$ 일 때, $4a - 1 = 4 \times 2 - 1 = 7$ ← 식의 값
대입

문자식의 분해

다항식

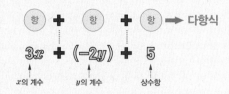

$$3x + (-2y) + 5$$

x의 계수 y의 계수   상수항

가장 큰 차수만 봐!

차수가 1이므로

$$x^1 + 1$$ 일차식

가장 큰 차수가 2이므로

$$x^2 + x^1 + 1$$ 이차식

문자식의 계산

곱셈과 나눗셈

· (수)×(일차식)

$$2 \times 6x = 2 \times 6 \times x = 12x$$

수끼리 계산!

· (일차식)÷(수)

역수

$$6x \div 2 = 6x \times \frac{1}{2} = 6 \times \frac{1}{2} \times x = 3x$$

수끼리 계산!

문자식의 계산

덧셈과 뺄셈

문자와 차수가 같은 항

$$5x^1 + 3x^1 = (5+3)x = 8x$$

분배법칙

우린 문자와 차수가 같으니까 동류항!

문자와 차수가 같은 항

$$5x^1 - 3x^1 = (5-3)x = 2x$$

분배법칙

---

4 다항식과 일차식

1) 다항식

① 항 : 수 또는 문자의 곱으로 이루어진 식

② 상수항 : 수로만 이루어진 항

③ 다항식 : 1개 또는 2개 이상의 항의 합으로 이루어진 식

④ 단항식 : 다항식 중에서 하나의 항으로 이루어진 식

⑤ 계수 : 수와 문자의 곱으로 이루어진 항에서 문자 앞에 곱해진 수

예 다항식 $4x^2 - 3x + 5$에서

  · 항 : $4x^2$, $-3x$, 5 · 상수항 : 5

  · x^2의 계수 : 4 · x의 계수 : -3

2) 일차식

① 항의 차수 : 항에 포함되어 있는 특정한 문자의 곱해진 개수

② 다항식의 차수 : 다항식에서 차수가 가장 큰 항의 차수

③ 일차식 : 차수가 1인 다항식

참고 분모에 문자가 있는 식은 일차식이 아니다. 예 $\frac{1}{x}$

5 일차식과 수의 곱셈, 나눗셈

1) (수)×(일차식) : 분배법칙을 이용하여 일차식의 각 항에 수를 곱한다.

수끼리 계산

예 $-3(2x+1) = (-3) \times 2x + (-3) \times 1 = -6x - 3$

2) (일차식)÷(수) : 역수를 이용하여 곱셈으로 고친 후, 분배법칙을 이용한다.

예 $(4x+2) \div 2 = (4x+2) \times \frac{1}{2} = 4x \times \frac{1}{2} + 2 \times \frac{1}{2} = 2x + 1$

÷(수)는 ×(역수)로 바꾸어 계산한다.

6 일차식의 덧셈과 뺄셈

1) 동류항 : 문자와 차수가 각각 같은 항 예 x^2과 $\frac{1}{2}x^2$, $-2y$와 y, 2와 -4

2) 동류항의 덧셈과 뺄셈 : 계수끼리 더하거나 뺀 후 문자를 곱한다.

3) 일차식의 덧셈과 뺄셈

① 괄호가 있으면 분배법칙을 이용하여 ( ) → { } → [ ]의 순서로 괄호를 푼다.

② 동류항끼리 모아 계산한다.

③ (일차항)＋(상수항)의 꼴로 정리한다.

주제별
실력다지기

1 곱셈과 나눗셈 기호의 생략

01 다음 **보기** 중에서 옳은 것을 모두 고른 것은?

┌─────────────── 보기 ───────────────┐

ㄱ. $x \div y + z = \dfrac{x}{y} + z$

ㄴ. $x - y \times z \div \dfrac{1}{2} = 2z(x - y)$

ㄷ. $4 \div (x \div y) \div z = \dfrac{4y}{xz}$

ㄹ. $x \div \left(y \div \dfrac{2}{3} \times z \right) = \dfrac{3x}{2yz}$

└────────────────────────────────────┘

① ㄱ, ㄴ 　② ㄱ, ㄷ 　③ ㄱ, ㄹ

④ ㄴ, ㄷ 　⑤ ㄷ, ㄹ

02 다음 중 $\dfrac{xz}{y}$와 같은 것은?

① $y \div x \times z$ 　② $x \div (y \times z)$ 　③ $x \times \dfrac{1}{y} \div \dfrac{1}{z}$

④ $y \times \dfrac{1}{z} \div x$ 　⑤ $z \div \left(\dfrac{1}{x} \times \dfrac{1}{y} \right)$

03 다음 **보기** 중에서 곱셈 기호 ×와 나눗셈 기호 ÷를 생략하여 나타낸 결과가 서로 같은 것끼리 짝지으시오.

┌─────────────── 보기 ───────────────┐

ㄱ. $a \times b \div c$ 　ㄴ. $a \div b \div c$ 　ㄷ. $c \div b \times a$

ㄹ. $a \div b \div \dfrac{1}{c}$ 　ㅁ. $a \div (b \times c)$ 　ㅂ. $\dfrac{1}{c} \div \dfrac{1}{b} \div \dfrac{1}{a}$

└────────────────────────────────────┘

04 다음 중 옳지 <u>않은</u> 것을 모두 고르면? (정답 2개)

① $0.1 \times x = 0.x$

② $2 \div x \div (y + 1) = \dfrac{2}{x(y+1)}$

③ $x \times x \times x \div 3 = \dfrac{x^3}{3}$

④ $a \div (7 \times b \div c) = \dfrac{7b}{ac}$

⑤ $x \div 4 \times y \div 5 = \dfrac{xy}{20}$

2 문자를 사용한 식

05 농도가 x %인 소금물 300 g과 농도가 y %인 소금물 200 g을 섞었을 때, 이 소금물에 들어 있는 소금의 양을 문자를 사용한 식으로 나타낸 것은?

① $(3x+2y)$ g   ② $(30x+20y)$ g

③ $(300x+200y)$ g   ④ $6xy$ g

⑤ $60000xy$ g

06 다음 중 옳지 <u>않은</u> 것은?

① 기차가 x시간 동안 200 km를 달렸을 때의 속력은 시속 $\dfrac{200}{x}$ km이다.

② 1개에 x g인 감자 y개를 무게가 300 g인 상자에 담을 때, 전체 무게는 $(xy+300)$ g이다.

③ 300원짜리 사탕 x개와 500원짜리 초콜릿 y개의 가격은 $(300x+500y)$원이다.

④ 원가가 x원인 물건에 원가의 2할의 이익을 붙였을 때, 물건의 정가는 $\dfrac{5}{6}x$원이다.

⑤ 65명의 학생 중 x %가 숙제를 하였을 때, 숙제를 하지 않은 학생은 $\left(65-\dfrac{13}{20}x\right)$명이다.

07 다음 중 옳은 것은?

① 50 L의 물이 들어 있는 물통에 x L씩 8번 물을 더 부었을 때, 물통에 들어 있는 물의 양은 $(8x-50)$ L이다.

② 정가가 a원인 운동화를 25 % 할인된 가격으로 살 때, 지불하는 돈은 $0.25a$원이다.

③ a원으로 같은 가격의 책을 5권 사고 b원이 남았을 때, 책 한 권의 가격은 $\dfrac{a-b}{5}$원이다.

④ 200 km 떨어진 지점을 시속 45 km로 x시간 갔을 때, 남은 거리는 $\left(200-\dfrac{x}{45}\right)$ km이다.

⑤ 수학과 과학 성적의 평균이 x점이고 수학 성적이 72점일 때, 과학 성적은 $2(x-72)$점이다.

08 오른쪽 그림과 같은 도형의 둘레의 길이는?

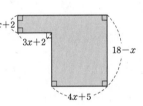

① $6x+25$

② $6x+50$

③ $12x+25$

④ $12x+50$

⑤ $50x+50$

09 다음 그림은 정사각형 ABCD를 4종류의 크기가 다른 정사각형과 2종류의 크기가 다른 직사각형으로 나눈 것이다. 가장 작은 정사각형의 한 변의 길이가 $\frac{1}{2}x$일 때, 색칠한 도형의 둘레의 길이를 x를 사용한 식으로 나타내시오.

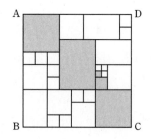

3 식의 값

10 $a=3$, $b=-4$일 때, $b^2-\frac{1}{6}ab$의 값은?

① 14   ② 18   ③ 20

④ 22   ⑤ 24

11 a^3-ab-b^2에 대하여 $a=-1$, $b=1$일 때의 식의 값을 x, $a=2$, $b=-3$일 때의 식의 값을 y라고 할 때, xy의 값을 구하시오.

12 $a=\frac{1}{2}$, $b=-\frac{1}{3}$, $c=\frac{1}{4}$일 때, $\frac{1}{a}-\frac{1}{b^2}+\frac{1}{c}$의 값은?

① -5 ② -3 ③ -1

④ 1   ⑤ 3

13 $x=-1$일 때, 다음 중 $-x$와 식의 값이 같은 것은?

① x^3 ② $-x^2$ ③ $(-x)^3$

④ $-(-x)^2$ ⑤ $-(-x)^3$

14 $x=-3$일 때, 다음 중 식의 값이 나머지 넷과 <u>다른</u> 하나는?

① $2x-3$　　　② $-(-x)^2$　　　③ x^2-18

④ $2x^2+x$　　　⑤ $\dfrac{2}{9}x^3-3$

15 $x=\dfrac{1}{2}$, $y=-3$일 때, 다음 중 식의 값이 가장 큰 것은?

① $4x+y$　　　② $4x^2+\dfrac{y}{3}$　　　③ x^2+y^2

④ $2x-\dfrac{y^2}{3}$　　　⑤ $-8x-6y$

16 $x=-\dfrac{1}{3}$일 때, 다음 중 식의 값이 가장 작은 것은?

① $\dfrac{1}{x}$　　　② $-\dfrac{1}{x^2}$　　　③ x^2

④ $-x^2$　　　⑤ x^3

17 기온이 x ℃일 때, 소리의 속력은 초속 $(331+0.6x)$ m라고 한다. 기온이 30 ℃일 때, 소리의 속력은?

① 초속 349 m　　② 초속 350 m　　③ 초속 351 m

④ 초속 352 m　　⑤ 초속 353 m

4 다항식의 이해

18 다음 중 단항식은 모두 몇 개인가?

$3x$	$-\dfrac{3}{2}$	x^2+x+1	$-7\times y\times y$	$x+2y$

① 1개　　　② 2개　　　③ 3개

④ 4개　　　⑤ 5개

19 다음 중 다항식 $2x^2-x-5$에 대한 설명으로 옳지 않은 것을 모두 고르면? (정답 2개)

① 항은 3개이다.

② 이 다항식의 차수는 2이다.

③ x의 계수는 1이다.

④ 이차항의 계수와 상수항의 합은 -3이다.

⑤ $2x^2$과 $-x$는 동류항이다.

20 다음 중 동류항끼리 짝 지어진 것은?

① $5,\ -\dfrac{1}{3}$ ② $x,\ 2y$ ③ $ab^2,\ a^2b$

④ $x^2,\ 3y^2$ ⑤ $3x^2,\ 3x$

21 다음 중 $3xy$와 동류항인 것은?

① $-3x^2y$ ② y^2 ③ $\dfrac{1}{4}xy$

④ 3 ⑤ $\dfrac{1}{3xy}$

22 다음 **보기** 중에서 옳은 것을 모두 고른 것은?

┌──── 보기 ────┐

ㄱ. $\dfrac{1}{2}x^2-3x-5$에서 상수항은 5이다.

ㄴ. $x^3-2x^2+\dfrac{4}{5}x$는 세 개의 항으로 이루어진 차수가 2인 다항식이다.

ㄷ. $13x^3$은 3차 단항식이다.

ㄹ. $-\dfrac{1}{4}x^3+3x+\dfrac{1}{4}x^3+3x+1$은 일차식이다.

└──────────────┘

① ㄱ, ㄴ   ② ㄱ, ㄷ   ③ ㄴ, ㄷ

④ ㄴ, ㄹ   ⑤ ㄷ, ㄹ

23 다음 중 일차식인 것은?

① x^2+5x ② $5x+1$ ③ $\dfrac{1}{x}$

④ $x+\dfrac{1}{x}$ ⑤ $2(x+1)-2x$

24 다음 **보기** 중에서 일차식을 모두 고른 것은?

┌───── 보기 ─────┐

ㄱ. $10a-3$ ㄴ. $-\dfrac{a}{3}+2$ ㄷ. $\dfrac{1}{2b}+2$

ㄹ. $y+y^2-2$ ㅁ. $0 \cdot x+3$ ㅂ. x^2

└────────────────┘

① ㄱ, ㄴ   ② ㄱ, ㄷ   ③ ㅁ, ㅂ

④ ㄴ, ㄹ, ㅂ   ⑤ ㄷ, ㄹ, ㅁ

25 x에 대한 다항식 $ax^2+3x+1-2x^2+b$를 간단히 하면 x에 대한 일차식이 된다. 상수항이 5일 때, 상수 a, b의 값을 각각 구하시오.

5 일차식의 계산

26 $-3x+1-\{3(5x+1)-4(7x-2)\}$를 간단히 하면?

① $-16x+6$ ② $-13x+10$ ③ $-10x-10$

④ $10x-10$ ⑤ $13x+6$

27 다항식 $\dfrac{-2x+5}{3}-\dfrac{3x+2}{4}-\dfrac{-x+3}{6}$을 간단히 하면?

① $-\dfrac{7}{4}x+\dfrac{2}{3}$ ② $-\dfrac{5}{4}x+\dfrac{2}{3}$ ③ $-\dfrac{5}{4}x+\dfrac{5}{3}$

④ $\dfrac{3}{4}x+\dfrac{5}{3}$ ⑤ $\dfrac{5}{4}x+\dfrac{2}{3}$

28 다항식 $3x-y+3(-x-2y+1)-2x$를 간단히 하였을 때, x의 계수를 a, y의 계수를 b라고 하자. 이때 $a-b$의 값은?

① -15 ② -10 ③ -5

④ 5 ⑤ 8

29 다음 식을 간단히 하시오.

$$6\left(\frac{1}{3}x-\frac{1}{2}y\right)+\left\{\frac{4}{3}x-\left(\frac{2}{3}x-\frac{3}{4}y\right)\right\}\div\frac{1}{12}$$

30 n이 자연수일 때,

$$\frac{x+1}{6}-\left\{(-1)^{2n-1}\times\frac{3x-5}{4}-(-1)^{2n}\times\frac{5x-4}{3}\right\}$$

에서 x의 계수를 a, 상수항을 b라고 하자. 이때 $a-b$의 값은?

① -5 ② $-\dfrac{1}{6}$ ③ $\dfrac{1}{6}$

④ $\dfrac{7}{12}$ ⑤ 5

31 $A=-3x+1$, $B=2x-5$일 때, $2(3A-B)-3(A-2B)$를 계산하면?

① $2x-6$ ② $x+23$ ③ $-x-17$

④ $-x-23$ ⑤ $-7x+5$

32 $A=3x+y-2z-3$, $B=2(-x+3y-z)$일 때, $2(A-B)+(A+3B)$를 계산하시오.

33 $a=2b=3c$일 때, 세 다항식 $A=2a-3b+c$, $B=-a+2b-c$, $C=-3a-b+2c$에 대하여 $\dfrac{3A-B+2C}{A+2B-C}$의 값은?

① $-\dfrac{17}{18}$ ② $-\dfrac{5}{6}$ ③ $\dfrac{13}{18}$

④ $\dfrac{7}{6}$ ⑤ $\dfrac{23}{9}$

34 다음 식이 x에 대한 일차식일 때, 상수 a, b의 값을 각각 구하시오.

$$3x^3+4x^2+7x-4-|a|x^3-bx^2+ax-bx+5$$

6 일차식의 응용

35 $\square-2(4x-5)=3x-1$에서 $\square$ 안에 알맞은 식은?

① $5x-9$ ② $5x+9$ ③ $11x-11$
④ $11x+11$ ⑤ $13x+11$

36 다음 $\square$ 안에 알맞은 식은?

$$9x-5=4x-3+\square$$

① $-5x-2$ ② $-5x+9$ ③ $x-2$
④ $x+9$ ⑤ $5x-2$

37 다음 **조건**을 모두 만족하는 두 다항식 A, B에 대하여 $2A-B$를 계산하면?

----- 조건 -----
(가) $(4x-3)-A=9-2x$
(나) $B+(7-3x)=-3(2x-1)+2$

① $9x-26$ ② $9x-12$ ③ $15x-22$
④ $15x-12$ ⑤ $19x-26$

38 주혁이는 n개의 구슬을 파란색 주머니와 노란색 주머니에 나누어 담으려고 한다. 먼저 파란색 주머니에 구슬 6개와 나머지 구슬의 개수의 $\frac{1}{3}$을 넣은 후 노란색 주머니에 구슬 20개와 그 나머지의 $\frac{5}{8}$를 넣었다. 두 주머니에 각각 넣은 구슬의 개수의 차는? (단, 주머니에 넣은 구슬은 다시 꺼내지 않는다.)

① $\frac{1}{12}n+1$ ② $\frac{1}{12}n+4$ ③ $\frac{1}{6}n+2$
④ $\frac{1}{6}n+3$ ⑤ $\frac{1}{3}n+5$

39 햇님마트에서는 지난달에 사탕 한 봉지를 $4x$원에 판매하였고, 초콜릿 한 개는 사탕 한 봉지보다 500원 적은 가격으로 판매하였다. 이번 달에는 사탕 한 봉지의 가격을 15 % 인하하고, 초콜릿 한 개의 가격을 30 % 인상하여 판매한다고 한다. 이번 달에 햇님마트에서 사탕 25봉지와 초콜릿 50개를 산다고 할 때, 지불해야 하는 금액을 x를 사용한 식으로 나타내시오.

40 어떤 다항식에 $3x+4$를 더해야 할 것을 잘못하여 뺐더니 $5x-7$이 되었다. 어떤 다항식을 구하시오.

41 어떤 다항식에서 $4x-3$을 빼어야 할 것을 잘못하여 더했더니 $6x+4$가 되었다. 이때 바르게 계산한 식을 구하시오.

42 어떤 다항식 A에서 $2x-3$을 빼었더니 $3x-5$가 되었고, $8x+6$에 어떤 다항식 B를 더했더니 $-x+3$이 되었다. 이때 $A+B$를 계산하시오.

43 어떤 다항식에서 $-3x+12$를 뺀 후 3으로 나누어야 할 것을 잘못하여 $-3x-7$을 더한 후 3을 곱하였더니 $9x+6$이 되었다. 이때 바르게 계산한 식은?

① $x-1$ ② $x+1$ ③ $2x-1$
④ $3x-1$ ⑤ $3x+1$

44 상희는 x에 대한 일차식 A의 상수항을 잘못 보고 A와 $\frac{1}{2}x-4$를 더했더니 $\frac{5}{3}x+5$가 되었고, 민철이는 일차식 A의 x의 계수를 잘못 보고 A와 $\frac{1}{2}x-4$를 더했더니 $5x-\frac{3}{2}$이 되었다. 이때 A와 $\frac{1}{2}x-4$를 더하여 계산한 식을 구하시오.

(일차식) = 0

일차방정식

등호가 있는 식

등식

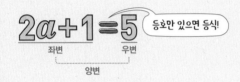

등호만 있으면 등식!

좌변   우변

양변

등호와 미지수가 있는 식

방정식과 항등식

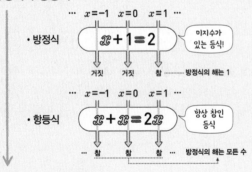

등식의 양변에 같은 연산을 해도 등식

등식의 성질

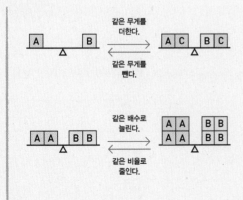

---

1 등식

등식 : 등호 =를 사용하여 두 수 또는 두 식이 서로 같음을 나타낸 식

개념+ · 부등호(>, <, ≥, ≤)를 사용한 식은 등식이 아니다.
· 등호가 없는 식은 등식이 아니다.

주의 좌변과 우변의 값이 일치하지 않아도 등호 =를 사용하여 나타낸 식은 등식이며 이 때 거짓인 등식이라고 한다.
예 $1+2=3$: 참인 등식, $2\times4=3\times5$: 거짓인 등식

---

2 방정식과 항등식

1) 방정식 : 미지수의 값에 따라 참이 되기도 하고 거짓이 되기도 하는 등식
① 미지수 : 방정식에 있는 x 등의 문자
② 방정식의 해 또는 근 : 방정식을 참이 되게 하는 미지수의 값
③ 방정식을 푼다 : 방정식의 해 또는 근을 구하는 것

2) 항등식 : 미지수에 어떤 값을 대입해도 항상 참이 되는 등식

---

3 등식의 성질

1) 등식의 양변에 같은 수를 더하여도 등식은 성립한다.
$a=b$이면 $a+c=b+c$

2) 등식의 양변에서 같은 수를 빼어도 등식은 성립한다.
$a=b$이면 $a-c=b-c$

3) 등식의 양변에 같은 수를 곱하여도 등식은 성립한다.
$a=b$이면 $ac=bc$

4) 등식의 양변을 0이 아닌 같은 수로 나누어도 등식은 성립한다.
$a=b$이면 $\dfrac{a}{c}=\dfrac{b}{c}$ (단, $c\neq0$)

개념+ 등식의 성질을 이용하여 방정식의 해를 구할 수 있다.
예 $4x+3=19 \xrightarrow{\text{양변에서 3을 뺀다.}} 4x=16 \xrightarrow{\text{양변을 4로 나눈다.}} x=4$

(일차식)=0
일차방정식

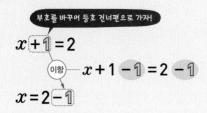

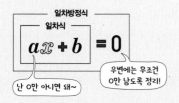

미지수 구하기
일차방정식의 풀이

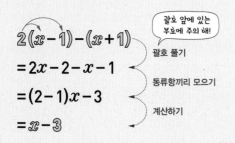

---

4 일차방정식의 뜻

1) 이항 : 등식의 성질을 이용하여 등식의 어느 한 변에 있는 항을 그 항의 부호를 바꾸어 다른 변으로 옮기는 것

$$3x + 4 = 1$$
$$3x = 1 - 4$$
(이항)

2) x에 대한 일차방정식 : 방정식에서 등식의 우변의 모든 항을 좌변으로 이항하여 정리한 식이

$$(x에 \ 대한 \ 일차식)=0, \ 즉 \ ax+b=0 \ (a \neq 0, \ a, \ b는 \ 상수)$$

의 꼴로 변형되는 방정식

예 ・$4x+2=-3x$에서 $-3x$를 좌변으로 이항하면 $4x+2+3x=0$, $7x+2=0$ 이므로 x에 대한 일차방정식이다.
・$x^2+x=-x^2+2$에서 $-x^2+2$를 좌변으로 이항하면 $x^2+x+x^2-2=0$, $2x^2+x-2=0$이므로 일차방정식이 아니다.

---

5 일차방정식의 풀이

x에 대한 일차방정식은 다음과 같은 순서로 푼다.
① 괄호가 있으면 먼저 괄호를 푼다.
② x를 포함한 항은 좌변으로, 상수항은 우변으로 이항한다.
③ 동류항끼리 정리하여 $ax=b(a \neq 0)$의 꼴로 고친다.
④ 양변을 x의 계수 a로 나누어 해를 구한다.

---

6 복잡한 일차방정식의 풀이

1) 계수가 소수나 분수인 일차방정식의 풀이
① 계수가 소수인 일차방정식의 풀이
양변에 10, 100, 1000, … 등 10의 거듭제곱을 곱하여 소수를 정수로 바꾼 후 일차방정식의 풀이 방법에 따라 해를 구한다.
② 계수가 분수인 일차방정식의 풀이
양변에 분모의 최소공배수를 곱하여 분수를 정수로 바꾼 후 일차방정식의 풀이 방법에 따라 해를 구한다.

> 개념＋ 비례식의 꼴로 주어진 경우에는 비례식의 성질 「$a:b=c:d$이면 $bc=ad$이다.」를 이용하여 푼다.

2) 특수한 해를 갖는 방정식
① 방정식 $ax=b$ ┌ 해가 없을 조건 : $a=0$, $b \neq 0$
　　　　　　　　└ 해가 무수히 많을 조건 : $a=0$, $b=0$
② 방정식 $ax+b=cx+d$ ┌ 해가 없을 조건 : $a=c$, $b \neq d$
　　　　　　　　　　　└ 해가 무수히 많을 조건 : $a=c$, $b=d$

주제별
실력다지기

1 방정식과 항등식

01 다음 중 x의 값에 따라 참이 되기도 하고, 거짓이 되기도 하는 등식은?

① $2(x-3)=2x-6$　　② $x>-3-5x$

③ $4x-1$　　　　　　　④ $10-8=2$

⑤ $7x-4=6$

02 다음 중 항등식인 것을 모두 고르면? (정답 2개)

① $2x=2$　　　　　　　② $4x-8=4(x-2)$

③ $2x+3x+1=5x+1$　④ $3(x-1)=3x-1$

⑤ $\dfrac{x+4}{2}=-2x-5$

03 등식 $3x+2a=3b+ax$가 x에 대한 항등식일 때, 상수 a, b에 대하여 $a+b$의 값은?

① -3　　　② -2　　　③ -1

④ 1　　　　⑤ 5

04 등식 $(a+3)x-7=5x+b-3$이 모든 x에 대하여 항상 참일 때, 상수 a, b에 대하여 $a-b$의 값을 구하시오.

05 등식 $2x-3(1-x)=4x+\square$가 x에 대한 항등식일 때, $\square$ 안에 알맞은 일차식은?

① $-x+4$　　② $x-3$　　③ $x+3$

④ $2x-1$　　⑤ $3x-2$

06 다음 등식이 x의 값에 관계없이 항상 성립할 때, □ 안에 알맞은 식은?

$$\frac{1}{2}(4x-8)-\frac{4}{3}(6x-12)=2x+□$$

① $-8x-20$　　② $-8x+12$　　③ $-4x-20$

④ $4x-12$　　⑤ $4x+12$

07 $y=2x-3$을 만족하는 모든 x, y에 대하여 $2ax-3(y-a)-4b=-3x+\frac{5}{2}$가 항상 성립할 때, 상수 a, b에 대하여 $a÷b$의 값을 구하시오.

2 등식의 성질

08 다음 **보기** 중에서 옳은 것을 모두 고른 것은?

┌─ **보기** ─────────────────────┐
ㄱ. $x=y$이면 $xz=yz$이다.
ㄴ. $xz=yz$이면 $x=y$이다.
ㄷ. $\frac{x}{3}=\frac{y}{4}$이면 $3x=4y$이다.
ㄹ. $a-b=x-y$이면 $a-x=b-y$이다.
ㅁ. $-x=y$이면 $5+x=-5-y$이다.
└────────────────────────────┘

① ㄱ, ㄷ　　② ㄱ, ㄹ　　③ ㄴ, ㄹ

④ ㄴ, ㅁ　　⑤ ㄷ, ㅁ

09 문장을 등식으로 나타낸 것 중 옳은 것을 모두 고르면? (정답 2개)

① 어떤 수 x의 5배에서 2를 뺀 수는 x에서 3을 뺀 수의 4배와 같다. ➡ $5x-2=x-12$

② 가로의 길이가 x cm, 세로의 길이가 y cm인 직사각형의 둘레의 길이는 100 cm이다. ➡ $x+y=50$

③ 6개에 3000원 하는 귤을 x개 사고 5000원을 내었더니 500원을 거슬러 받았다. ➡ $5000-\frac{x}{6}=500$

④ 거리가 x km인 두 지점 A, B 사이를 왕복하는데 갈 때에는 시속 3 km, 올 때에는 시속 2 km로 걸어서 40분 걸렸다. ➡ $\frac{x}{3}+\frac{x}{2}=40$

⑤ 가격이 x원인 물건을 15 % 할인한 가격은 9000원이다. ➡ $0.85x=9000$

10 오른쪽 일차방정식의 풀이 과정에서 ㉮, ㉯에 이용된 등식의 성질을 다음 **보기**에서 차례대로 나열하시오.

$$2x-3=5$$
$$2x=8 \quad ㉮$$
$$\therefore x=4 \quad ㉯$$

┌─── **보기** ───────────────────
$a=b$이고, c가 자연수일 때

ㄱ. $a+c=b+c$ ㄴ. $a-c=b-c$

ㄷ. $ac=bc$ ㄹ. $\dfrac{a}{c}=\dfrac{b}{c}$
└───────────────────────────

11 방정식 $-6x+3=-9$를 풀기 위해 다음 **보기**와 같은 두 가지의 성질을 차례대로 이용하였다. 이때 mn의 값을 구하시오.

┌─── **보기** ───────────────────
ㄱ. $a=b$이면 $a+m=b+m$
ㄴ. $a=b$이면 $an=bn$
└───────────────────────────

12 다음 중 방정식을 풀 때 이용되는 등식의 성질이 나머지 넷과 <u>다른</u> 하나는?

① $2x-3=2 \rightarrow 2x=5$

② $3x-1=5 \rightarrow 3x=6$

③ $x-5=2 \rightarrow x=7$

④ $4x=-8 \rightarrow x=-2$

⑤ $2(x-1)=3 \rightarrow 2x=5$

13 양팔 접시 저울을 사용하여 무게가 다른 네 종류의 추의 무게를 구하려고 한다. [그림 1], [그림 2]와 같이 양팔 접시 저울이 모두 균형을 이루고 있을 때, ▲ 모양의 추의 무게는? (단, ★ 모양의 추의 무게는 2.4 g이다.)

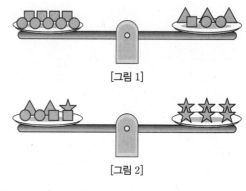

[그림 1]

[그림 2]

① 2.8 g   ② 3 g   ③ 3.2 g

④ 3.4 g   ⑤ 3.6 g

3 일차방정식이 될 조건 및 풀이

14 다음 **보기** 중에서 일차방정식은 몇 개인가?

┌─────────── 보기 ───────────┐

ㄱ. $2x+3=2(x+1)$ ㄴ. $3x-1$

ㄷ. $2(2-3x)=4x$ ㄹ. $x^2-5=x^2-7x$

ㅁ. $2x+1<2(x+3)$ ㅂ. $-4x=0$

└──────────────────────────┘

① 2개   ② 3개   ③ 4개

④ 5개   ⑤ 6개

15 방정식 $2x^2+5x-9=2+3x+ax^2$이 x에 대한 일차방정식이 되기 위한 상수 a의 값은?

① -1 ② 0 ③ 1

④ 2 ⑤ 3

16 등식 $ax-2=x+b$가 x에 대한 일차방정식이 되기 위한 조건으로 알맞은 것은?

① $a\neq0$ ② $a=1,\ b\neq-2$

③ $a\neq1$ ④ $a\neq1,\ b\neq-2$

⑤ $a\neq1,\ b=-2$

17 다음 일차방정식을 푸시오.

$$4-\frac{4x-1}{3}=-x-\frac{1+x}{2}$$

18 일차방정식 $0.1x-0.03=-0.17x-0.3$을 풀면?

① $x=-2$ ② $x=-1$ ③ $x=0$

④ $x=1$ ⑤ $x=2$

19 다음 일차방정식을 푸시오.

$$\frac{1}{3}x - 0.5 = \frac{2x-3}{5}$$

21 비례식 $(4x-1) : 3x = 2 : 3$을 만족하는 x의 값은?

① -1
② $-\frac{1}{2}$
③ $\frac{1}{2}$

④ $\frac{3}{2}$
⑤ 2

20 방정식 $\frac{3}{4}\left(\frac{5}{6}x - 8\right) = -0.2x + 0.6$을 푸시오.

22 다음 비례식을 만족하는 x의 값을 구하시오.

$$3 : 2 = \frac{1}{2}(x-1) : \frac{2}{3}(3x+2)$$

4 문자를 포함한 일차방정식

23 일차방정식 $2(x+3)=x+4$의 해를 $x=a$라고 할 때, 방정식 $a+2(x-1)=ax+2$의 해를 구하시오.

24 일차방정식 $\dfrac{2(x-1)}{5}-1=0.6(x-3)$의 해를 $x=a$라고 할 때, a^2-5a의 값은?

① -10 ② -6 ③ 0
④ 10 ⑤ 14

25 일차방정식 $-2x+4=-(x-2)$의 해를 $x=a$, 일차방정식 $-\dfrac{x}{2}+1=0.5x-1.4$의 해를 $x=b$라고 할 때, $10(a-b)$의 값은?

① -7 ② -4 ③ 2
④ 5 ⑤ 8

26 일차방정식 $\dfrac{1}{2}x-0.2x=-\dfrac{3}{5}$의 해를 $x=a$, 비례식 $(x-2):3=(2x+3):5$를 만족하는 x의 값을 b라고 할 때, x에 대한 일차방정식 $ax-1=x+b$의 해를 구하시오.

27 비례식 $\left(\dfrac{1}{3}x+4\right):5=(2x+3):\dfrac{15}{2}$를 만족하는 x에 대하여 비례식 $(ax+3):\left(\dfrac{3}{2}-5ax\right)=2:7$이 성립할 때, 상수 a의 값을 구하시오.

28 x에 대한 일차방정식 $\dfrac{x+1}{2}=\dfrac{ax-1}{3}$의 해가 $x=5$일 때, 상수 a의 값은?

① -22 ② -11 ③ 2

④ 5 ⑤ 10

29 x에 대한 일차방정식 $kx+2=\dfrac{x-k}{4}$의 해가 $x=-1$일 때, x에 대한 일차방정식 $(k-4)x+3=\dfrac{2k}{3}-4x$의 해를 구하려고 한다. 다음 물음에 답하시오.

(1) 상수 k의 값을 구하시오.

(2) x에 대한 일차방정식 $(k-4)x+3=\dfrac{2k}{3}-4x$의 해를 구하시오.

30 x에 대한 일차방정식 $-2a+x=a-5$의 해가 $x=1$일 때, x에 대한 일차방정식 $a-1=1-(a+2)x$의 해는? (단, a는 상수)

① $x=0$ ② $x=1$ ③ $x=2$

④ $x=3$ ⑤ $x=4$

5 해가 같은 두 일차방정식

31 x에 대한 두 일차방정식 $x(k+5)=2k+1$, $2x-1=-3$의 해가 같을 때, 상수 k의 값을 구하시오.

32 x에 대한 두 일차방정식 $x-1=a$, $x+6=\dfrac{x}{3}$의 해가 같을 때, 상수 a의 값을 구하시오.

33 다음 x에 대한 두 일차방정식의 해가 같을 때, 상수 k의 값은?

$$2x-k+3=4(k-x) \qquad \dfrac{x}{3}+3=\dfrac{1-3x}{5}$$

① -5 ② -3 ③ 1
④ 3 ⑤ 5

34 비례식 $-3:(5-2x)=-2:(x-6)$을 만족하는 x의 값이 x에 대한 일차방정식 $2x+13=-3+ax$의 해일 때, 상수 a의 값은?

① -6 ② -3 ③ 3
④ 6 ⑤ 9

35 다음 일차방정식 중 해가 나머지 넷과 다른 하나는?

① $-3x-4=5$ ② $x+5=-2x-4$
③ $0.3x+0.05=0.65$ ④ $2(5x+7)=5x-1$
⑤ $\dfrac{2}{3}x+\dfrac{3}{2}=\dfrac{1}{6}x$

36 다음 중 일차방정식 $x+2=-1-2x$와 해가 같은 것은?

① $3x=-9$　　　② $x+7=2x+10$

③ $2(x+1)=3x+5$　　④ $3(x-5)=x-9$

⑤ $-5(x+2)=-5$

37 다음 중 일차방정식 $2(3x-1)=3(x-2)-5$와 해가 다른 하나는?

① $-3x+4=-x+10$

② $\dfrac{2}{3}x-2=3x+5$

③ $\dfrac{5}{3}x-4=-(5-2x)$

④ $1.2x+3.6=2(x+3)$

⑤ $\dfrac{3-4x}{5}=\dfrac{2x+15}{3}$

38 x에 대한 일차방정식 $ax-2=bx+18$의 해는 일차방정식 $3x=2(x+1)$의 해의 2배이다. 이때 $a-b$의 값은? (단, a, b는 상수)

① -3　　　② -2　　　③ 2

④ 3　　　⑤ 5

39 오른쪽 그림과 같은 표에서 가로, 세로, 대각선에 놓여 있는 3개의 식을 더한 값이 모두 같게 하려고 한다. 이때 x의 값을 구하시오.

3	$x+3$	$x-2$
$x+1$	6	$x-3$
x	$x-5$	$x+2$

6 새롭게 약속된 연산의 일차방정식

40 두 수 a, b에 대하여 $a \blacklozenge b=3a-2b-1$이라고 약속할 때, $(3 \blacklozenge x)-(-2x \blacklozenge 1)=2 \blacklozenge 3$을 만족하는 x의 값은?

① -3　　　② -1　　　③ 0

④ 1　　　⑤ 3

41 두 수 a, b에 대하여 $a*b=ab+a+b$라고 약속할 때, $(x*1)+(2*x)=-2$를 만족하는 x의 값은?

① -2 ② -1 ③ 0

④ 1 ⑤ 2

42 두 수 a, b에 대하여 $<a,\ b>=2ab+a-b$로 약속할 때, 다음을 만족하는 x의 값은?

$$<3,\ 2x>\ =\ <4x,\ -1>$$

① -2 ② $-\dfrac{4}{3}$ ③ $-\dfrac{1}{7}$

④ $\dfrac{1}{2}$ ⑤ $\dfrac{2}{3}$

43 네 수 a, b, c, d에 대하여 $\begin{vmatrix} a & b \\ c & d \end{vmatrix}=ad-bc$로 약속할 때, 다음을 만족하는 x의 값은?

$$\begin{vmatrix} 3 & -2 \\ 5x-4 & \dfrac{1}{3}x+6 \end{vmatrix}=-1$$

① -2 ② -1 ③ 0

④ 1 ⑤ 2

44 다음 그림에서 ▨ 안의 식은 바로 아래 연결된 양 옆의 ▨ 안의 식을 더한 것이다. 이때 x의 값을 구하시오.

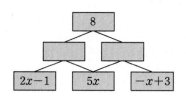

45 오른쪽 **보기**와 같이 왼쪽 ▨ 안의 식에서 오른쪽 ▨ 안의 식을 뺀 것이 위의 ▨ 안의 식이 된다고 한다. 이때 다음을 만족하는 x의 값을 구하시오.

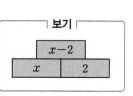

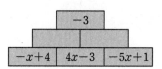

46 오른쪽 그림에서 ◯ 안의 식은 바로 위의 왼쪽에 연결된 ◯ 안의 수의 2배에 바로 위의 오른쪽에 연결된 ◯ 안의 수를 더한 것이다. 이때 x의 값을 구하시오.

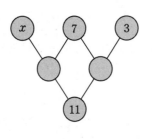

48 x에 대한 방정식 $3x-8=ax-2b$의 해가 무수히 많을 때, 상수 a, b에 대하여 ab의 값은?

① 15   ② 14   ③ 12

④ 10   ⑤ 8

49 x에 대한 방정식 $x+a(x-4)=b$의 해가 무수히 많을 때, 상수 a, b에 대하여 $a+b$의 값은?

① 5   ② 3   ③ 2

④ -1 ⑤ -4

7 해가 특별한 경우

47 x에 대한 일차방정식 $32-15x=k$의 해가 자연수가 되게 하는 자연수 k의 값을 모두 구하시오.

50 x에 대한 방정식 $ax-6=(1-b)x-3b$의 해가 무수히 많을 때, 상수 a, b의 값을 각각 구하시오.

51 x에 대한 방정식 $2ax-1=3(x-b)+2$의 해가 무수히 많을 때, x에 대한 일차방정식 $ax+b=0$의 해를 구하시오. (단, a, b는 상수)

52 다음 방정식 중 해가 <u>없는</u> 것은?

① $x-3=4$ ② $-3x=12$

③ $7-2x=5$ ④ $3x+4x=7x+1$

⑤ $3(x-2)=3x-6$

53 x에 대한 방정식 $ax-3(x+a)=2$의 해가 없을 때, 상수 a의 값은?

① -2 ② $-\dfrac{2}{3}$ ③ -1

④ $\dfrac{2}{3}$ ⑤ 3

54 비례식 $3(x+1) : a=(x-1) : 2$를 만족하는 x의 값이 존재하지 않을 때, 상수 a의 값은?

① -6 ② -4 ③ -2

④ 4 ⑤ 6

55 x에 대한 방정식 $-x+2=2x-\dfrac{x-a}{a}$가 한 개의 해를 가질 때, x에 대한 방정식

$(a-1)x-b=1-\dfrac{2}{3}x$의 해는 몇 개인지 구하시오.

(단, $a\neq0$, a, b는 상수)

식 만들기!

③ 일차방정식의 활용

(모르는 것)=x

일차방정식의 활용

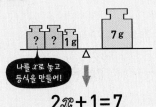

나를 x로 놓고
등식을 만들어!

$$2x+1=7$$

연속하는 세 정수

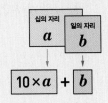

$$x-1 \qquad x \qquad x+1$$

가장 작은 수   가장 큰 수

십의 자리   일의 자리

$$a \qquad b$$

$$10 \times a + b$$

물을 증발시켜도,
물을 더 넣어도
소금의 양은 변하지 않아!

1 일차방정식의 활용 문제를 푸는 방법

① 문제의 뜻을 파악하고, 구하려고 하는 것을 미지수 x로 놓는다.
② 주어진 조건에서 수량들 사이의 관계를 찾아 방정식을 세운다.
③ 방정식을 풀어 x의 값을 구한다.
④ 구한 해가 문제의 뜻에 맞는지 확인한다.

2 여러 가지 활용 문제

1) 수에 관한 활용 문제

① 연속한 두 정수 : 미지수를 x, $x+1$ 또는 $x-1$, x로 놓는다.
② 연속한 세 홀수 또는 연속한 세 짝수 : x, $x+2$, $x+4$ 또는 $x-2$, x, $x+2$로 놓는다.
③ 자연수의 자릿수 : 십의 자리의 숫자가 x, 일의 자리의 숫자가 y인 두 자리의 자연수는 $10x+y$로 놓는다.

2) 실생활 소재에 관한 활용 문제

① 나이에 관한 문제 : (x년 후의 나이)=(현재 나이)+x
② 적립금에 관한 문제 :
   (x개월 후의 적립금)=(현재의 적립금)+x×(매월 적립금)
③ 비율로 나타낸 증가 · 감소에 관한 문제 :
   A에 대하여 $x\%$ 증가한 양은 $A\left(1+\dfrac{x}{100}\right)$

3 활용 문제에서 자주 사용되는 공식

1) (거리)=(속력)×(시간), (속력)=$\dfrac{(거리)}{(시간)}$, (시간)=$\dfrac{(거리)}{(속력)}$

2) (소금물의 농도)=$\dfrac{(소금의 양)}{(소금물의 양)}$×100(%)

   (소금의 양)=$\dfrac{(소금물의 농도)}{100}$×(소금물의 양)

주제별 실력다지기

1 수에 관한 문제

01 일의 자리의 숫자가 7인 두 자리 자연수가 있다. 이 자연수는 각 자리의 숫자의 합의 6배보다 11이 작다. 이 자연수를 구하시오.

02 십의 자리의 숫자가 3인 두 자리 자연수가 있다. 십의 자리의 숫자와 일의 자리의 숫자를 바꾼 수가 처음의 수의 2배보다 1만큼 작을 때, 처음 자연수와 바꾼 자연수의 합은?

① 88   ② 99   ③ 110
④ 121   ⑤ 132

03 연속한 두 정수의 합이 59일 때, 두 정수를 구하시오.

04 연속한 세 홀수의 합이 153일 때, 세 홀수 중 가장 작은 수는?

① 49   ② 51   ③ 53
④ 55   ⑤ 57

05 합이 33인 두 자연수가 있다. 큰 수를 작은 수로 나누면 몫이 4이고 나머지가 3이다. 이때 큰 수는?

① 25   ② 26   ③ 27
④ 28   ⑤ 29

2 나이, 예금에 관한 문제

06 올해 지혜의 나이는 14세이고, 어머니의 나이는 42세이다. 몇 년 후에 어머니의 나이가 지혜의 나이의 2배가 되는가?

① 5년 후   ② 7년 후   ③ 10년 후
④ 14년 후   ⑤ 17년 후

07 올해 아버지와 아들의 나이의 합은 59세이고, 5년 후 아버지의 나이는 아들의 나이의 2배가 된다고 한다. 올해 아들의 나이를 구하시오.

08 올해 어머니와 채윤이의 나이의 차가 28세이고, 12년 후 어머니의 나이는 채윤이의 나이의 3배보다 2세 적다고 한다. 올해 어머니와 채윤이의 나이를 각각 구하시오.

09 세 자매의 나이는 각각 2세씩 차이가 난다. 올해 가장 큰 언니의 나이는 막내의 나이의 2배보다 6세 적다고 한다. 올해 막내의 나이는?

① 8세   ② 10세   ③ 12세
④ 14세   ⑤ 16세

10 현재 윤미가 가진 현금은 5만 원, 경진이가 가진 현금은 3만 원이다. 앞으로 매달 윤미는 3천 원씩, 경진이는 8천 원씩 모은다면 몇 개월 후에 윤미가 모은 금액과 경진이가 모은 금액이 같아지는지 구하시오.

3 비율 및 도형에 관한 문제

11 소희는 어느 책 한 권을 읽는 데 총 3일이 걸렸다. 첫째 날에는 전체의 $\frac{1}{4}$, 둘째 날에는 전체의 $\frac{1}{3}$, 셋째 날에는 30쪽을 읽었다고 할 때, 이 책의 전체 쪽수는?

① 71쪽 ② 72쪽 ③ 73쪽
④ 74쪽 ⑤ 75쪽

12 미애네 학급의 전체 학생의 남녀 비는 3 : 5이다. 개학을 하여 등교한 학생 중 머리염색을 한 학생의 남녀 비가 1 : 2, 염색을 하지 않은 학생의 남녀 비가 2 : 3이고, 머리염색을 한 남학생이 4명일 때, 머리염색을 하지 않은 학생은 몇 명인지 구하시오.

13 물 속에서 아연의 무게는 $\frac{1}{8}$만큼 가벼워지고, 구리의 무게는 $\frac{1}{7}$만큼 가벼워진다. 아연과 구리만 섞은 합금 151 g의 무게가 물 속에서 130 g이 되었을 때, 합금 속의 구리의 무게는?

① 111 g ② 113 g ③ 115 g
④ 117 g ⑤ 119 g

14 길이가 108 cm인 끈을 길이의 비가 2 : 3 : 4가 되도록 세 부분으로 자를 때, 잘라낸 끈의 길이 중 중간 길이의 끈의 길이를 구하시오.

15 오른쪽 그림과 같이 길이가 7 m인 철망으로 직사각형 모양의 닭장을 담에 연결하여 만들려고 한다. 이 닭장의 가로의 길이를 세로의 길이보다 160 cm 더 길게 하려고 할 때, 이 닭장의 세로의 길이는?

① 90 cm ② 110 cm ③ 180 cm
④ 210 cm ⑤ 230 cm

16 80 km의 거리를 자동차로 가는데 처음에는 시속 60 km로 달리다가 중간에 시속 80 km로 달려서 총 1시간 10분이 걸렸다. 시속 80 km로 달린 시간은?

① 20분　　　② 25분　　　③ 30분

④ 35분　　　⑤ 40분

17 덕만이가 집에서 66 km 떨어진 역사유적지까지 가는데 시속 45 km의 버스를 타고 가다 시속 18 km의 자전거로 갈아타고 갔더니 1시간 40분이 걸렸다. 이때 덕만이가 자전거를 타고 간 거리는 몇 km인지 구하시오. (단, 갈아탄 시간은 생각하지 않는다.)

18 진수가 등산을 하는데 올라갈 때는 시속 4 km로 걷고, 내려올 때는 다른 길을 선택하여 시속 6 km로 걸어서 총 2시간 10분이 걸렸다. 전체 걸은 거리가 10 km일 때, 진수가 올라간 거리는 몇 km인지 구하시오.

19 산 정상까지 올라갈 때는 분속 20 m, 같은 코스로 내려올 때는 분속 50 m로 걸었더니 내려올 때보다 올라갈 때가 1시간이 더 걸렸다고 한다. 같은 코스를 분속 25 m로 올라갔을 때 걸리는 시간은?

① 50분　　　② 1시간　　　③ 1시간 10분

④ 1시간 20분　　⑤ 1시간 30분

20 거리가 20 km인 두 지점 사이를 A, B 두 사람이 자전거로 왕복하는데 A는 갈 때는 시속 12 km, 올 때는 시속 8 km로 달렸고, B는 일정한 속력으로 달렸다. A와 B가 왕복하는데 걸린 시간이 같을 때, B의 속력은 시속 몇 km인지 구하시오.

21 집에서 놀이 공원까지 가는데 시속 45 km로 가는 버스를 타면 시속 60 km로 가는 자동차를 타는 것보다 12분이 더 걸린다고 할 때, 집에서 놀이 공원까지의 거리는 몇 km인지 구하시오.

22 한빈이가 집에서 이모 댁으로 심부름을 가는데 시속 12 km로 자전거를 타고 가면 시속 6 km로 뛰어 가는 것보다 40분 빨리 도착한다고 한다. 시속 10 km로 자전거를 타고 갔을 때 걸리는 시간은?

① 45분   ② 48분   ③ 50분
④ 52분   ⑤ 55분

23 영화를 보기 위해 집에서 영화관까지 시속 12 km로 자전거를 타고 가면 영화가 상영하기 40분 전에 도착하고, 시속 4 km로 걸어가면 영화가 상영한 지 20분 후에 도착하게 된다고 한다. 이때 집에서 영화관까지의 거리는?

① 5 km   ② 5.5 km   ③ 6 km
④ 6.5 km   ⑤ 7 km

5 시간, 거리, 속력에 관한 문제 – 트랙 돌기, 기차

24 두 사람 A, B의 집 사이의 거리가 2200 m이다. A는 분속 60 m, B는 분속 50 m로 각자의 집에서 상대방의 집을 향하여 동시에 출발하였다. 출발한 지 몇 분 후에 두 사람이 만나는지 구하시오.

25 동은이가 분속 80 m로 걷기 시작한 뒤 10분 후에 같은 길로 지수가 뒤따라 갔다. 지수가 분속 240 m로 뛰어간다면 지수가 출발한 지 몇 분 후에 두 사람이 만나겠는가?

① 3분 후 　　② 4분 후 　　③ 5분 후
④ 6분 후 　　⑤ 7분 후

26 형이 동생으로부터 30 m 뒤에 떨어진 곳에 있다. 동생과 형이 동시에 출발하여 형은 초속 12 m로 자전거를 타고 가고, 동생은 초속 4 m로 뛰어 간다고 한다. 형과 동생이 만났을 때, 만난 지점은 형이 출발한 곳에서 몇 m 떨어진 곳인지 구하시오.

(단, 형과 동생은 같은 방향으로 간다.)

27 극기훈련을 간 덕우네 학교 학생들이 1반부터 일렬로 줄지어 출발 지점부터 일정한 속도로 이동하고 있다. 마지막 반의 반장인 덕우는 길이가 800 m인 행렬 맨 끝에서 따라가다가 행렬 맨 앞의 1반 반장에게 전할 말이 있어 행렬의 이동속도의 2배로 따라가 말을 전하고, 말을 전한 자리에서 20분 동안 기다렸더니 덕우의 처음 자리인 행렬 맨 끝에 왔다고 한다. 이때 덕우가 이동한 거리는 몇 km인지 구하시오.

28 둘레의 길이가 800 m인 호수의 어느 한 지점에서 A, B 두 사람이 같은 방향으로 동시에 출발하였다. A는 분속 80 m로, B는 분속 60 m로 걸었을 때, 출발한 지 몇 분 후에 두 사람이 다시 처음으로 만나겠는가?

① 20분 후 　　② 30분 후 　　③ 40분 후
④ 50분 후 　　⑤ 60분 후

29 둘레의 길이가 2400 m인 트랙의 어느 한 지점에서 준수는 분속 180 m로 뛰고, 6분 뒤 현수는 반대 방향으로 분속 150 m로 뛰었다. 처음으로 두 사람이 만나는 것은 현수가 출발한 지 몇 분 후인가?

① 4분 후　　　② 5분 후　　　③ 6분 후
④ 7분 후　　　⑤ 8분 후

30 현정이는 분속 80 m로 걷고 있고 나연이의 속력은 현정이보다 빠르다. 두 사람이 호수의 둘레를 한 바퀴 도는데 같은 지점에서 서로 반대 방향으로 동시에 출발하면 3분 뒤에 만나고, 같은 방향으로 동시에 출발하면 15분 뒤에 만나게 된다. 이때 호수의 둘레의 길이는 몇 m인지 구하시오.

31 일정한 속력으로 달리는 기차가 길이가 700 m인 터널을 완전히 통과하는 데 4분이 걸리고, 길이가 500 m인 터널을 완전히 통과하는 데 3분이 걸린다. 이 기차의 길이는?

① 100 m　　　② 200 m　　　③ 300 m
④ 400 m　　　⑤ 500 m

32 강물이 시속 6 km로 흐르는 강에서 상류 A 지점과 하류 B 지점 사이를 일정한 속력으로 움직이는 배가 있다. B 지점에서 A 지점으로 거슬러 올라갈 때 걸린 시간은 2시간 40분이고, A 지점에서 B 지점으로 내려올 때 걸린 시간은 1시간 20분이다. 흐르지 않는 물에서의 배의 속력과 두 지점 A, B 사이의 거리를 각각 구하시오.

6 농도에 관한 문제

33 5 %의 포도즙 200 g과 8 %의 포도즙 x g을 섞었더니 6 %의 포도즙이 되었다. 이때 섞은 8 %의 포도즙의 양은?

① 80 g   ② 90 g   ③ 100 g

④ 110 g   ⑤ 120 g

34 6 %의 소금물과 10 %의 소금물을 섞어서 9 %의 소금물 200 g을 만들려고 한다. 이때 6 %의 소금물의 양과 10 %의 소금물의 양의 차는?

① 60 g   ② 70 g   ③ 80 g

④ 90 g   ⑤ 100 g

35 수연이의 어머니는 오이지를 담그기 위해 농도가 20 %인 소금물 3 kg을 만들었다. 그런데 간을 보았더니 너무 짜서 물을 더 넣어 농도가 15 %가 되게 하려고 한다. 이때 더 넣어야 할 물의 양은?

① 0.5 kg   ② 0.8 kg   ③ 1 kg

④ 1.2 kg   ⑤ 1.3 kg

36 9 %의 설탕물 500 g을 15 %의 설탕물로 만들려면 얼마만큼의 물을 증발시켜야 하는가?

① 120 g   ② 150 g   ③ 180 g

④ 200 g   ⑤ 210 g

37 5 %의 설탕물 200 g과 8 %의 설탕물 300 g을 섞은 후 물을 증발시켰더니 10 %의 설탕물이 되었다. 이때 증발시킨 물의 양은?

① 120 g   ② 130 g   ③ 140 g
④ 150 g   ⑤ 160 g

38 물이 든 컵을 창가에 두면 하루 동안 그 전에 컵에 남은 물의 양의 10 %가 증발한다고 한다. 어느 날 창가에 물을 둔 후 3일째 되는 날 그 컵에 271 g의 물을 더 넣었더니 원래 처음의 양만큼 되었을 때, 처음 컵에 있었던 물의 양은?

① 600 g   ② 700 g   ③ 800 g
④ 900 g   ⑤ 1000 g

7 전체를 1로 두는 일의 배분 문제

39 물탱크에 물을 가득 채우는 데 A호스를 사용하면 4시간, B호스를 사용하면 6시간이 걸린다. A, B 두 호스를 동시에 사용하여 이 물탱크에 물을 가득 채우는 데 걸리는 시간은?

① 2시간 15분   ② 2시간 20분   ③ 2시간 24분
④ 2시간 30분   ⑤ 2시간 32분

40 어떤 일을 완성하는 데 상희는 10일, 영우는 5일이 걸린다고 한다. 이 일을 영우 혼자 2일 동안 한 후에 둘이 같이 하여 일을 완성하였다고 한다. 둘이 함께 일한 기간은 며칠인가?

① 1일   ② 2일   ③ 3일
④ 4일   ⑤ 5일

41 건물에 페인트 칠을 완성하는 데 혼자하면 A는 10일, B는 15일이 걸린다고 한다. 이 일을 A가 혼자 4일 동안 한 후 나머지를 B가 혼자 완성하였다. 이때 B가 일한 기간은 며칠인지 구하시오.

42 어떤 일을 완성하는 데 A는 12일, B는 20일이 걸린다고 한다. A가 며칠 동안 일을 하다가 쉬고, B가 나머지를 완성하였다. 이때 B가 A보다 4일 더 일했다면 A가 일한 기간은 며칠인지 구하시오.

43 어떤 물통에 물을 가득 채우는 데 A, B호스로는 각각 20분, 30분씩 걸리며, 또 가득찬 물을 C호스로 다 빼는 데는 1시간이 걸린다고 한다. A, B호스로 물을 넣으면서 동시에 C호스로 물을 뺄 때, 물통에 물을 가득 채우는 데 걸리는 시간은 몇 분인지 구하시오.

8 원가, 정가에 관한 문제

44 원가가 1000원인 슬리퍼를 정가보다 10 % 할인하여 팔아도 17 %의 이익이 있도록 하려면 원가의 몇 %를 이익으로 붙여서 정가를 정해야 하는지 구하시오.

45 어떤 다이어리의 원가에 20 %의 이익을 붙여 정가를 정했다가 세일 기간 중 정가에서 800원을 할인하여 팔았는데 1200원의 이익이 생겼다. 이 다이어리의 원가를 구하시오.

46 어떤 공책의 원가에 15 %의 이익을 붙여 정가를 정하고 다시 정가에서 100원을 할인해서 팔았더니 원가에 대하여 5 %의 이익이 생겼다. 이 공책의 원가를 구하시오.

47 어버이날을 맞아 어느 꽃가게에서 카네이션의 원가에 25 %의 이익을 붙여 정가를 정했으나 잘 팔리지 않아 다시 정가에서 10 %를 할인하여 팔았더니 400원의 이익이 생겼다. 이때 카네이션의 원가를 구하시오.

48 원가가 6000원인 도서에 30 %의 이익을 붙여 정가를 정했다가 이 책이 잘 팔리지 않아 정가의 x %를 할인하여 팔았더니 원가의 4 %의 이익이 남았다. 이때 x의 값은?

① 20   ② 22   ③ 24
④ 25   ⑤ 26

49 종군이는 원가가 1000원인 상품을 구입하여 10 %의 이익을 붙여 정가를 정하였다가 3000개의 재고가 남아 정가의 9 %를 할인하여 재고를 모두 판매하였다. 이때 종군이가 재고 판매로 남긴 이익은 얼마인지 구하시오.

9 과부족에 관한 문제

50 퀴즈 시간에 답을 맞춘 학생들에게 사탕을 나누어 주려고 한다. 사탕을 한 사람당 3개씩 주면 10개가 남고, 5개씩 주면 16개가 모자란다. 이때 답을 맞춘 학생 수를 구하시오.

51 체육대회 기념품으로 학생들에게 볼펜을 나누어 주려고 한다. 한 사람당 5자루씩 주면 4자루가 남고, 6자루씩 주면 28자루가 부족하다고 할 때, 준비된 볼펜의 수는?

① 32   ② 64   ③ 128
④ 164   ⑤ 224

52 지혜는 문구점에서 연필을 사려고 하는데 12자루를 사면 1500원이 모자라고, 8자루를 사면 500원이 남는다고 한다. 지혜가 가진 돈으로 최대한 살 수 있는 연필은 몇 자루인지 구하시오.

53 어느 학교 학생들이 야영을 하는데 텐트 한 개에 4명씩 들어가면 9명이 남고, 텐트 한 개에 5명씩 들어가면 텐트가 7개가 남고 마지막 텐트에는 3명이 들어가게 된다. 이때 야영에 참여한 학생 수는?

① 191   ② 192   ③ 193
④ 194   ⑤ 195

54 강당의 긴 의자에 학생들이 앉는데 한 의자에 6명씩 앉으면 의자에 모두 앉고도 9명의 학생이 남고, 한 의자에 8명씩 앉으면 마지막 의자에는 한 자리가 남고 완전히 빈 의자가 2개 남는다. 이때 학생 수를 구하시오.

10 인원수의 증감, 시계 문제

55 은정이네 회사의 작년 남녀 신입사원의 수는 450명이었다. 올해는 남녀 각각 5 %와 6 %씩 증가하여 473명이 되었다. 이때 올해의 여자 신입사원의 수를 구하시오.

56 경민이네 학교의 전체 학생 수가 작년에는 남녀 합하여 1500명이었다. 그런데 올해는 작년에 비하여 남학생은 4 % 증가하고, 여학생은 3 % 감소하여 전체적으로는 18명이 늘었다. 경민이네 학교의 올해의 남학생 수를 구하시오.

57 A중학교의 올해 남학생과 여학생 수는 작년에 비하여 남학생은 6 % 증가하고, 여학생은 8 % 감소했다. 작년의 전체 학생 수는 850명이고, 올해의 전체 학생 수는 작년보다 19명이 줄었다. 올해의 여학생 수는?

① 310   ② 360   ③ 410
④ 460   ⑤ 500

58 3시와 4시 사이에서 시침과 분침이 서로 반대 방향으로 일직선을 이루는 시각을 구하시오.

59 1시와 2시 사이에서 시계의 시침과 분침이 겹치는 시각을 구하시오.

60 현재 시각이 1시일 때, 시계의 시침과 분침이 이루는 각의 크기가 처음으로 135°가 되는 시각을 구하시오.

방정식을 어떻게 세울 것인가?

거리, 속력, 시간의 활용 문제

거리, 속력, 시간에 대한 문제는 다음 관계를 이용하여 방정식을 세운다.

- (거리) = (속력)×(시간)

- (속력) = $\dfrac{(거리)}{(시간)}$　　　　• (시간) = $\dfrac{(거리)}{(속력)}$

Q_1　|　**곧은 길에서 서로 반대 방향(→←)으로 가는 경우**　|

두 사람 A, B의 집 사이의 거리가 1800 m이다. A는 분속 65 m,

B는 분속 55 m로 각자의 집에서 상대방의 집을 향하여 동시에 출발하였다.

출발한 지 몇 분 후에 두 사람이 만나는지 구하시오.

①
알고 있는 것과
구하려는 것을
확인하기

거리, 속력, 시간의 상황을 살펴보고
x를 정해야 식을 세울 수 있어!

만나는 지점

A 분속 65 m ········· 1800 m ········· 분속 55 m B

A와 B는 몇 분 후에 만났을까?

A(또는 B)가 이동한 시간 x 분

②
알고 있는 것으로부터
알 수 있는 것을 찾기

거리 A, B의 집 사이의 거리가 1800 m

속력 A는 분속 65 m
　　B는 분속 55 m

시간 각자의 집에서 상대방의 집을
　　향하여 동시에 출발하였다.

(A의 이동 거리) + (B의 이동 거리) = 1800

(A의 속력) ≠ (B의 속력)

(A의 이동 시간) = (B의 이동 시간)

$x = x$ 이므로 해결을 위한
식으로 사용할 수 없어!

(거리) = (속력) × (시간)으로 거리의 식을 세우자!

③
등식을 찾아
방정식을 세우고
답 구하기

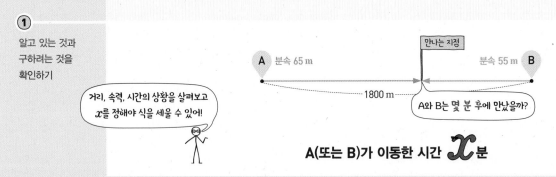

(A의 이동 거리) ➕ (B의 이동 거리) ═ 1800

◻ ➕ ◻ ═ 1800

◻ ═ 1800　　∴ $x =$ ◻

따라서 A와 B가 만나는 것은 출발한 지 ◻ 분 후이다.

곧은 길에서 서로 같은 방향(→→)으로 가는 경우

A가 B로부터 40 m 뒤에 떨어진 곳에 있다.

B와 A가 동시에 출발하여 A는 초속 6 m로 자전거를 타고 가고,

B는 초속 4 m로 뛰어간다고 한다. A와 B가 만났을 때,

만난 지점은 A가 출발한 곳에서 몇 m 떨어진 곳인지 구하시오.

①
알고 있는 것과
구하려는 것을
확인하기

안나는 지점

A 초속 6 m   B 초속 4 m

40 m

A가 출발한 곳에서
몇 m 떨어진 곳에서 만났을까?

A의 이동 거리 x m

B의 이동 거리 $(x - 40)$ m

②
알고 있는 것으로부터
알 수 있는 것을 찾기

| 거리 A가 B로부터 40 m 뒤에 떨어진 곳에 있다. | 속력 A의 속력은 초속 6 m B의 속력은 초속 4 m | 시간 B와 A가 동시에 출발하여 만났다. |

(A의 이동 거리) ≠ (B의 이동 거리)   (A의 속력) ≠ (B의 속력)   (A의 이동 시간) = (B의 이동 시간)

(시간) = $\dfrac{(거리)}{(속력)}$ 로 시간의 식을 세우자!

③
등식을 찾아
방정식을 세우고
답 구하기

(A의 이동 시간) = (B의 이동 시간)

$$\boxed{} = \boxed{}$$

$$2x = \boxed{}$$

$$\therefore x = \boxed{}$$

따라서 A와 B가 만난 지점은 A가 출발한 곳에서 $\boxed{}$ m 떨어진 곳이다.

답 $\dfrac{x}{6}$, $\dfrac{x-40}{4}$, $3x-120$, 120, 120

트랙에서 서로 반대 방향(→←)으로 가는 경우

둘레의 길이가 2600 m인 트랙의 어느 한 지점에서 A는 분속 170 m로 뛰고,

4분 뒤 B는 반대 방향으로 분속 150 m로 뛰었다.

B가 출발한 지 몇 분 후에 두 사람이 다시 만나는지 구하시오.

①

알고 있는 것과
구하려는 것을
확인하기

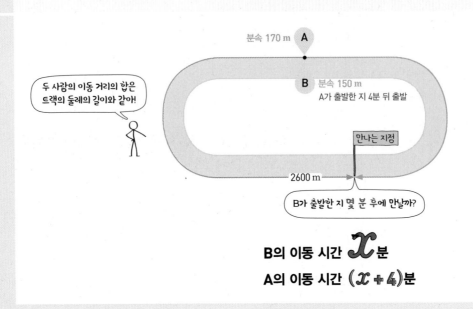

②

알고 있는 것으로부터
알 수 있는 것을 찾기

거리 둘레의 길이가 2600 m인 트랙	속력 A는 분속 170 m B는 분속 150 m	시간 A가 출발한 지 4분 후에 B가 반대 방향으로 출발하였다.
(A의 이동 거리) ➕ (B의 이동 거리) ＝ 2600	(A의 속력) ≠ (B의 속력)	(A의 이동 시간) ≠ (B의 이동 시간)

③

등식을 찾아
방정식을 세우고
답 구하기

(A의 이동 거리) ➕ (B의 이동 거리) ＝ 2600

170(⬚) ➕ (⬚) ＝ 2600

⬚ x ＝ 1920   ∴ x ＝ ⬚

따라서 B가 출발한 지 ⬚ 분 후에 두 사람이 다시 만난다.

답 $x+4$, $150x$, 320, 6, 6

트랙에서 서로 같은 방향(→→)으로 가는 경우

둘레의 길이가 600 m인 트랙의 어느 한 지점에서 A, B 두 사람이 같은 방향으로 동시에 출발하였다. A는 분속 70 m로 B는 분속 50 m로 걸었을 때, 출발한 지 몇 분 후에 두 사람이 다시 만나는지 구하시오.

①

알고 있는 것과 구하려는 것을 확인하기

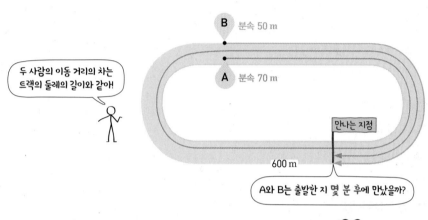

두 사람의 이동 거리의 차는 트랙의 둘레의 길이와 같아!

만나는 지점

600 m

A와 B는 출발한 지 몇 분 후에 만났을까?

A(또는 B)가 이동한 시간 x 분

②

알고 있는 것으로부터 알 수 있는 것을 찾기

거리	속력	시간
둘레의 길이가 600 m인 트랙	A는 분속 70 m B는 분속 50 m	같은 방향으로 동시에 출발하였다.
(A의 이동 거리) − (B의 이동 거리) = 600	(A의 속력) ≠ (B의 속력)	(A의 이동 시간) = (B의 이동 시간)

③

등식을 찾아 방정식을 세우고 답 구하기

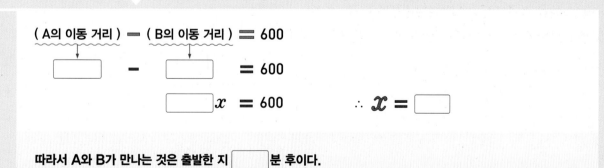

(A의 이동 거리) − (B의 이동 거리) = 600

□ − □ = 600

□ x = 600   ∴ $x =$ □

따라서 A와 B가 만나는 것은 출발한 지 □ 분 후이다.

답 $70x$, $50x$, 20, 30, 30

단원 종합 문제

01 다음 중 옳지 <u>않은</u> 것은?

① 가로의 길이가 x, 세로의 길이가 y인 직사각형의 둘레의 길이는 $x+y$이다.

② 윗변의 길이가 a, 아랫변의 길이가 b, 높이가 h인 사다리꼴의 넓이는 $\frac{1}{2}(a+b)h$이다.

③ 밑변의 길이가 x, 높이가 y인 삼각형의 넓이는 $\frac{1}{2}xy$이다.

④ 가로의 길이가 x, 세로의 길이가 y, 높이가 z인 직육면체의 겉넓이는 $2(xy+yz+xz)$이다.

⑤ 한 모서리의 길이가 a인 정육면체의 부피는 a^3이다.

02 다음 중 옳은 것은?

① $-3(-3x+2)=9x+6$

② $(6x-12)\div\left(-\dfrac{3}{2}\right)=-9x+18$

③ $-4x-x+3=-5x$

④ $(-3+x)+2(x-4)=3x-11$

⑤ $2(x-3)+\dfrac{1}{4}(12x-20)=5x-1$

03 $\dfrac{x-5}{2}+\dfrac{-3x+1}{4}-\dfrac{2x-4}{3}=ax+b$일 때, 상수 a, b의 값을 각각 구하시오.

04 $a=2$, $b=-\dfrac{4}{3}$일 때, $a(a+b)$의 값을 구하시오.

05 $A=3x-2y$, $B=x-2y$일 때, $2A-3B$를 계산하면?

① $2x-y$　　② $2x+3y$　　③ $3x+2y$
④ $3x+4y$　　⑤ $4x-2y$

06 $A=-4x+2$, $B=-12-15x$일 때, $\dfrac{A+B}{2}=ax+b$를 만족한다. 이때 상수 a, b에 대하여 $a-b$의 값을 구하시오.

07 어떤 다항식에서 $3x-4$를 빼야 할 것을 잘못하여 더했더니 $4x-8$이 되었다. 바르게 계산한 식은?

① $-2x$　　② $-2x+3$　　③ $x-1$
④ $x+3$　　⑤ $3x$

08 다음 설명 중 옳지 <u>않은</u> 것은?

① $3x=2-x$는 방정식이다.

② 방정식 $x-7=-5$의 해는 $x=2$이다.

③ x의 값에 따라 참이 되기도 하고 거짓이 되기도 하는 등식을 x에 대한 항등식이라고 한다.

④ $5x-2=-2+5x$는 모든 x의 값에 대하여 항상 성립하는 등식이다.

⑤ 방정식의 해 또는 근을 구하는 것을 방정식을 푼다라고 한다.

09 등식 $-4x+7+b=ax-2$가 x에 대한 항등식일 때, 상수 a, b에 대하여 $|b-a|$의 값은?

① 2   ② 3   ③ 4

④ 5   ⑤ 6

10 다음은 등식의 성질을 이용하여 방정식 $-2x+4=3x-16$의 해를 구하는 과정이다. ☐ 안에 알맞은 것으로 옳지 <u>않은</u> 것은?

$$-2x+4+\boxed{①}=3x-16+\boxed{①}$$
$$\boxed{②}+4=-16$$
$$\boxed{②}+4-\boxed{③}=-16-\boxed{③}$$
$$\boxed{②}=\boxed{④}$$
$$\therefore\ x=\boxed{⑤}$$

① $-3x$ ② $-5x$ ③ -4

④ -20 ⑤ 4

11 다음 방정식을 푸시오.

(1) $2(x+3)=x+8$

(2) $0.3=0.02x+0.4$

(3) $\dfrac{x}{2}=\dfrac{2}{3}-\dfrac{x}{6}$

(4) $\dfrac{2x-1}{3}=0.25x+3$

12 x에 대한 두 일차방정식
$$10x=7x-9,\quad \dfrac{3-x}{2}+\dfrac{kx+3}{5}=\dfrac{3}{5}x-6$$
의 해가 같을 때, 상수 k의 값은?

① 11   ② 13   ③ 15

④ 17   ⑤ 19

13 두 수 a, b에 대하여 $a \triangle b=a-2b+1$로 약속할 때, $\{x\triangle(-4)\}+(2\triangle 3x)=-8$을 만족하는 x의 값은?

① -3 ② -2 ③ 1

④ 4   ⑤ 5

14 x에 대한 일차방정식 $9+x=5-ax$의 해가 $x=1$일 때, x에 대한 일차방정식 $a(x+1)=3x-1$의 해를 구하시오. (단, a는 상수)

15 비례식 $(3x+5):4=(2x+4):3$을 만족하는 x의 값을 a라고 할 때, a^2-2a+1의 값은?

① -2 ② -1 ③ 0

④ 1 ⑤ 2

16 x에 대한 일차방정식 $5x+3=ax+b$의 해가 없을 조건은? (단, a, b는 상수)

① $a=5$, $b=3$ ② $a=5$, $b\neq3$

③ $a\neq5$, $b=3$ ④ $a\neq5$, $b\neq3$

⑤ $a\neq-5$, $b\neq-3$

17 x에 대한 일차방정식 $2(x-a)+1=2x+2a$의 해가 무수히 많을 때, 상수 a의 값은?

① $-\dfrac{1}{2}$ ② $-\dfrac{1}{4}$ ③ $\dfrac{1}{4}$

④ $\dfrac{1}{2}$ ⑤ $\dfrac{3}{2}$

18 12 %의 소금물 200 g에 물 200 g을 더 넣었을 때, 이 소금물의 농도를 구하시오.

19 현재 어머니의 나이는 딸의 나이의 5배이다. 9년 후에는 어머니의 나이가 딸의 나이의 3배가 된다고 할 때, 현재 딸의 나이를 구하시오.

20 신발을 30 % 할인된 가격으로 사고 20000원을 내었더니 거스름돈이 2500원이었다. 이 신발의 할인하기 전의 가격을 구하시오.

21 은지가 산책로를 왕복하는데 갈 때는 시속 5 km, 올 때는 시속 3 km로 걸어서 모두 40분이 걸렸다. 은지가 산책한 총 거리는?

① 1.25 km   ② 2 km   ③ 2.5 km

④ 3 km   ⑤ 3.2 km

22 집에서 도서관에 갈 때 자전거를 타고 시속 10 km로 가면 10시 10분에 도착하고, 같은 길을 버스를 타고 시속 60 km로 가면 9시 30분에 도착한다고 한다. 집에서 도서관까지의 거리를 구하시오.

23 둘레의 길이가 2.8 km인 트랙의 어느 한 지점에서 A와 B가 반대 방향으로 동시에 출발하였다. A는 분속 80 m, B는 분속 60 m로 걸었을 때 출발한 지 몇 분 후에 서로 만나겠는가?

① 15분   ② 18분   ③ 20분

④ 21분   ⑤ 24분

24 7 %의 소금물 200 g과 10 %의 소금물을 섞었더니 8 %의 소금물이 되었다. 섞은 10 %의 소금물의 양을 구하시오.

25 어떤 상품의 원가에 3할의 이익을 붙여서 정가를 정하여 팔았더니 1350원의 이익이 생겼다. 이 상품의 정가를 구하시오.

26 태성이는 자신의 용돈으로 친구들에게 선물을 하기 위해 2000원짜리 공책을 사려고 했으나 500원이 부족해서 1500원짜리 공책을 샀더니 5500원이 남았다. 이때 태성이가 구입한 공책은 몇 권인가?

① 10권   ② 11권   ③ 12권

④ 13권   ⑤ 14권

27 어떤 다항식에서 $3x-2$를 뺀 후 2를 곱해야 할 것을 잘못하여 $3x-2$를 더한 후 2를 곱하였더니 $2x-2$가 되었다. 이때 바르게 계산한 식을 구하시오.

28 4 %의 소금물과 10 %의 소금물을 섞어서 6 %의 소금물 600 g을 만들었다. 이때 4 %의 소금물의 양은 10 %의 소금물의 양의 k배라고 할 때, k의 값은?

① 0.5   ② 1   ③ 1.2

④ 1.5   ⑤ 2

29 오른쪽 그림과 같은 직사각형의 내부에 두 개의 선분을 그어 네 개의 작은 직사각형으로 나누었더니 넓이가 각각 6, 14, 28이었다. 이때 나머지 한 직사각형의 넓이를 구하시오.

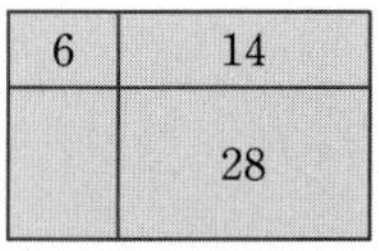

6	14
	28

30 일정한 간격과 속도로 운행하는 지하철의 선로를 따라 시속 5 km로 걷고 있는 사람이 있다. 이 사람은 12분마다 지하철에 추월당하고, 5분마다 마주 오는 지하철과 만난다. 이때 지하철의 속력은 시속 몇 km인지 구하시오.

III

좌표평면과 그래프

점의 주소!

좌표평면과 그래프

좌표평면 위의 점의 주소

순서쌍

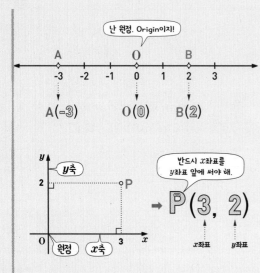

난 원점. Origin이지!

A(-3)   O(0)   B(2)

반드시 x좌표를 y좌표 앞에 써야 해.

→ P(3, 2)

x좌표 y좌표

좌표평면 위의 점의 부호

사분면

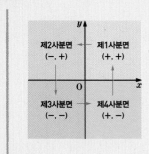

점들의 모임

그래프

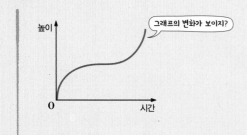

그래프의 변화가 보이지?

---

1 순서쌍과 좌표평면

1) 수직선 위의 점의 좌표

① 좌표 : 수직선 위의 점이 나타내는 수   ② 원점 : 좌표가 0인 점 O

③ 수직선 위의 점 P의 좌표가 a일 때, 기호로 P(a)와 같이 나타낸다.

2) 순서쌍 : 두 수의 순서를 생각하여 두 수를 짝지어 나타낸 쌍

3) 좌표평면

두 수직선이 점 O에서 서로 수직으로 만날 때

① 좌표축 : 가로의 수직선을 x축, 세로의 수직선을 y축이라 하고,

　x축과 y축을 통틀어 좌표축이라고 한다.

② 원점(O) : 두 좌표축이 만나는 점으로 좌표는 (0, 0)이다.

③ 좌표평면 : 좌표축이 정해져 있는 평면

4) 좌표평면 위의 점의 좌표

좌표평면 위의 점 P에서 x축, y축에 내린 수선과 x축, y축이 만나는 점

이 나타내는 수를 각각 a, b라고 할 때, 순서쌍 (a, b)를 점 P의 좌표

라 하고, 기호로 P(a, b)와 같이 나타낸다. 이때 a를 점 P의 x좌표, b

를 점 P의 y좌표라고 한다.

---

2 사분면

사분면 : 좌표평면은 두 좌표축에 의해 네 부분으로 나누어지는데 이들 각 부분

을 제1사분면, 제2사분면, 제3사분면, 제4사분면이라고 한다.

주의 좌표축 위의 점은 어느 사분면에도 속하지 않는다.

---

3 그래프

1) 변수 : x, y와 같이 여러 가지로 변하는 값을 나타내는 문자

2) 그래프 : 두 변수 사이의 관계를 좌표평면 위에 그림으로 나타낸 것

3) 그래프의 이해

① 두 변수 사이의 증가와 감소 등의 변화를 쉽게 파악할 수 있다.

② 두 변수 사이의 변화의 빠르기를 쉽게 파악할 수 있다.

주제별 실력다지기

1 수직선 위의 점의 좌표

01 다음 수직선 위의 5개의 점 A, B, C, D, E의 좌표를 기호로 나타낸 것으로 옳지 <u>않은</u> 것은?

① $A\left(-\dfrac{5}{2}\right)$ ② $B(-0.5)$ ③ $C\left(\dfrac{1}{3}\right)$

④ $D(1.5^2)$ ⑤ $E(2.25)$

02 좌우방향의 직선으로 뻗은 도로변에 우리 집, 병원, 도서관, 학교가 위치해 있다. 우리 집에서 병원은 왼쪽으로 2 km, 학교는 오른쪽으로 1 km 떨어져 있고, 우리 집에서 병원까지 떨어진 거리만큼 학교에서 오른쪽으로 가야 도서관이 있다고 한다. 우리 집을 수직선의 원점에 대응시키고, 우리 집에서 오른쪽으로 a km 떨어진 거리의 좌표를 a라고 할 때, 도서관의 좌표를 구하시오.

03 다음 중 수직선의 위의 두 점 $A(a)$, $B(b)$에 대하여 점 $P(a+b^2)$의 위치로 가능한 것은?

2 순서쌍

04 x의 값이 a, b이고 y의 값이 c, d, e일 때, 만들 수 있는 순서쌍 (x, y)를 모두 구하시오.

05 두 자연수 x, y에 대하여 y는 x를 5로 나눈 나머지라고 한다. 이를 만족하는 순서쌍 (x, y)가 $(7, a)$, $(13, b)$일 때, $a+b$의 값을 구하시오.

06 다음 중 오른쪽 좌표평면 위의 점의 좌표를 나타낸 것으로 옳지 <u>않은</u> 것은?

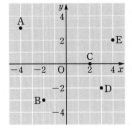

① A$(-4, 3)$

② B$(-3, -2)$

③ C$(2, 0)$

④ D$(3, -2)$

⑤ E$(4, 2)$

07 오른쪽 좌표평면에서 다음 좌표가 나타내는 점 위의 글자를 순서대로 말하시오.

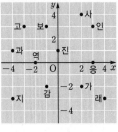

$(-3, 3) \Rightarrow (0, 1) \Rightarrow$
$(-1, -2) \Rightarrow (4, -3)$

08 다음 설명 중 옳지 <u>않은</u> 것은?

① 점 $(-3, -4)$는 제3사분면 위의 점이다.

② 점 $(0, 6)$은 y축 위의 점이다.

③ 좌표축 위의 점은 어느 사분면에도 속하지 않는다.

④ 점 (a, b)가 제4사분면 위의 점이면 $ab>0$이다.

⑤ 제2사분면 또는 제3사분면에 속하는 점의 x좌표는 음수이다.

09 두 점 A$(4a-1, a+2)$, B$(b-3, 2b+1)$이 각각 x축, y축 위에 있을 때, ab의 값은?

① 1

② $\dfrac{3}{4}$

③ $-\dfrac{1}{8}$

④ -6

⑤ -8

10 두 점 $A(6b-4,\ -2a+3)$, $B(2b-5,\ a+3)$ 이 각각 x축, y축 위에 있을 때, ab의 값은?

① $-\dfrac{9}{2}$　　　② -2　　　③ $\dfrac{3}{5}$

④ $\dfrac{15}{4}$　　　⑤ 4

11 $a>0$, $b<0$일 때, 점 $\left(b^2,\ \dfrac{b}{a}\right)$는 제몇 사분면 위의 점인가?

① 제1사분면　　② 제2사분면　　③ 제3사분면

④ 제4사분면　　⑤ 어느 사분면에도 속하지 않는다.

12 $ab<0$, $a>b$일 때, 다음 중 제2사분면 위에 있는 점을 모두 고르면? (정답 2개)

① $(a,\ b)$　　　② $(-a,\ -b)$　　③ $(a,\ a-b)$

④ $(b,\ a)$　　　⑤ $(b-a,\ 2b)$

13 $\dfrac{b}{a}>0$, $a+b<0$일 때, 점 $(5ab,\ -a)$는 제몇 사분면 위의 점인지 구하시오.

14 $a>0$, $ab=0$이고, $c<0$, $d>0$일 때, 다음 중 좌표평면 위의 두 점 $P(-a,\ b)$, $Q(c,\ -d)$의 위치를 차례로 나열한 것은?

① y축, 제1사분면　　　② y축, 제2사분면

③ x축, 제3사분면　　　④ x축, 제4사분면

⑤ 제4사분면, 제3사분면

15 점 (a, b)가 제4사분면 위의 점일 때, 점 $(-b+a, -ab)$는 제몇 사분면 위의 점인지 구하시오.

16 점 $(x-y, xy)$가 제4사분면 위의 점일 때, 점 $(-x, y)$는 제몇 사분면 위의 점인가?

① 제1사분면   ② 제2사분면   ③ 제3사분면
④ 제4사분면   ⑤ 어느 사분면에도 속하지 않는다.

17 점 $(ab, -a+b)$가 제3사분면 위의 점일 때, 점 $(-3b, a-b)$는 제몇 사분면 위의 점인가?

① 제1사분면   ② 제2사분면   ③ 제3사분면
④ 제4사분면   ⑤ 어느 사분면에도 속하지 않는다.

18 점 A(a, b)는 제2사분면 위의 점이고, 점 B(c, d)는 제4사분면 위의 점일 때, 다음 중 항상 옳은 것을 모두 고르면? (정답 2개)

① $ac<0$ ② $\dfrac{b}{c}<0$ ③ $b-d<0$
④ $a+d>0$ ⑤ $b^2-d>0$

4 대칭인 점의 좌표

19 좌표평면 위의 점 $A(6, -5)$와 x축에 대하여 대칭인 점이 $B(a, b)$일 때, $a-b$의 값을 구하시오.

20 좌표평면 위의 점 $(-4, a)$와 y축에 대하여 대칭인 점의 좌표가 $(b, 2)$일 때, $a+b$의 값은?

① 4   ② 5   ③ 6
④ 7   ⑤ 8

21 좌표평면 위의 두 점 $A(a, 2b)$, $B(a+2, b-9)$가 원점에 대하여 대칭일 때, ab의 값은?

① -6 ② -3 ③ 3
④ 6   ⑤ 9

22 제3사분면 위의 점 $A(a, b)$와 y축에 대하여 대칭인 점을 $B(-c, -d)$라고 할 때, 점 $C(-b+d, a+c)$는 어느 사분면 위의 점인지 구하시오.

23 점 $P(-3a, a-2b)$와 y축에 대하여 대칭인 점 Q가 점 $R(3a-6, -b+8)$과 원점에 대하여 대칭일 때, a, b의 값을 각각 구하시오.

25 좌표평면 위의 세 점 $A(-4, -3)$, $B(2, -1)$, $C(-2, 5)$를 꼭짓점으로 하는 삼각형 ABC의 넓이를 구하시오.

5 좌표평면 위의 삼각형의 넓이

24 좌표평면 위의 세 점 $A(2, 4)$, $B(-3, 1)$, $C(5, -1)$을 꼭짓점으로 하는 삼각형 ABC의 넓이는?

① 19
② $\dfrac{37}{2}$
③ 17
④ $\dfrac{31}{2}$
⑤ 15

26 좌표평면 위의 네 점 $A(-2, 4)$, $B(-2, -4)$, $C(2, -4)$, $D(2, 4)$를 꼭짓점으로 하는 사각형 ABCD의 넓이를 구하시오.

27 좌표평면 위의 네 점 A$(0, 3)$, B$(-2, -2)$, C$(3, -2)$, D$(3, 2)$를 꼭짓점으로 하는 사각형 ABCD의 넓이를 구하시오.

29 좌표평면 위의 세 점 A$(1, 4)$, B$(3, 0)$, C$(-3, a)$를 꼭짓점으로 하는 삼각형 ABC의 넓이는 13이다. 점 C가 제3사분면 위의 점일 때, a의 값은?

① -1 ② -2 ③ -3
④ -4 ⑤ -5

6 그래프와 그 해석

28 좌표평면 위의 세 점 A$(-3, 0)$, B$(2, 0)$, C$(0, k)$를 꼭짓점으로 하는 삼각형 ABC의 넓이가 20일 때, 점 C의 좌표를 구하시오. (단, $k > 0$)

30 영욱이는 매일 학원에서 500 m 떨어져 있는 A 중학교까지의 직선 도로를 왕복으로 걷고 있다. 어느 날 학원을 출발한 지

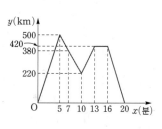

x분 후의 학원으로부터의 거리를 y m라고 할 때, 두 변수 x와 y 사이의 관계를 그래프로 나타내면 위의 그림과 같다. 영욱이가 걷는 도중에 두 번째로 방향을 바꾼 지점은 학원으로부터 몇 m 떨어진 지점인가?

① 0 m ② 220 m ③ 380 m
④ 420 m ⑤ 500 m

31 오른쪽 그림은 종군이가 차세대 초고속 열차 SRT를 타고 서울에서 부산까지 새로 놓여진 일직선의 선로를 달릴 때의 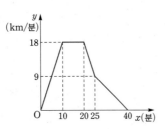 시간 x분에 대한 SRT의 속력인 분속 y km 사이의 관계를 나타낸 그래프이다. 다음 중 항상 옳은 것은?

(정답 2개)

① 출발한 후 10분까지 SRT의 속력은 점점 빨라지고 있다.

② 출발한 후 10분에서 20분까지는 쉬고 있다.

③ 출발한 후 20분에 달리는 방향을 바꿨다.

④ 출발한 후 25분 이후에 그 이전보다 속력을 더 많이 늦추었다.

⑤ 일정한 속력으로 달린 거리는 180 km이다.

32 오른쪽 그림은 어느 놀이공원에 있는 놀이 기구를 타면서 측정한 시간 x초와 그때의 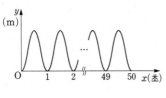 높이 y m 사이의 관계를 그래프로 나타낸 것이다. 다음 중 이 그래프에 가장 적당한 놀이 기구인 것은?

① 범버카   ② 드롭타워   ③ 바이킹

④ 후룸라이드   ⑤ 귀신의 집

33 희영, 송이, 길동이 세 사람이 쇼트트랙 경기를 했다. 오른쪽 그림은 출발한 지 x초 후의 출발점으로부터 떨어 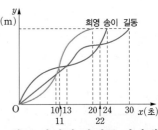 진 거리를 y m라고 할 때, x와 y 사이의 관계를 나타낸 그래프이다. 순위의 변화가 두 번째로 생긴 지점은 출발한 지 몇 초 후인지 말하고, 최종 순위 1, 2, 3등을 구하시오.

34 오른쪽 그림과 같은 정사각형 ABCD에서 점 P는 꼭짓점 D에서 출발하여 세 꼭짓점 A, B, C를 거쳐 꼭짓점 D까지 일정한 속력으로 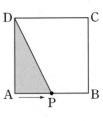 움직인다. 점 P가 출발한 지 x초 후의 삼각형 APD의 넓이를 y라 할 때, 다음 중 x와 y 사이의 관계를 나타내는 그래프로 알맞은 것은?

① 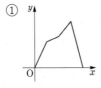   ②   ③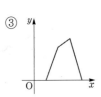

④   ⑤

35 다음과 같은 모양의 그릇에 일정한 속도로 물을 넣을 때, 시간 x에 대한 물의 높이 y 사이의 관계를 그래프를 나타낸 것으로 옳지 <u>않은</u> 것은?

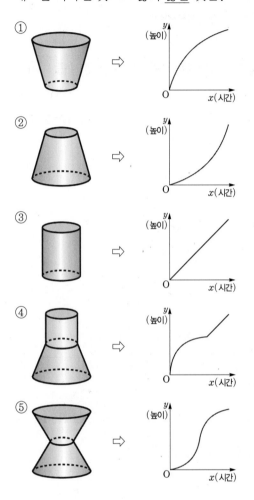

36 오른쪽 그림과 같은 모양의 그릇에 일정한 속도로 물을 넣을 때, 시간 x에 따른 물의 높이 y 사이의 관계를 나타낸 그래프로 알맞은 것은?

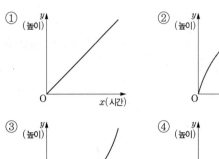

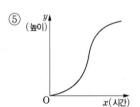

좌표를 알면 넓이가 보인다!

위치의 표현과 도형의 넓이

좌표평면을 도입하면서 평면 위에 있는 모든 점의 위치를 표현할 수 있는 방법이 생겼다. 결국 도형을 특정할 수 있는 방법이 생기면서 그 넓이나 몰랐던 선분의 길이도 알 수 있는 방법이 열리게 된 것이다.

① 삼각형의 넓이를 구하려면 무엇을 알아야 할까?

> 모든 삼각형은 같은 방법으로 넓이를 구할 수 있어!

$$(\text{삼각형의 넓이}) = \frac{1}{2} \times (\text{밑변의 길이}) \times (\text{높이})$$

즉, 밑변의 길이와 높이만 알 수 있다면 모든 삼각형의 넓이를 구할 수 있다.
하지만 이 경우 반드시 밑변의 길이와 높이가 주어져 있어야 구할 수 있으며
그렇지 않으면 넓이를 구하는 방법은 매우 어려워진다.

밑변의 길이나 높이를 모르는 삼각형의 넓이를 어떻게 구할까?

② 좌표평면 위의 삼각형의 넓이를 구해보자!

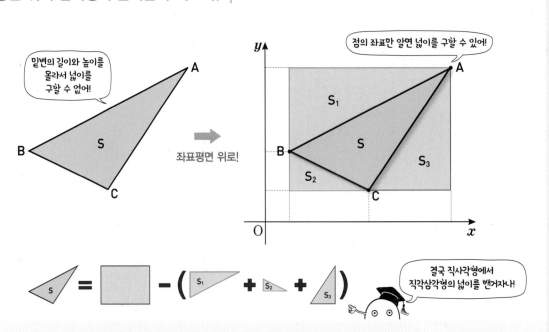

모든 삼각형 ABC의 넓이는 밑변의 길이와 높이를 몰라도 좌표평면 위에서 세 점 A, B, C의 □□□를 알 수 있으면 구할 수 있다.

답 좌표

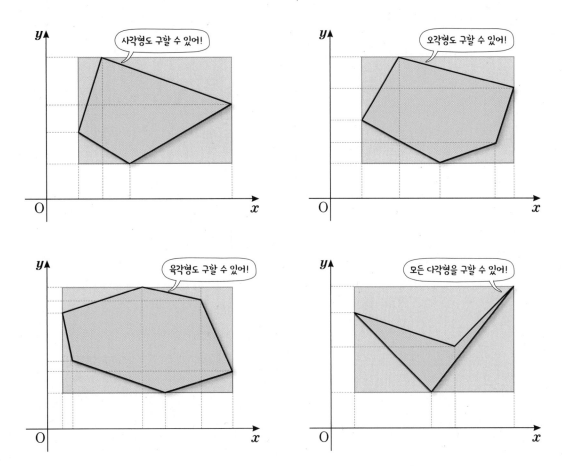

결국 그 도형을 둘러싼 가장 큰 직사각형의 넓이에서 그 도형을 제외한 나머지 부분의
넓이를 **빼는** 방법을 사용하면 구하려는 도형의 넓이가 나온다.

모든 다각형은 좌표평면에서 각 꼭지점의 ☐만 알면 그 도형의 넓이를 구할 수 있다.

답 좌표

 ───── 좌표평면 위의 점의 좌표를 이용하여
도형의 넓이를 구해볼까?

세 점 A(5, 8), B(1, 1), C(7, 0)을 꼭짓점으로 하는 삼각형 ABC의 넓이를 구하시오.

답 23

점? 수? 들의 관계!

정비례와 반비례

비율이 일정한 변화!

정비례

x의 값이 2배, 3배, 4배, …가 될 때,
y의 값 역시 2배, 3배, 4배, …가 되면 정비례!

x	1	2	3	4	…
y	2	4	6	8	…

2배, 3배, 4배

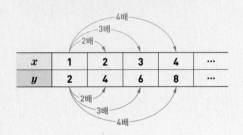

$$y = 2x$$

$$\frac{y}{x} = \frac{2}{1} = \frac{4}{2} = \frac{6}{3} = \cdots = 2 \text{(일정)}$$

1 정비례

1) 정비례의 뜻 : 변하는 두 양 x와 y에서 x의 값이 2배, 3배, 4배, …로 변함에 따라 y의 값도 2배, 3배, 4배, …로 변하는 관계가 있을 때, y는 x에 정비례한다고 한다.

2) 정비례 관계식 : y가 x에 정비례하면 $y=ax$ $(a\neq0)$로 나타낼 수 있다.

$+$ y가 x에 정비례할 때, $\dfrac{y}{x}=a$ (비례상수)로 일정하다.

3) 정비례 관계 $y=ax$ $(a\neq0)$의 그래프

	$a>0$일 때	$a<0$일 때
그래프	$y=ax$ 그래프, a, $(1,a)$, O, 1	$y=ax$ 그래프, 1, O, a, $(1,a)$
지나는 사분면	제1사분면과 제3사분면 (1, 3사분면)	제2사분면과 제4사분면 (2, 4사분면)
증가 또는 감소	x의 값이 증가하면 y의 값도 증가	x의 값이 증가하면 y의 값은 감소
그래프의 모양	원점을 지나고 오른쪽 위로 향하는 직선	원점을 지나고 오른쪽 아래로 향하는 직선

개념$+$ $|a|$이 작을수록 x축에 가까워지고, $|a|$이 클수록 y축에 가까워진다.

a의 절댓값이 클수록

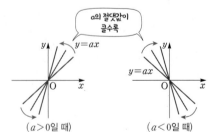

$(a>0$일 때$)$　　$(a<0$일 때$)$

$+$ $y=ax$의 그래프를 그릴 때는 이 그래프가 지나는 원점과 다른 한 점을 찾아 두 점을 직선으로 연결하면 쉽게 그릴 수 있다.

곱이 일정한 변화!

반비례

x의 값이 2배, 3배, 4배, …가 될 때,
y의 값이 $\frac{1}{2}$배, $\frac{1}{3}$배, $\frac{1}{4}$배, …가 되면 반비례!

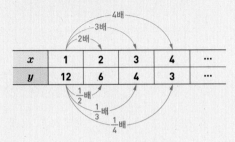

x	1	2	3	4	…
y	12	6	4	3	…

$$y = \frac{12}{x}$$

$$xy = 1 \times 12 = 2 \times 6 = 3 \times 4$$
$$= \cdots = 12 \,(\text{일정})$$

---

2 반비례

1) 반비례의 뜻 : 변하는 두 양 x와 y에서 x의 값이 2배, 3배, 4배, …로 변함에 따라 y의 값은 $\frac{1}{2}$배, $\frac{1}{3}$배, $\frac{1}{4}$배, …로 변하는 관계가 있을 때, y는 x에 반비례한다고 한다.

2) 반비례 관계식 : y가 x에 반비례하면 $y = \dfrac{a}{x}\,(a \neq 0)$로 나타낼 수 있다.

　✚ y가 x에 반비례할 때, $xy = a$ (비례상수)로 일정하다

3) 반비례 관계 $y = \dfrac{a}{x}\,(a \neq 0)$의 그래프

	$a > 0$일 때	$a < 0$일 때
그래프	$y = \frac{a}{x}$, $(1, a)$	$y = \frac{a}{x}$, $(1, a)$
지나는 사분면	제1사분면과 제3사분면	제2사분면과 제4사분면
증가 또는 감소	각 사분면에서 x의 값이 증가하면 y의 값은 감소	각 사분면에서 x의 값이 증가하면 y의 값도 증가
그래프의 모양	원점에 대하여 대칭이고, 좌표축에 한없이 가까워지는 한 쌍의 곡선	

> **개념✚** ｜a｜이 클수록 원점으로부터 멀어진다.

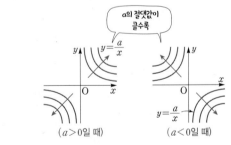

a의 절댓값이 클수록

$(a > 0$일 때$)$　　$(a < 0$일 때$)$

✚ 함수 $y = \dfrac{a}{x}$의 그래프는 x축, y축에 한없이 가까워지지만 x축, y축과 만나지는 않는다.

주제별
실력다지기

1 정비례

01 다음 **보기** 중에서 y가 x에 정비례하는 것은 모두 몇 개인가?

┌─────── 보기 ───────┐
ㄱ. 반지름의 길이가 x cm인 원의 둘레의 길이 y cm

ㄴ. 하루 중 낮의 길이가 x시간일 때, 밤의 길이 y시간

ㄷ. 곱이 72인 두 자연수 x, y

ㄹ. x분 동안 분침이 회전한 각도 $y°$ (단, $0 \leq x < 60$)

ㅁ. 10 % 소금물 x g에 들어있는 소금의 양 y g

ㅂ. 시속 x km로 3시간 동안 달린 거리 y km
└────────────────────┘

① 1개　　　② 2개　　　③ 3개

④ 4개　　　⑤ 5개

02 다음 중 y가 x에 정비례하지 <u>않는</u> 것을 모두 고르면? (정답 2개)

① 한 개에 200원 하는 사탕을 x개 샀을 때의 값 y원

② 한 변의 길이가 x cm인 정사각형의 둘레의 길이 y cm

③ 한 변의 길이가 x cm인 정사각형의 넓이 y cm²

④ 20 %의 설탕물 y g에 포함된 설탕의 양 x g

⑤ 가로의 길이가 x m, 넓이가 10 m²인 직사각형의 세로의 길이 y m

03 다음 **조건**을 모두 만족하는 x, y 사이의 관계식을 구하고, $x = -6$일 때 y의 값을 구하시오.

┌─────── 조건 ───────┐
(가) x의 값이 2배, 3배, 4배, …로 변함에 따라 y의 값도 2배, 3배, 4배, …로 변한다.

(나) $x = -3$일 때, $y = \dfrac{3}{5}$이다.
└────────────────────┘

04 다음 표에서 y가 x에 정비례할 때, $A + B + C$의 값을 구하시오.

x	-2	A	1	B	5
y	4	2	-2	-6	C

05 톱니가 각각 30개, 40개인 두 톱니바퀴 A, B가 서로 맞물려 돌고 있다. 톱니바퀴 A가 x번 회전할 때, 톱니바퀴 B는 y번 회전한다고 한다. 이때 x와 y 사이의 관계식을 구하시오.

06 y가 x에 정비례하고 $x=3$일 때 $y=m$, $x=n$일 때 $y=6$이다. 이때 mn의 값을 구하시오.

07 y가 x에 정비례하고 $x=2a+3b$일 때 $y=5$이다. $x=a$이면 $y=m$, $x=b$이면 $y=n$일 때, $2m+3n$의 값을 구하시오. (단, a, b, m, n은 상수)

2 정비례 관계 $y=ax\ (a\neq0)$의 그래프

08 다음 중 정비례 관계 $y=ax\ (a\neq0)$의 그래프에 대한 설명으로 옳지 <u>않은</u> 것은?

① 원점을 지난다.
② $a>0$이면 오른쪽 위를 향하는 직선이다.
③ $a<0$이면 제1사분면과 제3사분면을 지난다.
④ a의 절댓값이 클수록 y축에 더 가깝다.
⑤ 점 $(1, a)$를 지난다.

09 다음 중 정비례 관계 $y=-\dfrac{2}{3}x$의 그래프에 대한 설명으로 옳지 <u>않은</u> 것은?

① x의 값이 증가할 때, y의 값은 감소한다.
② 점 $(3, -2)$를 지난다.
③ 제2사분면과 제4사분면을 지난다.
④ 원점을 지나는 직선이다.
⑤ $x<0$일 때, $y<0$이다.

10 다음 중 정비례 관계 $y=-\dfrac{5}{4}x$의 그래프는?

①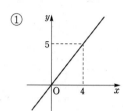

②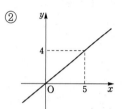

③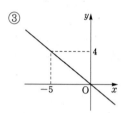

④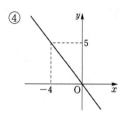

⑤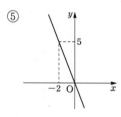

11 정비례 관계 $y=-4x$의 그래프가 점 $(a, a+10)$을 지날 때, a의 값을 구하시오.

12 정비례 관계 $y=ax$의 그래프가 두 점 $(3, 5)$, $(-6, b)$를 지날 때, $a \div b$의 값을 구하시오.

(단, a는 상수)

13 정비례 관계 $y=ax$의 그래프가 점 $(5, 15)$를 지날 때, 다음 중 이 그래프 위에 있는 점은? (단, a는 상수)

① $(-1, -5)$ ② $(2, 10)$ ③ $(3, 5)$
④ $(7, 21)$ ⑤ $\left(10, \dfrac{1}{3}\right)$

14 오른쪽 그림은 정비례 관계 $y=ax$의 그래프이다. 이때 a의 값이 가장 큰 그래프는?

(단, a는 상수)

① ㉠ ② ㉡
③ ㉢ ④ ㉣
⑤ ㉤

15 다음 정비례 관계의 그래프 중에서 x축에 가장 가까운 것은?

① $y=-\dfrac{1}{4}x$　　② $y=-\dfrac{2}{5}x$　　③ $y=-\dfrac{3}{4}x$

④ $y=2x$　　　　⑤ $y=\dfrac{8}{3}x$

16 정비례 관계 $y=ax$의 그래프가 오른쪽 그림과 같을 때, a, b의 값을 각각 구하시오.

(단, a는 상수)

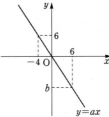

17 오른쪽 그림은 정비례 관계 $y=ax$의 그래프이다. 점 A의 좌표는? (단, a는 상수)

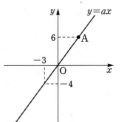

① $(4,6)$　　　② $(6,4)$

③ $\left(\dfrac{9}{2},6\right)$　　④ $\left(6,\dfrac{9}{2}\right)$

⑤ $(8,6)$

18 오른쪽 그림과 같은 정비례 관계의 그래프가 점 $(a-2,-a)$를 지날 때, a의 값은?

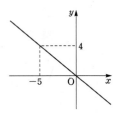

① -10　　　② -8

③ -6　　　④ -4

⑤ -2

19 오른쪽 그림은 두 정비례 관계 $y=ax$, $y=bx$의 그래프이다. 점 A의 좌표가 $(a,-6)$일 때, $a+b$의 값을 구하시오.

(단, a, b는 상수)

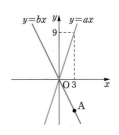

3 반비례

20 다음 **보기** 중에서 y가 x에 반비례하는 것은 모두 몇 개인가?

┌─────────── 보기 ───────────┐
ㄱ. 5자루에 3000원인 연필 x자루의 값 y원

ㄴ. 윗변의 길이가 x cm, 아랫변의 길이가 7 cm, 높이가 4 cm인 사다리꼴의 넓이 y cm²

ㄷ. 길이 x m의 무게가 75 g인 철사 1 m의 무게 y g

ㄹ. 농도가 y %인 소금물 120 g 속에 들어있는 소금의 양 x g

ㅁ. 가로의 길이가 x cm이고 넓이가 24 cm²인 직사각형의 세로의 길이 y cm

ㅂ. 1000원짜리 지폐 y장을 100원짜리 동전으로 교환할 때 동전의 개수 x개
└────────────────────────────┘

① 1개 ② 2개 ③ 3개
④ 4개 ⑤ 5개

21 다음 중 y를 x에 대한 식으로 나타낼 때, y가 x에 반비례하는 것은?

① 20 %의 소금물 x g에 들어있는 소금의 양은 y g이다.

② 500쪽의 책을 매일 30쪽씩 x일 동안 읽으면 y쪽이 남는다.

③ 시속 4 km로 x시간 동안 간 거리는 y km이다.

④ 한 달에 4000원씩 x년 동안 저축한 금액은 y원이다.

⑤ 정사각형 모양의 타일 36장으로 가로로 x장, 세로로 y장을 맞추어 직사각형을 만들었다.

22 다음 **조건**을 모두 만족하는 x, y 사이의 관계식을 구하고, $x=27$일 때 y의 값을 구하시오.

┌─────────── 조건 ───────────┐
(가) x의 값이 2배, 3배, 4배, …로 변함에 따라 y의 값은 $\frac{1}{2}$배, $\frac{1}{3}$배, $\frac{1}{4}$배, …로 변한다.

(나) $x=-\frac{5}{2}$일 때, $y=6$이다.
└────────────────────────────┘

23 다음 표에서 y가 x에 반비례할 때, x와 y 사이의 관계식을 구하고, $A+B+C$의 값을 구하시오.

x	-2	-1	$\frac{1}{3}$	$\frac{4}{3}$
y	A	B	C	-9

24 y가 x에 반비례하고 $x=-21$일 때 $y=p$, $x=q$일 때 $y=\frac{3}{5}$이다. 이때 $\frac{q}{p}$의 값을 구하시오.

(단, a는 상수)

4 반비례 관계 $y=\dfrac{a}{x}$ $(a\neq0)$의 그래프

25 다음 중 반비례 관계 $y=\dfrac{a}{x}$ $(a\neq0)$의 그래프에 대한 설명으로 옳은 것은?

① 원점을 지난다.
② $a>0$이면 제2사분면과 제4사분면을 지난다.
③ $a<0$이면 제1사분면과 제3사분면을 지난다.
④ $a<0$일 때, 제2사분면과 제4사분면에서 x의 값이 증가하면 y의 값도 증가한다.
⑤ 점 $(a,\,a)$를 지난다.

26 다음 **보기** 중에서 반비례 관계 $y=\dfrac{8}{x}$의 그래프에 대한 설명으로 옳은 것을 모두 고른 것은?

┌─ 보기 ┐
ㄱ. 원점을 지나는 곡선이다.
ㄴ. 점 $\left(-6,\,-\dfrac{4}{3}\right)$를 지난다.
ㄷ. 제1사분면과 제3사분면을 지난다.
ㄹ. 제1사분면과 제3사분면에서 x의 값이 증가하면 y의 값도 증가한다.
└────────┘

① ㄱ, ㄴ   ② ㄱ, ㄹ   ③ ㄴ, ㄷ
④ ㄴ, ㄹ   ⑤ ㄷ, ㄹ

27 다음 중 반비례 관계 $y=-\dfrac{4}{x}$의 그래프 위의 점인 것은?

① $(-4,\,4)$ ② $(-2,\,8)$ ③ $(0,\,0)$
④ $(4,\,-1)$ ⑤ $(16,\,-4)$

28 반비례 관계 $y=\dfrac{a}{x}$의 그래프가 점 $(5,\,1)$을 지날 때, 상수 a의 값을 구하시오.

29 반비례 관계 $y=\dfrac{a}{x}$의 그래프가 두 점 $(-4,\,2)$, $\left(b,\,-\dfrac{2}{3}\right)$를 지날 때, $a+b$의 값을 구하시오.

(단, a는 상수)

30 반비례 관계 $y=\dfrac{a}{x}$ $(a\neq0)$의 그래프가 점 $\left(4, \dfrac{3}{2}\right)$ 을 지날 때, 다음 중 이 그래프 위에 있는 점을 모두 고르면? (정답 2개)

① $(-2, 3)$ ② $(-1, -6)$ ③ $(3, 4)$
④ $\left(6, \dfrac{1}{3}\right)$ ⑤ $\left(8, \dfrac{3}{4}\right)$

31 점 $(-5, -3)$을 지나는 반비례 관계 $y=\dfrac{a}{x}$의 그래프 위의 점 중에서 x좌표와 y좌표가 모두 정수인 점의 개수는? (단, a는 상수)

① 4 ② 6 ③ 8
④ 10 ⑤ 12

32 오른쪽 그림과 같이 반비례 관계 $y=\dfrac{a}{x}$ $(x>0)$의 그래프가 점 $\left(4, \dfrac{5}{2}\right)$를 지날 때, 이 그래프 위의 점 (m, n) 중에서 m, n이 모두 정수인 점의 개수는? (단, a는 상수)

① 4 ② 6 ③ 8
④ 10 ⑤ 12

33 오른쪽 그림은 반비례 관계 $y=\dfrac{a}{x}$의 그래프이다. 점 A의 좌표를 구하시오. (단, a는 상수)

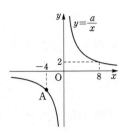

34 오른쪽 그림과 같은 반비례 관계 $y=\dfrac{a}{x}$의 그래프가 점 $(3, 2)$와 점 $(b, -6)$을 지날 때, $a-b$의 값을 구하시오. (단, a는 상수)

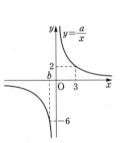

35 오른쪽 그림과 같은 반비례 관계 $y=\dfrac{a}{x}$의 그래프가 점 $\left(k, -\dfrac{5}{2}\right)$를 지날 때, k의 값을 구하시오. (단, a는 상수)

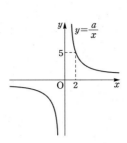

37 오른쪽 그림과 같이 반비례 관계 $y=\dfrac{a}{x}$ ($x>0$)의 그래프 위의 한 점 P에서 x축, y축에 수직으로 만나도록 그은 선과 만나는 점을 각각 A, B라고 할 때, 선분 OA와 선분 OB의 길이의 곱이 18이다. 이때 상수 a의 값은?

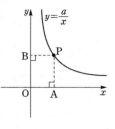

① 12   ② 14   ③ 16
④ 18   ⑤ 20

36 오른쪽 그림과 같은 반비례 관계 $y=\dfrac{a}{x}$ ($a\neq0$)의 그래프 위의 두 점 P와 Q는 x좌표가 각각 6, -2이고, y좌표의 합이 -6일 때, 상수 a의 값은?

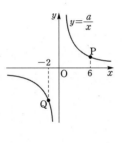

① 10   ② 12   ③ 14
④ 16   ⑤ 18

5 정비례 관계 $y=ax$ ($a\neq0$)의 그래프와 반비례 관계 $y=\dfrac{b}{x}$ ($b\neq0$)의 그래프의 교점

38 오른쪽 그림과 같이 정비례 관계 $y=ax$의 그래프와 반비례 관계 $y=-\dfrac{12}{x}$의 그래프가 점 A(-3, b)에서 만날 때, $\dfrac{a}{b}$의 값을 구하시오.

(단, a는 상수)

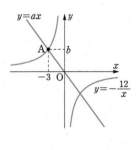

39 오른쪽 그림은 정비례 관계 $y=-\frac{3}{2}x$의 그래프와 반비례 관계 $y=\frac{a}{x}$의 그래프이다. 두 그래프의 교점의 y좌표가 6일 때, 상수 a의 값은?

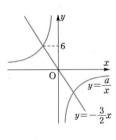

① -54 ② -27 ③ -24

④ -12 ⑤ -6

41 오른쪽 그림과 같이 반비례 관계 $y=\frac{a}{x}$의 그래프와 정비례 관계 $y=bx$의 그래프가 점 $(6,\ -4)$에서 만날 때, 상수 a, b에 대하여 ab의 값은?

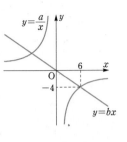

① 12   ② 15   ③ 16

④ 18   ⑤ 20

40 오른쪽 그림은 반비례 관계 $y=\frac{a}{x}$ $(x>0)$의 그래프와 원점을 지나는 직선을 나타낸 것이다. 반비례 관계 $y=\frac{a}{x}$의 그래프가 점 $(5,\ 4)$를 지나고, 두 그래프가 만나는 점의 x좌표가 2일 때, 직선을 그래프로 하는 x와 y 사이의 관계식을 구하시오. (단, a는 상수)

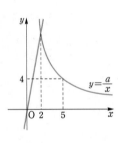

42 오른쪽 그림은 정비례 관계 $y=-\frac{1}{2}x$의 그래프와 반비례 관계 $y=\frac{a}{x}$의 그래프이다. 이때 $a\div b$의 값을 구하시오. (단, a는 상수)

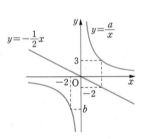

43 오른쪽 그림은 정비례 관계 $y=2x$의 그래프와 반비례 관계 $y=-\dfrac{6}{x}$의 그래프이다. 이때 점 P의 좌표는?

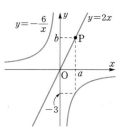

① $\left(\dfrac{1}{2}, 1\right)$　　② $(1, 2)$

③ $\left(\dfrac{3}{2}, 3\right)$　　④ $(2, 4)$

⑤ $(3, 6)$

---

6 정비례 관계 $y=ax\ (a\ne 0)$의 그래프와 반비례 관계 $y=\dfrac{b}{x}\ (b\ne 0)$의 그래프 위의 도형

44 정비례 관계 $y=2x$의 그래프 위의 두 점 $(-1, a)$, $(2, b)$와 점 $(2, -4)$를 세 꼭짓점으로 하는 삼각형의 넓이를 구하시오.

---

45 오른쪽 그림과 같이 두 정비례 관계 $y=\dfrac{4}{3}x$, $y=-\dfrac{1}{2}x$의 그래프와 두 점 $(2, 0)$, $(6, 0)$을 각각 지나고, y축에 평행한 두 직선으로 둘러싸인 사다리꼴 ABCD의 넓이를 구하시오.

46 오른쪽 그림에서 정비례 관계 $y=mx$의 그래프가 제1사분면 위의 점 P를 지나고 세 점 A$(0, 5)$, B$(0, 3)$, C$(6, 0)$에 대하여 삼각형 POC의 넓이가 삼각형 ABP의 넓이의 2배일 때, 상수 m의 값을 구하시오. (단, O는 원점)

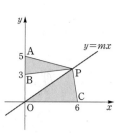

47 오른쪽 그림에서 사각형 ABCD는 한 변의 길이가 1인 정사각형이고, 두 점 A, C는 각각 정비례 관계 $y=2x$, $y=\dfrac{1}{2}x$의 그래프 위에 있는 점이다. 선분 AD는 x축과 평행하고, 선분 AB는 y축과 평행할 때, 점 D의 좌표를 구하시오.

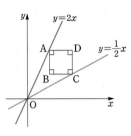

48 오른쪽 그림과 같이 두 정비례 관계 $y=4x$와 $y=\dfrac{1}{2}x$의 그래프 위에 각각 점 A(a, 9), C(6, b)가 있다. 선분 AD와 선분 BC는 x축과 평행하고, 선분 AB와 선분 DC는 y축과 평행할 때, 직사각형 ABCD의 넓이를 구하시오.

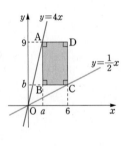

49 오른쪽 그림과 같이 좌표평면 위에 세 점 A(6, 0), B(6, 6), C(2, 6)이 있다. 정비례 관계 $y=ax$의 그래프가 선분 AB를 지나고 사다리꼴 OABC의 넓이를 이등분할 때, 상수 a의 값을 구하시오. (단, O는 원점)

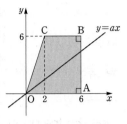

50 두 점 B(-3, $-k$), D(3, k)가 반비례 관계 $y=\dfrac{a}{x}$의 그래프 위에 있다. 직사각형 ABCD의 넓이가 24일 때, a, k의 값을 각각 구하시오.

(단, a는 상수, $k>0$)

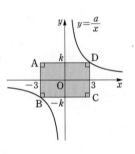

51 오른쪽 그림과 같이 두 반비례 관계 $y=\dfrac{a}{x}$, $y=\dfrac{b}{x}$의 그래프 위의 점에서 만든 4개의 직사각형의 넓이의 합이 36이고, 점 D의 좌표가 $(2, 3)$일 때, 상수 a, b의 값을 각각 구하면?

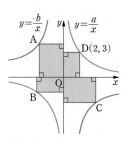

① $a=2$, $b=-16$　　② $a=3$, $b=-15$

③ $a=6$, $b=-12$　　④ $a=6$, $b=-24$

⑤ $a=12$, $b=-12$

52 오른쪽 그림은 반비례 관계 $y=\dfrac{12}{x}\ (x>0)$의 그래프이다. 사각형 CGFE의 넓이가 10일 때, 사각형 ABCD의 넓이는?

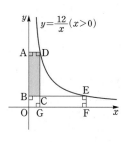

① 6　　　　② 8

③ 10　　　　④ 12

⑤ 14

7 정비례 관계 $y=ax\ (a\neq0)$의 활용

53 수민이와 지혜가 교실청소를 하는데 수민이 혼자서 하면 2시간이 걸리고, 지혜 혼자서 하면 3시간이 걸린다고 한다. 수민이와 지혜가 함께 x시간 동안 일한 양을 y라고 할 때, x와 y 사이의 관계식을 구하시오.

54 모양과 크기가 같은 타일 10개의 무게는 총 12 kg이고, 타일 6 kg의 가격은 2400원이다. 이 타일 x개의 가격을 y원이라고 할 때, x와 y 사이의 관계식을 구하시오.

55 톱니 수가 각각 32, 24인 두 톱니바퀴 A, B가 서로 맞물려 돌아가고 있다. 톱니바퀴 A가 x바퀴 회전하면 톱니바퀴 B는 y바퀴 회전한다고 한다. x와 y 사이의 관계식을 구하고, 톱니바퀴 A가 6바퀴 회전하면 톱니바퀴 B는 몇 바퀴 회전하는지 구하시오.

56 1분에 일정하게 4 L씩 나오는 수도로 물탱크에 물을 넣을 때, x분 동안 늘어난 물의 양을 y L라고 한다. 이때 물이 든 물탱크에 5시부터 물을 더 넣기 시작하여 5시 20분에 물탱크의 물이 320 L였다면 5시에 들어 있던 물탱크의 물의 양은 몇 L인가?

① 225 L   ② 230 L   ③ 240 L
④ 242 L   ⑤ 245 L

8 반비례 관계 $y = \dfrac{a}{x}$ $(a \neq 0)$의 활용

57 우진이네 집을 도배하는데 4명이 8시간 동안 일해야 끝낸다고 한다. x명이 전체 일을 끝내는 데 y시간이 걸린다고 할 때, x와 y 사이의 관계식은?

(단, 사람들의 작업 속도는 모두 같다.)

① $y = \dfrac{32}{x}$ ② $y = 32x$ ③ $y = \dfrac{12}{x}$

④ $y = \dfrac{1}{2}x$ ⑤ $y = \dfrac{1}{32}x$

58 서로 맞물려 돌아가는 두 톱니바퀴가 있다. 큰 톱니바퀴의 톱니는 30개, 작은 톱니바퀴의 톱니는 x개이고, 큰 톱니바퀴가 4바퀴 회전할 때, 작은 톱니바퀴는 y바퀴 회전한다. 이때 x와 y 사이의 관계식을 구하고, 작은 톱니바퀴의 톱니가 20개일 때, 작은 톱니바퀴는 몇 바퀴 회전하는지 구하시오.

59 영국의 과학자 보일은 일정한 온도에서 기체의 부피 y cm³는 압력 x기압에 반비례한다는 것을 알아냈다. 어떤 기체의 부피가 10 cm³일 때, 이 기체의 압력이 3기압이었다. 같은 온도에서 압력이 5기압일 때, 이 기체의 부피는?

① 5 cm³   ② 6 cm³   ③ 7 cm³
④ 8 cm³   ⑤ 9 cm³

60 용량이 200 L인 수족관에 물을 가득 채우려고 하는데 1분에 x L씩 넣어 가득 채우는 데 y분이 걸렸다고 한다. 수족관에 물을 가득 채우는 데 20분이 걸렸다면 물을 1분에 몇 L씩 넣었는지 구하시오.

9 도형의 넓이의 활용

61 오른쪽 그림과 같이 밑변의 길이가 12 cm, 높이가 8 cm인 삼각형 ABC에서 선분 BC 위의 점 P가 점 B에서 점 C까지 움직인다. 점 P가 움직인 거리가 x cm일 때, 만들어지는 삼각형 ABP의 넓이를 y cm²라고 하자. 이때 x와 y 사이의 관계식을 구하고, 삼각형 ABP의 넓이가 28 cm²일 때의 선분 BP의 길이를 구하시오. (단, $0 < x \leq 12$)

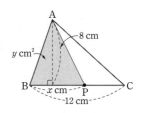

62 오른쪽 그림과 같은 직사각형 ABCD에서 점 P는 점 B를 출발하여 점 C까지 움직인다. 점 P가 x cm만큼 움직였을 때, 만들어지는 삼각형 ABP의 넓이를 y cm²라고 하자. 이때 x와 y 사이의 관계식은? (단, $0 < x \leq 16$)

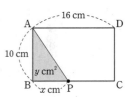

① $y = 5x$ ② $y = 8x$ ③ $y = 10x$
④ $y = \dfrac{5}{x}$ ⑤ $y = \dfrac{10}{x}$

63 오른쪽 그림과 같이 한 변의 길이가 18 cm인 정사각형 ABCD에서 선분 BC 위의 점 P는 점 B를 출발하여 점 C까지 매초 2 cm씩 움직인다. 점 P가 x초 동안 움직였을 때 생기는 삼각형 ABP의 넓이를 y cm²라고 할 때, x와 y 사이의 관계식과 x의 값의 범위를 차례로 구하면? (단, $x \neq 0$)

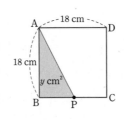

① $y=18x$, $0 < x \leq 18$ 　② $y=18x$, $0 < x \leq 9$

③ $y=9x$, $0 < x \leq 18$ 　④ $y=9x$, $0 < x \leq 9$

⑤ $y=\dfrac{9}{2}x$, $0 < x \leq 18$

64 오른쪽 그림과 같이 가로, 세로의 길이가 각각 8 cm, 6 cm인 직사각형 ABCD에서 점 P가 점 C를 출발하여 점 B까지 매초 2 cm씩 움직이고 있다. 점 P가 x초 움직였을 때 생기는 삼각형 DPC의 넓이를 y cm²라고 할 때, x와 y 사이의 관계식을 구하고, 삼각형 DPC의 넓이가 12 cm²가 되는 것은 점 P가 점 C를 출발한 지 몇 초 후인지 구하시오. (단, $0 < x \leq 4$)

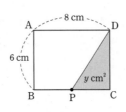

65 오른쪽 그림과 같이 가로, 세로의 길이가 각각 9 cm, 6 cm인 직사각형 ABCD에서 점 P가 점 C를 출발하여 점 B까지 매초 3 cm씩 움직인다. 점 P가 x초 움직였을 때 사각형 APCD의 넓이를 y cm²라고 할 때, 사각형 APCD의 넓이가 36 cm²가 되는 것은 점 P가 점 C를 출발한 지 몇 초 후인지 구하시오.

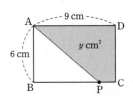

66 오른쪽 그림과 같이 가로, 세로의 길이가 각각 10 cm, 8 cm인 직사각형 ABCD의 두 변 AB, BC 위에 각각 점 P, 점 Q가 있다. 선분 BP와 선분 BQ의 길이가 각각 x cm, y cm이고, 삼각형 PBQ의 넓이가 12 cm²일 때, x와 y 사이의 관계식과 x의 값의 범위를 구하시오. (단, $x > 0$, $y > 0$)

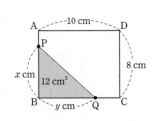

10 실생활에서의 활용

67 오른쪽 그래프에서
A, B는 각각 진수가 집에
서 1800 m 떨어진 정보센
터까지 걸어서 가는 경우
와 자전거를 타고 가는 경
우에 대하여 시간과 거리

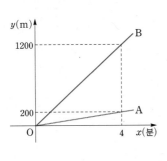

사이의 관계를 나타낸 것이다. 진수가 집에서 출발하여
x분 동안 간 거리를 y m라고 할 때, 이 그래프에 대한
다음 설명 중 옳은 것은?

① 걸어서 가는 경우 x와 y 사이의 관계식은 $y=60x$이다.
② 자전거를 타고 가는 경우 x와 y 사이의 관계식은
  $y=250x$이다.
③ 5분 동안 걸어간 거리는 220 m이다.
④ 집에서 정보센터까지 걸어서 가면 36분이 걸린다.
⑤ 집에서 정보센터까지 자전거를 타고 가면 10분이 걸
  린다.

68 오른쪽 그림은 부피가
10 L인 물탱크에 A, B 두 수도
꼭지를 이용하여 동시에 물을
넣다가 10분 후에 A 수도꼭지

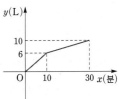

만 잠갔을 때, 비어 있는 물탱크에 물을 채우는 시간 x
분과 채워진 물의 양 y L 사이의 관계를 나타낸 그래프
이다. A 수도꼭지만을 이용하여 물탱크를 가득 채울 때
걸리는 시간은?

① 25분   ② 35분   ③ 40분
④ 42분   ⑤ 45분

69 오른쪽 그래프는 어느 식품
회사에서 음료수 1개의 가격 x원
과 판매량 y개 사이의 반비례 관계
를 나타낸 것이다. 음료수 1개의

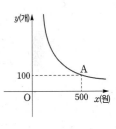

가격을 500원에서 20 % 할인하였
을 때, 예상되는 판매량은?

① 110개   ② 120개   ③ 125개
④ 130개   ⑤ 132개

70 집에서 2.4 km 떨어진 축구 연습장까지 형은 걸어가고, 동생은 자전거를 타고 가기로 했다. 오른쪽 그래프는 두 사람이 동시에 출발하여 걸린 시간과 이동한 거리 사이의 관계를 나타낸 것이다. 출발한 지 x분 후 형과 동생 사이의 거리를 y m라고 할 때, x와 y 사이의 관계식을 구하시오.

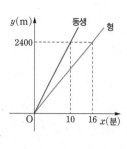

71 오른쪽 그래프는 댐의 두 수문 A, B를 열었을 때 시간에 따라 방류되는 물의 양을 나타낸 것이다. A, B 두 수문을 동시에 열어 1400만 톤의 물을 방류하는 데 걸리는 시간은?

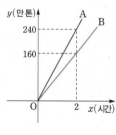

① 5시간 30분   ② 6시간   ③ 6시간 30분
④ 7시간   ⑤ 7시간 30분

72 집에서 2 km 떨어진 공원까지 동욱이는 걸어가고, 규호는 자전거를 타고 갔다. 오른쪽 그래프는 두 사람이 동시에 출발했을 때 걸린 시간과 이동한 거리 사이의 관계를 나타낸 것이다. 규호가 공원에 도착한 지 몇 분 후에 동욱이가 도착하는지 구하시오.

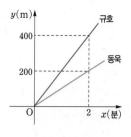

73 집에서 4.2 km 떨어진 학교까지 가는 데 현주는 걸어가고 유진이는 보드를 타고 가기로 했다. 오른쪽 그래프는 두 사람이 동시에 출발했을 때, 시간 x분과 이동한 거리 y m 사이의 관계를 나타낸 것이다. 유진이가 학교에 도착한 후 현주가 도착할 때까지 기다려야 하는 시간은?

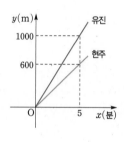

① 14분   ② 15분   ③ 16분
④ 18분   ⑤ 20분

11 x의 값에 따른 y의 값의 범위

74 x의 값이 $-3 \leq x \leq 1$일 때, 정비례 관계 $y = -2x$의 y의 값의 범위는 $a \leq y \leq b$이다. 이때 $a+b$의 값을 구하시오.

75 x의 값이 $1 \leq x \leq 3$일 때, 반비례 관계 $y = \dfrac{9}{x}$의 y의 값의 범위를 구하시오.

76 x의 값이 $a \leq x \leq b$일 때 정비례 관계 $y = 5x$의 y의 값의 범위는 $-5 \leq y \leq 15$이다. 이때 $a+b$의 값을 구하시오.

77 x의 값이 $a \leq x \leq b$일 때, 반비례 관계 $y = \dfrac{3}{x}$의 y의 값의 범위는 $3 \leq y \leq 12$이다. 이때 $a+b$의 값을 구하시오.

반비례 관계식의 그래프와 넓이

반비례 관계의 본질!

반비례 관계는 역수의 비율로 변한다는 것을 뜻한다. 역수의 비율로 변한다는 것을 쉽게 말하면 두 비율의 곱이 항상 1이라는 것이다. 이런 이유로 반비례 관계식은 두 변수 사이의 곱이 항상 일정하다는 특징을 가지고 있다. 곱이 일정한 관계식의 기하학적 특징을 확인해 보자.

① 기본 개념 ── 반비례 관계식과 그래프

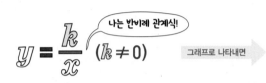

나는 반비례 관계식!

그래프로 나타내면

$k > 0$일 때	$k < 0$일 때
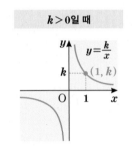	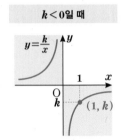

반비례 관계식을 분석하면 반비례 관계식의 그래프가 가지고 있는 특징을 알 수 있다.

개념의 확장

② 확장 개념 ── 관계식의 변신!

$$y = \frac{k}{x} \ (k \neq 0)$$

나도 반비례 관계식!

$$x \times y = k \ (k \neq 0)$$

그래프로 나타내면

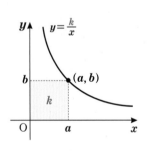

반비례 관계 $y = \dfrac{k}{x} \ (k \neq 0)$의 그래프 위의 모든 점 (a, b)에 대하여

두 좌표의 곱이 $a \times b = k$로 항상 일정하다.

반비례 관계식이 가지는 기하학적 의미

반비례 관계 $y = \dfrac{k}{x} \ (k \neq 0)$의 그래프 위의 한 점 (a, b)에서 두 좌표의 곱이 일정하므로 세 점 (a, b), $(a, 0)$, $(0, b)$와 원점으로 이루어진 직사각형의 넓이는 항상 k로 같다.

k가 음수인 경우 넓이는 항상 양수이므로 직사각형의 넓이는 $-k$로 같다.

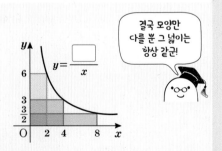

결국 모양만 다를 뿐 그 넓이는 항상 같군!

답 12

1. 넓이가 같음을 이용할 수 있다!

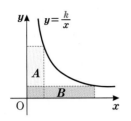

넓이가 같음을 이용해 다른 부분의 넓이를 알 수 있다.

$$A = B = k$$

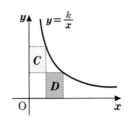

공통부분을 제외한 나머지 부분의 넓이도 같음을 알 수 있다.

$$C = D$$

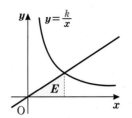

원점을 지나는 직선과 만나는 점에서 생기는 삼각형의 넓이를 알 수 있다.

$$E = \frac{k}{2}$$

2. 넓이를 알면 관계식을 구할 수 있다!

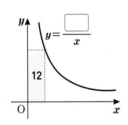

넓이가 주어지면 관계식을 알 수 있다.

$$y = \frac{\boxed{}}{x}$$

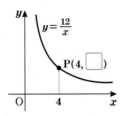

관계식을 알면 특정한 점의 좌표를 알 수 있다.

$$\mathbb{P}(4, \boxed{})$$

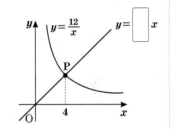

다른 그래프와 만나는 점의 좌표 또는 만나는 그래프의 관계식을 알 수 있다.

$$y = \boxed{} \, x$$

반비례 관계식을 안다. ⇄ 그래프 위의 한 점에서 만들어지는 직사각형의 넓이를 안다.

답 $12, 12, 3, 3, \dfrac{3}{4}, \dfrac{3}{4}$

같은 방법으로 비슷한 문제를 풀 수 있을까?

오른쪽 그림과 같이 반비례 관계 $y = \dfrac{8}{x}$의 그래프와 한 직선이 만나는 두 점을 A, B라고 할 때, 색칠한 부분의 넓이를 구하시오.

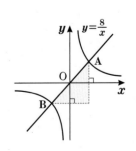

답 16

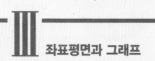

단원 종합 문제

01 다음 **보기** 중 y가 x에 정비례하는 것이 a개, 반비례하는 것이 b개라고 할 때, $a-b$의 값을 구하시오.

보기

ㄱ. 가로, 세로의 길이가 각각 6 cm, x cm인 직사각형의 둘레의 길이 y cm

ㄴ. 1시간에 30°씩 회전하는 시침이 x분 동안 회전한 각 $y°$

ㄷ. 빗변이 아닌 한 변의 길이가 x cm인 직각이등변삼각형의 넓이 y cm²

ㄹ. 책을 하루에 x쪽씩 y일 동안 읽은 총 쪽수는 460쪽이다.

ㅁ. 자전거를 탈 때 1분에 10 kcal의 열량이 소모된다고 할 때, x분 동안 소모되는 열량 y kcal

ㅂ. 남학생 x명과 여학생 y명의 합은 600명이다.

ㅅ. 자동차가 시속 120 km로 x분 동안 간 거리 y km

ㅇ. 용량이 10000 L인 빈 물통에 매분 x L씩 물을 넣을 때, 가득찰 때까지 걸린 시간 y분

02 아래 표와 같이 y가 x에 정비례할 때, 다음 중 옳지 <u>않은</u> 것을 모두 고르면? (정답 2개)

x	$\cdots$	-3	-2	A	0	1	2	3	$\cdots$
y	$\cdots$	B	-1	$-\frac{1}{4}$	0	C	1	$\frac{3}{2}$	$\cdots$

① $A=-1$

② $B=-\frac{3}{2}$

③ $y=7$일 때, $x=14$이다.

④ x의 값이 8배가 되면 y의 값도 8배가 된다.

⑤ $A-B\div C=\frac{1}{2}$

03 600 mL의 음료수를 x명이 똑같이 나누어 마신다고 할 때, 한 사람이 마실 수 있는 음료수의 양을 y mL라고 하자. 다음 표에서 $a+b$의 값과 x, y 사이의 관계식을 차례로 구하면?

x(명)	1	2	3	4	5	6
y(mL)	600	300	a	150	b	100

① 300, $y=600x$

② 320, $y=600x$

③ 300, $y=\dfrac{600}{x}$

④ 320, $y=\dfrac{600}{x}$

⑤ 350, $y=\dfrac{600}{x}$

04 x와 y 사이의 관계가 다음 표와 같을 때, $a+b$의 값을 구하시오.

x	3	4	5	6	7
y	-12	a	-20	b	-28

05 y가 x에 반비례하고, $x=10$일 때 $y=2$이다. $x=5$일 때, y의 값은?

① 1　　　② 2　　　③ 4

④ 5　　　⑤ 8

06 오른쪽 그림과 같은 정비례 관계의 그래프가 점 $(k, -4)$를 지날 때, k의 값은?

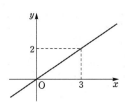

① -10 ② -6
③ -3 ④ 3
⑤ 6

07 반비례 관계 $y=\dfrac{8}{x}$의 그래프가 두 점 $(-2, a)$, $(b, 4)$를 지날 때, $a+b$의 값은?

① -3 ② -2 ③ -1
④ 2 ⑤ 3

08 반비례 관계 $y=\dfrac{a}{x}$의 그래프가 점 $(3, -6)$을 지날 때, 다음 중 이 그래프 위에 있는 점은?
(단, a는 상수)

① $(-6, -3)$ ② $(-4, 3)$
③ $(2, -9)$ ④ $(4, -5)$
⑤ $(6, 3)$

09 y는 x에 정비례하고 $x=4$일 때, $y=12$이다. 또, z는 y에 반비례하고 $y=-2$일 때, $z=5$이다. $x=-1$일 때, z의 값을 구하시오.

10 서로 맞물려 돌아가고 있는 두 톱니바퀴 A, B의 톱니의 수는 각각 18, 45이고 톱니바퀴 A가 x번 회전할 때, 톱니바퀴 B는 y번 회전한다. 다음 **보기**의 설명 중에서 옳은 것을 모두 고르시오.

> **보기**
> ㄱ. y는 x에 정비례한다.
> ㄴ. y는 x에 반비례한다.
> ㄷ. xy의 값은 항상 3으로 일정하다.
> ㄹ. $\dfrac{y}{x}$의 값은 항상 3으로 일정하다.
> ㅁ. $\dfrac{y}{x}$의 값은 항상 $\dfrac{2}{5}$로 일정하다.
> ㅂ. $x=7$일 때, $y=\dfrac{7}{5}$이다.

11 오른쪽 그림은 어떤 수조의 물을 뺄 때의 경과시간에 대한 물의 높이의 변화를 나타낸 그래프이다. 이때 이 그래프에 가장 적절한 형태의 수조는?

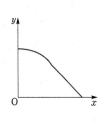

①

②

③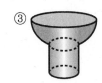

④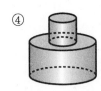

⑤

12 다음 중 오른쪽 좌표평면 위의 점들에 대한 설명으로 옳지 <u>않은</u> 것은?

① 점 A의 좌표는 $(-2, 3)$이다.
② 제1사분면에 속하는 점은 점 B와 점 D이다.
③ 점 C는 x좌표와 y좌표가 같다.
④ 점 D의 y좌표는 0이다.
⑤ 점 E는 제4사분면에 속한다.

13 $xy < 0$, $x - y > 0$일 때, 점 $(x, -2y)$는 제몇 사분면 위의 점인가?

① 제1사분면　　　　　② 제2사분면
③ 제3사분면　　　　　④ 제4사분면
⑤ 어느 사분면에도 속하지 않는다.

14 점 (a, b)가 제2사분면 위의 점일 때, 점 $(-a, ab)$는 제몇 사분면 위의 점인가?

① 제1사분면　　　　② 제2사분면
③ 제3사분면　　　　④ 제4사분면
⑤ 어느 사분면에도 속하지 않는다.

15 점 $(ab, a-b)$가 제3사분면 위의 점일 때, 점 $(b, -a)$는 제몇 사분면 위의 점인가?

① 제1사분면　　　　　② 제2사분면
③ 제3사분면　　　　　④ 제4사분면
⑤ 어느 사분면에도 속하지 않는다.

16 점 A$(5, -2)$와 x축에 대하여 대칭인 점을 B, 점 B와 원점에 대하여 대칭인 점을 C라고 할 때, 삼각형 ABC의 넓이는?

① 14　　　　② 16　　　　③ 18
④ 20　　　　⑤ 21

17 다음 **보기**의 세 점 A, B, C에 대하여 물음에 답하시오.

┌─────── 보기 ───────┐
점 A : 점 $(-4, -3)$과 원점에 대하여 대칭인 점
점 B : x축 위에 있고, x좌표가 -8인 점
점 C : 점 $(8, 6)$과 y축에 대하여 대칭인 점
└──────────────────┘

(1) 세 점의 좌표를 각각 구하시오.

(2) 삼각형 ABC의 넓이를 구하시오.

18 다음 중 정비례 관계 $y = \dfrac{4}{3}x$의 그래프에 대한 설명으로 옳은 것을 모두 고르면? (정답 2개)

① 원점을 지나는 직선이다.
② 제2사분면과 제4사분면을 지나는 직선이다.
③ x의 값이 증가하면 y의 값은 감소한다.
④ 정비례 관계 $y = 2x$의 그래프보다 x축에 더 가깝다.
⑤ 점 $(3, -4)$를 지난다.

19 오른쪽 그림과 같이 정비례 관계 $y = \dfrac{3}{5}x$의 그래프와 반비례 관계 $y = \dfrac{a}{x}$의 그래프가 점 A에서 만난다. 점 A의 x좌표가 5일 때, 상수 a의 값은?

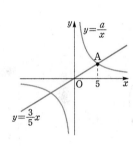

① 9　　　　② 10　　　　③ 12
④ 15　　　　⑤ 18

20 오른쪽 그림과 같이 정비례 관계 $y=-\dfrac{1}{3}x$의 그래프와 반비례 관계 $y=\dfrac{a}{x}(x>0)$의 그래프가 만나는 점의 y좌표가 -1이고, 반비례 관계 $y=\dfrac{a}{x}$의 그래프가 점 $\left(b, -\dfrac{1}{2}\right)$을 지날 때, $a+b$의 값은? (단, a는 상수)

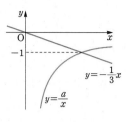

① -3　　　② 3　　　③ 6
④ 9　　　⑤ 12

21 오른쪽 그림과 같이 두 정비례 관계 $y=3x$, $y=-\dfrac{2}{3}x$의 그래프와 점 $(0, 6)$을 지나고 y축에 수직인 선분 AB로 둘러싸인 삼각형 AOB의 넓이는? (단, O는 원점)

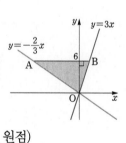

① 28　　　② 30　　　③ 32
④ 33　　　⑤ 34

22 오른쪽 그림과 같이 반비례 관계 $y=\dfrac{12}{x}(x>0)$의 그래프 위의 점 P에서 x축, y축에 각각 수선을 그었을 때, x축, y축과 만나는 점을 각각 A, B라고 하자. 이때 직사각형 OAPB의 넓이는? (단, O는 원점)

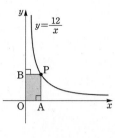

① 6　　　② 12　　　③ 15
④ 18　　　⑤ 20

23 소금 $9\,g$이 들어있는 소금물 $x\,g$의 농도를 $y\,\%$라고 할 때, 다음 물음에 답하시오.

(1) x와 y 사이의 관계식을 구하시오.

(2) 소금물의 양이 $60\,g$일 때, 소금물의 농도를 구하시오.

24 400 g의 소금물에 소금 20 g이 들어있다. 같은 농도의 소금물 x g에 들어있는 소금의 양을 y g이라고 할 때, 다음 물음에 답하시오.

(1) x와 y 사이의 관계식을 구하시오.

(2) 소금의 양이 8 g일 때, 소금물의 양을 구하시오.

25 1 L의 휘발유로 20 km를 달리는 자동차가 있다. 이 자동차로 x km를 달리는 데 필요한 휘발유의 양을 y L라고 할 때, x와 y 사이의 관계식은?

① $y=20x$ ② $y=15x$ ③ $y=\dfrac{1}{10}x$

④ $y=\dfrac{1}{20}x$ ⑤ $y=\dfrac{1}{50}x$

26 톱니의 수가 12인 톱니바퀴 A가 매초 6번 회전할 때, 이와 맞물려 도는 톱니의 수가 x인 톱니바퀴 B는 매초 y번 회전한다고 한다. 이때 x와 y 사이의 관계식을 구하시오.

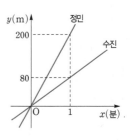

27 집에서 2 km 떨어진 학교까지 정민이는 자전거를 타고 가고, 수진이는 걸어서 갔다. 오른쪽 그래프는 두 사람이 동시에 출발하여 걸린 시간 x분과 이동한 거리 y m 사이의 관계를 나타낸 것이다. 정민이와 수진이가 동시에 학교에 도착하려면 수진이는 정민이보다 몇 분 먼저 출발해야 하는가?

① 5분   ② 10분   ③ 15분

④ 20분   ⑤ 25분

28 좌표평면 위의 세 점 A$(a, -3)$, B$(2, 4)$, C$(-1, -3)$을 꼭짓점으로 하는 삼각형 ABC의 넓이가 14일 때, a의 값은? (단, $a>0$)

① 1   ② 2   ③ 3

④ 4   ⑤ 5

29 최대 속력으로 달리던 자전거가 어떤 트랙에 진입하였다. 자전거가 트랙의 출발점에서 출발하여 달린 거리를 x라 하고 자전거의 속력을 y라 할 때, 자전거가 트랙을 한 바퀴 돌아 다시 출발점에 도착할 때까지 x와 y 사이의 관계를 그래프로 나타내면 아래와 같다. 다음 중 이 자전거가 달린 트랙의 모양으로 알맞은 것은?
(단, 자전거의 직선 도로에서는 최대 속력을 유지하고 커브를 돌 때 속력이 변한다.)

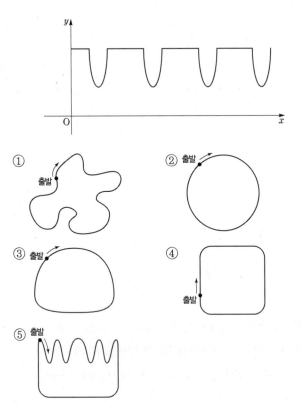

30 부피가 $100\ \text{m}^3$인 빈 물통에 물을 넣는데 처음 20분 동안은 수도 A, B, C를 모두 사용하여 물을 넣고, 그 후 40분 동안은 두 개의 수도 A와 B만 사용하여 물을 넣었다. 그 후 60분 동안에는 수도 A만 사용하여 물을 넣었다. 다음 그래프는 물을 넣은 지 x분 후의 넣은 물의 양 $y\ \text{m}^3$ 사이의 관계를 나타낸 것이다. 이 물통이 비어있을 때, 수도 B만 사용하여 물통에 물을 가득 채우는 데 걸리는 시간은 수도 C만 사용해서 물을 가득 채우는 데 걸리는 시간보다 몇 시간 몇 분이 더 걸리는지 구하시오.

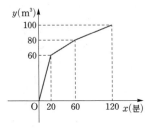

빠른 정답 찾기

1 소인수분해

주제별 실력다지기   8~15쪽

01 ②   02 10개   03 ⑤   04 ③
05 ④   06 ②   07 ㄷ
08 ㄴ, ㄹ   09 ④   10 ①
11 ①, ⑤   12 14   13 ④
14 ②, ④   15 49   16 ④
17 ③, ⑤   18 ④   19 60
20 (1) 21 (2) 3개   21 5   22 10
23 ④   24 ②, ⑤   25 ④   26 ④
27 2   28 ④   29 ②   30 ③
31 ②, ④   32 ②   33 ③   34 48
35 ④   36 ③   37 6   38 900
39 72, 96   40 15

2 최대공약수와 최소공배수

주제별 실력다지기   20~31쪽

01 ②   02 ④, ⑤   03 2, 8, 12, 24, 48
04 6   05 ①   06 ①   07 ⑤
08 ②   09 1   10 18   11 36
12 ②   13 5권, 12개   14 ④
15 4700원 16 ③   17 24   18 60
19 (1) 1 cm, 2 cm, 3 cm, 6 cm (2) 189
20 ④   21 288   22 ②   23 ④
24 ④   25 ④   26 ⑤   27 109
28 363   29 ④   30 ②   31 ④
32 A : 5번, B : 4번   33 오전 10시 24분
34 ④   35 7번   36 ⑤
37 900 cm²   38 (1) 36 cm (2) 24개
39 ④   40 1392 m   41 ④
42 12   43 ④   44 ①, ⑤   45 36
46 ③   47 4   48 ①   49 ⑤
50 6   51 ⑤   52 140   53 ⑤
54 ③   55 ②

3 정수와 유리수

주제별 실력다지기   36~43쪽

01 ③, ④   02 ①, ③   03 ③, ④   04 ②
05 ③   06 ②, ④   07 ④   08 -1
09 A : $-\dfrac{8}{3}$, B : -1, C : $+\dfrac{3}{4}$ 또는 $+0.75$,

     D : $+\dfrac{7}{2}$ 또는 $+3.5$

10 ④   11 ③   12 ③   13 6
14 $a=8$, $b=-8$ 15 2
16 $a=-5$, $b=5$ 17 $a=2$, $b=-8$
18 26   19 ⑤

20 $(-3, 0)$, $(-2, -1)$, $(-2, 1)$, $(-1, 2)$,
     $(0, 3)$, $(1, 2)$
21 5, $\dfrac{7}{10}$, 0.6, $-\dfrac{3}{2}$, -1.6, -2
22 ④   23 4.2   24 $a=-\dfrac{2}{3}$, $b=\dfrac{2}{3}$
25 $a=\dfrac{9}{8}$, $b=-\dfrac{9}{8}$ 26 $-\dfrac{1}{3}$, $\dfrac{1}{3}$
27 -3 28 ④   29 14   30 $-\dfrac{7}{6}$
31 ④   32 ④   33 a, d, b, c
34 -3, -5 35 ⑤   36 ④
37 ⑤   38 $|x|$, $-\dfrac{1}{x}$, $\dfrac{1}{x}$, $x-1$
39 $b<a<c$ 40 $c<b<a$

4 정수와 유리수의 계산

주제별 실력다지기   46~59쪽

01 ④   02 ③, ⑤   03 -10 04 ⑤
05 -7 06 ㉠ 교환법칙 ㉡ 결합법칙
07 ⑤   08 8   09 ③   10 ④
11 ②   12 4   13 5   14 ①
15 ⑤   16 ④   17 $\dfrac{1}{3}$ 18 $-\dfrac{32}{5}$
19 ②   20 $-\dfrac{129}{140}$ 21 $-\dfrac{1}{12}$ 22 ⑤
23 ①   24 $\dfrac{1}{12}$ 25 ③
26 ㉠ 교환법칙 ㉡ 결합법칙   27 ②, ⑤
28 ①   29 ④   30 $a<0$, $b>0$, $c<0$
31 ④   32 ②   33 ③   34 4
35 ②   36 ①, ⑤   37 ⑤   38 2
39 ④   40 12   41 ⑤   42 ③, ⑤
43 ④   44 ①   45 $-\dfrac{1}{8}$ 46 $\dfrac{1}{12}$
47 $-\dfrac{3}{8}$ 48 ①   49 30   50 $\dfrac{17}{15}$
51 ①   52 $-\dfrac{10}{7}$ 53 ①   54 ④
55 $\dfrac{3}{80}$ 56 $-\dfrac{1}{4}$ 57 $\dfrac{5}{3}$ 58 $-\dfrac{1}{21}$
59 10   60 $a<0$, $b>0$, $c>0$ 61 ④
62 ㉢, ㉣, ㉤, ㉡, ㉠   63 ㉤   64 $\dfrac{9}{2}$
65 ①   66 $-\dfrac{1}{2}$ 67 $-\dfrac{1}{21}$

단원 종합 문제   64~68쪽

01 ①, ⑤   02 194   03 ②, ④   04 ②
05 0   06 60, 72, 96   07 ①
08 76   09 ②   10 60 cm
11 $\dfrac{195}{7}$ 12 $-\dfrac{6}{5}$, $\dfrac{6}{5}$ 13 0
14 3   15 ③   16 ③, ⑤   17 ②
18 ②   19 ②   20 ④   21 ㉠
22 ⑤   23 ⑤   24 ④   25 ④

26 3   27 ③   28 -2 29 40일
30 93

1 문자의 사용과 식의 계산

주제별 실력다지기   72~81쪽

01 ②   02 ③
03 ㄱ과 ㅂ, ㄴ과 ㅁ, ㄷ과 ㄹ   04 ①, ④
05 ①   06 ④   07 ③   08 ③
09 $36x$ 10 ②   11 -5 12 ②
13 ③   14 ④   15 ⑤   16 ③
17 ①   18 ③   19 ③, ⑤   20 ③
21 ③   22 ③   23 ②   24 ①
25 $a=2$, $b=4$ 26 ④   27 ②
28 ④   29 $10x+6y$ 30 ⑤
31 ③   32 $7x+9y-8z-9$ 33 ①
34 $a=3$, $b=4$ 35 ③   36 ⑤
37 ③   38 ①   39 $(345x-32500)$원
40 $8x-3$ 41 $-2x+10$
42 $-4x-11$ 43 ④
44 $\dfrac{5}{3}x-\dfrac{3}{2}$

2 일차방정식

주제별 실력다지기   84~95쪽

01 ⑤   02 ②, ③   03 ⑤   04 6
05 ②   06 ②   07 $\dfrac{6}{11}$ 08 ③
09 ②, ⑤   10 ㄱ, ㄹ   11 $\dfrac{1}{2}$ 12 ④
13 ③   14 ②   15 ④   16 ③
17 $x=-29$ 18 ②   19 $x=\dfrac{3}{2}$
20 $x=8$ 21 ③   22 -1 23 $x=\dfrac{3}{2}$
24 ②   25 ②   26 $x=6$ 27 $-\dfrac{9}{17}$
28 ③   29 (1) 3 (2) $x=-\dfrac{1}{3}$ 30 ①
31 -2 32 -10 33 ②   34 ④
35 ③   36 ⑤   37 ③   38 ⑤
39 7   40 ①   41 ②   42 ③
43 ②   44 $\dfrac{6}{11}$ 45 1   46 -5
47 2, 17   48 ③   49 ②
50 $a=-1$, $b=2$ 51 $x=-\dfrac{2}{3}$
52 ④   53 ③   54 ⑤   55 1개

3 일차방정식의 활용

주제별 실력다지기
97~109쪽

01 67   **02** ③   **03** 29, 30   **04** ①

05 ③   **06** ④   **07** 18세

08 어머니 : 31세, 채윤 : 3세   **09** ②

10 4개월 후   **11** ②   **12** 20명

13 ⑤   **14** 36 cm   **15** ②   **16** ③

17 6 km   **18** 6 km   **19** ④

20 시속 9.6 km   **21** 36 km   **22** ②

23 ③   **24** 20분 후   **25** ③   **26** 45 m

27 1.6 km   **28** ③   **29** ①   **30** 600 m

31 ①

32 속력 : 시속 18 km, 거리 : 32 km

33 ③   **34** ⑤   **35** ③   **36** ④

37 ⑤   **38** ⑤   **39** ③   **40** ②

41 9일   **42** 6일   **43** 15분   **44** 30 %

45 10000원   **46** 1000원   **47** 3200원

48 ①   **49** 3000원   **50** 13   **51** ④

52 9자루   **53** ③   **54** 87   **55** 53

56 936   **57** ④   **58** 3시 $49\frac{1}{11}$분

59 1시 $5\frac{5}{11}$분   **60** 1시 30분

단원 종합 문제
114~118쪽

01 ①   **02** ④

03 $a=-\frac{11}{12}, b=-\frac{11}{12}$

04 $\frac{4}{3}$ **05** ③   **06** $-\frac{9}{2}$ **07** ①

08 ③   **09** ④   **10** ③

11 (1) $x=2$ (2) $x=-5$ (3) $x=1$

     (4) $x=8$

12 ⑤   **13** ④   **14** $x=-\frac{1}{2}$

15 ③   **16** ②   **17** ③   **18** 6 %

19 9세   **20** 25000원   **21** ③

22 8 km   **23** ③   **24** 100 g

25 5850원   **26** ③   **27** $-10x+6$

28 ⑤   **29** 12

30 시속 $\frac{85}{7}$ km

III 좌표평면과 그래프

1 좌표평면과 그래프

주제별 실력다지기
121~129쪽

01 ④   **02** 3   **03** ③

04 $(a, c), (a, d), (a, e), (b, c), (b, d),$

     (b, e)

05 5   **06** ②   **07** 고진감래

08 ④   **09** ④   **10** ④   **11** ④

12 ②, ④   **13** 제1사분면   **14** ③

15 제1사분면   **16** ③   **17** ①

18 ⑤   **19** 1   **20** ③   **21** ②

22 제4사분면   **23** $a=1, b=3$

24 ③   **25** 22   **26** 32   **27** $\frac{37}{2}$

28 C(0, 8)   **29** ①   **30** ②

31 ①, ⑤   **32** ③

33 11초 후, 1등 : 희영, 2등 : 송이, 3등 : 길동

34 ③   **35** ④   **36** ④

2 정비례와 반비례

주제별 실력다지기
134~151쪽

01 ④   **02** ③, ⑤   **03** $y=-\frac{1}{5}x, y=\frac{6}{5}$

04 -8 **05** $y=\frac{3}{4}x$ **06** 18

07 5   **08** ③   **09** ⑤   **10** ④

11 -2 **12** $-\frac{1}{6}$ **13** ④   **14** ③

15 ①   **16** $a=-\frac{3}{2}, b=-9$ **17** ③

18 ③   **19** 1   **20** ②   **21** ⑤

22 $y=-\frac{15}{x}, y=-\frac{5}{9}$

23 $y=-\frac{12}{x}, -18$

24 -35 **25** ④   **26** ③   **27** ④

28 5   **29** 4   **30** ②, ⑤   **31** ③

32 ①   **33** A$(-4, -4)$ **34** 7

35 -4 **36** ⑤   **37** ④   **38** $-\frac{1}{3}$

39 ③   **40** $y=5x$ **41** ③   **42** -2

43 ④   **44** 12   **45** $\frac{88}{3}$ **46** $\frac{2}{3}$

47 $(2, 2)$ **48** $\frac{45}{2}$ **49** $\frac{5}{6}$

50 $a=6, k=2$ **51** ③   **52** ③

53 $y=\frac{5}{6}x$ **54** $y=480x$

55 $y=\frac{4}{3}x$, 8바퀴

56 ③   **57** ①   **58** $y=\frac{120}{x}$, 6바퀴

59 ②   **60** 10 L   **61** $y=4x$, 7 cm

62 ④   **63** ②   **64** $y=6x$, 2초 후

65 1초 후   **66** $y=\frac{24}{x}$, $\frac{12}{5}\le x\le 8$

67 ④   **68** ①   **69** ③

70 $y=90x$ **71** ④   **72** 10분 후

73 ①   **74** 4   **75** $3\le y\le 9$

76 2   **77** $\frac{5}{4}$

단원 종합 문제
154~60쪽

01 1   **02** ①, ⑤   **03** ④   **04** -40

05 ③   **06** ③   **07** ②   **08** ③

09 $\frac{10}{3}$ **10** ㄱ, ㅁ   **11** ③   **12** ②

13 ①   **14** ④   **15** ①   **16** ③

17 (1) A$(4, 3)$, B$(-8, 0)$, C$(-8, 6)$ (2) 36

18 ①, ④   **19** ④   **20** ②   **21** ④

22 ②   **23** (1) $y=\frac{900}{x}$ (2) 15 %

24 (1) $y=\frac{1}{20}x$ (2) 160 g   **25** ④

26 $y=\frac{72}{x}$ **27** ③   **28** ③

29 ④   **30** 9시간 20분

수학은 개념이다!

디딤돌의 중학 수학 시리즈는
여러분의 수학 자신감을 높여 줍니다.

개념 이해
디딤돌수학 개념연산

다양한 이미지와 단계별 접근을 통해
개념이 쉽게 이해되는 교재

개념 적용
디딤돌수학 개념기본

개념 이해, 개념 적용, 개념 완성으로
개념에 강해질 수 있는 교재

개념 응용
최상위수학 라이트

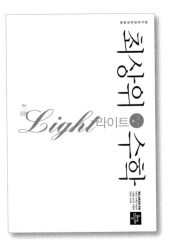

개념을 다양하게 응용하여
문제해결력을 키워주는 교재

개념 완성

디딤돌수학 개념연산과 개념기본은 동일한 학습 흐름으로 구성되어 있습니다.
연계 학습이 가능한 개념연산과 개념기본을 통해
중학 수학 개념을 완성할 수 있습니다.

최상위 수학 Light 라이트

중 1·1

정답과 풀이

2022 개정 교육과정

최상위 수학

Light 라이트

중 $\dfrac{1}{1}$

정답과 풀이

① 소인수분해

주제별 실력다지기

8~15쪽

01 ②	02 10개	03 ⑤	04 ③
05 ④	06 ②	07 ㄷ	
08 ㄴ, ㄹ	09 ④	10 ①	
11 ①, ⑤	12 14	13 ④	
14 ②, ④	15 49	16 ④	
17 ③, ⑤	18 ④	19 60	
20 (1) 21 (2) 3개		21 5	22 10
23 ④	24 ②, ⑤	25 ④	26 ④
27 2	28 ③	29 ②	30 ③
31 ②, ④	32 ②	33 ③	34 48
35 ④	36 ③	37 6	38 900
39 72, 96	40 15		

01 (어떤 수)$=7\times6+4=46$
$46=5\times9+1$이므로 어떤 수를 5로 나누었을 때의 나머지는
1이다.

02 A는 48의 약수이므로 1, 2, 3, 4, 6, 8, 12, 16, 24, 48
로 10개이다.

03 $126=2\times3^2\times7$
⑤ 2의 지수가 1보다 크므로 약수가 될 수 없다.

04 24의 약수는 1, 2, 3, 4, 6, 8, 12, 24이고, 이 중 3의
배수는 3, 6, 12, 24로 4개이다.

05 ③ 6의 약수는 1, 2, 3, 6으로 4개이다.
④ 50보다 작은 4의 배수는 4, 8, 12, …, 48로 12개이다.

06 10 이상 20 이하의 자연수 중에서 합성수는 10, 12,
14, 15, 16, 18, 20으로 7개이다.

07

13	23	31
3	1	27
7	33	28
19	11	2

08 ㄱ. 2는 소수이지만 짝수이다.
ㄷ. 모든 자연수는 1 또는 소수 또는 합성수이다.
ㅁ. 소수 중에서 5의 배수는 5로 1개뿐이다.

09 ㄱ. 가장 작은 소수는 2이다.
ㄴ. 짝수 2는 소수이다.
ㄷ. 20 이하의 소수는 2, 3, 5, 7, 11, 13, 17, 19로 8개이
다.
ㅁ. 1은 약수가 1개이다.

10 세 번 누른 건반은 약수의 개수가 3개인 수가 붙어 있는
건반이다. 이때 약수의 개수가 3개인 수는 소수의 제곱인 수
이므로 24 이하의 자연수 중에서 소수의 제곱인 수는 4, 9로
2개이다.

11 $240=2^4\times3\times5$
이므로 240의 소인수는 2, 3, 5이다.

12 $1\times2\times3\times\cdots\times10$
$=2\times3\times2^2\times5\times2\times3\times7\times2^3\times3^2\times2\times5$
$=2^8\times3^4\times5^2\times7$
따라서 $a=8$, $b=4$, $c=2$이므로
$a+b+c=8+4+2=14$

13 $4095=3^2\times5\times7\times13=3\times5\times(3\times7)\times13$
이므로 20대인 큰 형의 나이는 21세이다.
따라서 미남이와 작은 형의 나이는 각각 13세, 15세이므로
미남이의 나이는 13세이다.

14 ② $18=2\times3^2$이므로 18의 소인수는 2와 3이다.
④ 15와 42는 모두 3의 배수이므로 서로소가 아니다.
⑤ $125=5^3$이므로 약수의 개수는 $3+1=4$이다.

15 8을 소수의 합으로 나타내면
$2+2+2+2$, $2+3+3$, $3+5$이므로 각 경우의 x의 값을 구
하면 다음과 같다.
(ⅰ) $8=2+2+2+2$인 경우 $x=2^4=16$
(ⅱ) $8=2+3+3$인 경우 $x=2\times3^2=18$
(ⅲ) $8=3+5$인 경우 $x=3\times5=15$

(i)~(iii)에서 모든 자연수 x의 값의 합은
$16+18+15=49$

16 $180=2^2 \times 3^2 \times 5$이므로 $a=5$
따라서 $b^2=2^2 \times 3^2 \times 5^2=(2 \times 3 \times 5)^2$이므로 $b=30$
$\therefore a+b=5+30=35$

17 $189=3^3 \times 7=3^2 \times (3 \times 7)$이므로 자연수 a를 곱하여 어떤 자연수의 제곱이 되게 하려면 a는 $(3 \times 7) \times (자연수)^2$의 꼴인 수이어야 한다.

18 $135=3^3 \times 5=3^2 \times (3 \times 5)$이므로 곱하여 어떤 자연수의 제곱이 되게 하는 자연수는 $(3 \times 5) \times (자연수)^2$의 꼴이어야 한다. 따라서 가장 작은 수는 $3 \times 5=15$,
두 번째로 작은 수는 $(3 \times 5) \times 2^2=60$이다.

19 $600=2^3 \times 3 \times 5^2$이므로 이 수에 모든 소인수의 지수가 짝수가 되도록 곱할 수 있는 가장 작은 자연수는 $2 \times 3=6$이다. 따라서 $a^2=2^4 \times 3^2 \times 5^2=(2^2 \times 3 \times 5)^2$이므로 $a=60$

20 (1) 336을 소인수분해하면

$$
\begin{array}{r|l}
2 & 336 \\
2 & 168 \\
2 & 84 \\
2 & 42 \\
3 & 21 \\
\hline
& 7
\end{array}
$$
$\therefore 336=2^4 \times 3 \times 7$

여기에 자연수 a를 곱하여 어떤 자연수의 제곱이 되게 하려면 모든 소인수의 지수가 짝수가 되도록 하는 a를 곱해야 한다.
따라서 곱할 수 있는 가장 작은 자연수 a는 $3 \times 7=21$
(2) a는 $3 \times 7 \times (자연수)^2$의 꼴인 수이어야 하므로 200 이하의 자연수 중에서 a가 될 수 있는 수는
$3 \times 7=21$, $3 \times 7 \times 2^2=84$, $3 \times 7 \times 3^2=189$로 3개이다.

21 $250=2 \times 5^3$이므로 $x=2 \times 5=10$
따라서 $y^2=(2 \times 5^3) \div (2 \times 5)=5^2$이므로 $y=5$
$\therefore x-y=10-5=5$

22 $160=2^5 \times 5$이므로 $a=2 \times 5=10$

23 $648=2^3 \times 3^4=2^2 \times 3^4 \times 2$이므로 자연수 x로 나누어 어떤 자연수의 제곱이 되려면 x는 648의 약수 중 $2 \times (자연수)^2$의 꼴인 수이어야 한다.

24 $756=2^2 \times 3^3 \times 7=2^2 \times 3^2 \times (3 \times 7)$이므로 자연수 x로 나누어 어떤 자연수의 제곱이 되게 하려면 x는 756의 약수 중 $(3 \times 7) \times (자연수)^2$의 꼴인 수이어야 한다.

25 $360=2^3 \times 3^2 \times 5=2^2 \times 3^2 \times (2 \times 5)$이므로 자연수 a로 나누어 어떤 자연수의 제곱이 되게 하려면 a는 360의 약수 중 $(2 \times 5) \times (자연수)^2$의 꼴인 수이어야 한다.
따라서 가장 작은 수는 $2 \times 5=10$, 두 번째로 작은 수는
$(2 \times 5) \times 2^2=40$이다.

26 $360=2^3 \times 3^2 \times 5$이므로 약수의 개수는
$(3+1) \times (2+1) \times (1+1)=24$

27 $(a+1) \times (1+1) \times (2+1)=18$이므로
$(a+1) \times 6=18$, $a+1=3$ $\quad \therefore a=2$

28 $48=2^4 \times 3$이므로 약수의 개수는
$(4+1) \times (1+1)=10$
① $(3+1) \times (1+1)=8$
② $(2+1) \times (2+1)=9$
③ $(1+1) \times (4+1)=10$
④ $8+1=9$
⑤ $(1+1) \times (1+1) \times (1+1) \times (1+1)=16$

29 ① $2 \times 5^2 \times 6=2^2 \times 3 \times 5^2$이므로
$(2+1) \times (1+1) \times (2+1)=18$
② $10^4=2^4 \times 5^4$이므로
$(4+1) \times (4+1)=25$
③ $126=2 \times 3^2 \times 7$이므로
$(1+1) \times (2+1) \times (1+1)=12$
④ $546=2 \times 3 \times 7 \times 13$이므로
$(1+1) \times (1+1) \times (1+1) \times (1+1)=16$
⑤ $875=5^3 \times 7$이므로
$(3+1) \times (1+1)=8$

30 $42 \times \square=2 \times 3 \times 7 \times \square$이므로
(i) $16=(1+1) \times (1+1) \times (1+1) \times (1+1)$일 때, 가장 작은 $\square$는 5이다.
(ii) $16=(3+1) \times (1+1) \times (1+1)$일 때, 가장 작은 $\square$는 $2^2=4$이다.
따라서 $\square$ 안에 들어갈 가장 작은 수는 4이다.

31 ① $12=2^2 \times 3$이므로 $2^3 \times 12=2^5 \times 3$의 약수의 개수는
$(5+1) \times (1+1)=12$

② $27=3^3$이므로 $2^3 \times 27 = 2^3 \times 3^3$의 약수의 개수는
$(3+1) \times (3+1) = 16$

③ $49=7^2$이므로 $2^3 \times 49 = 2^3 \times 7^2$의 약수의 개수는
$(3+1) \times (2+1) = 12$

④ $196=2^2 \times 7^2$이므로 $2^3 \times 196 = 2^5 \times 7^2$의 약수의 개수는
$(5+1) \times (2+1) = 18$

⑤ $256=2^8$이므로 $2^3 \times 256 = 2^{11}$의 약수의 개수는
$11+1=12$

다른 풀이

약수의 개수가 12이려면

(i) $12=11+1$일 때
$2^3 \times \square = 2^{11}$이어야 하므로 $\square = 2^8$

(ii) $12=(1+1) \times (5+1)$일 때
$\square = 2^2 \times$ (2가 아닌 소수)

(iii) $12=(2+1) \times (3+1)$일 때
$\square =$ (2가 아닌 소수)^2

중 하나의 꼴이어야 한다.

32 $180 = 2^2 \times 3^2 \times 5$이므로 약수의 개수는
$(2+1) \times (2+1) \times (1+1) = 18$
따라서 $2^2 \times 3 \times \square$의 약수의 개수는 18이다.

① $15=3 \times 5$이므로 $2^2 \times 3 \times 15 = 2^2 \times 3^2 \times 5$
$\therefore (2+1) \times (2+1) \times (1+1) = 18$

② $20=2^2 \times 5$이므로 $2^2 \times 3 \times 20 = 2^4 \times 3 \times 5$
$\therefore (4+1) \times (1+1) \times (1+1) = 20$

③ $24=2^3 \times 3$이므로 $2^2 \times 3 \times 24 = 2^5 \times 3^2$
$\therefore (5+1) \times (2+1) = 18$

④ $25=5^2$이므로 $2^2 \times 3 \times 25 = 2^2 \times 3 \times 5^2$
$\therefore (2+1) \times (1+1) \times (2+1) = 18$

⑤ $64=2^6$이므로 $2^2 \times 3 \times 64 = 2^8 \times 3$
$\therefore (8+1) \times (1+1) = 18$

33 약수의 개수가 8이려면

(i) $8=7+1$일 때, $B \times 3^3 = 3^7$이므로 $B = 3^4$

(ii) $8=(1+1) \times (3+1)$일 때, $B=$ (3이 아닌 소수)

따라서 B는 (i), (ii) 중 하나의 꼴이어야 한다.
그런데 (i), (ii)에서 가장 작은 자연수 B는 2이므로
$B=2$, $A = 2 \times 3^3 = 54$
$\therefore A-B = 54-2 = 52$

34 약수의 개수가 10이려면

(i) $10=9+1$일 때, $\square^9$ (단, $\square$는 소수)꼴이므로 가장 작은 자연수는 $2^9 = 512$

(ii) $10=(1+1) \times (4+1)$일 때,

$\square \times \triangle^4$ (단, $\square$, $\triangle$는 서로 다른 소수)꼴이므로 가장 작은 자연수는 $3 \times 2^4 = 48$

따라서 (i), (ii)에서 약수의 개수가 10인 가장 작은 자연수는 48이다.

35 약수의 개수가 홀수이려면 (자연수)^{2}의 꼴이어야 한다.
200 이하의 자연수 중에서 (자연수)^{2}의 꼴은 1, 4, 9, 16, 25, 36, 49, 64, 81, 100, 121, 144, 169, 196으로 14개이다.

36 $300 = 2^2 \times 3 \times 5^2$이므로 300의 약수 중에서 어떤 자연수의 제곱이 되는 수는 1, 2^2, 5^2, $2^2 \times 5^2$으로 4개이다.

37 $18=2 \times 3^2$이므로 $n(18) = (1+1) \times (2+1) = 6$
$n(18) \times n(x) = 24$에서
$6 \times n(x) = 24$이므로 $n(x) = 4$
즉, 약수의 개수가 4인 자연수 x는

(i) $4=3+1$일 때, $\square^3$ (단, $\square$는 소수)꼴이므로 가장 작은 수는 $x = 2^3 = 8$

(ii) $4=(1+1) \times (1+1)$일 때,
$\square \times \triangle$ (단, $\square$, $\triangle$는 서로 다른 소수)꼴이므로 가장 작은 수는 $x = 2 \times 3 = 6$

따라서 (i), (ii)에서 약수의 개수가 4인 가장 작은 자연수 x는 6이다.

38 조건 (가)와 조건 (나)를 만족하는 수는 120, 180, $\cdots$, 840, 900, 960이다.
조건 (다)에서 약수의 개수가 홀수이므로 조건 (가)와 조건 (나)를 만족하는 수 중에서 (자연수)^{2}의 꼴이 되는 수를 찾으면 된다.
따라서 세 조건을 모두 만족하는 수는 $2^2 \times 3^2 \times 5^2 = 900$

39 구하는 수를 A라고 하면 조건 (가)에서
$A = 2^a \times 3^b$ (a, b는 자연수)의 꼴이고, 조건 (다)에서 약수의 개수가 12이므로 $(a+1) \times (b+1) = 12$

(i) $a+1=2$, $b+1=6$일 때
$a=1$, $b=5$이므로 $A = 2 \times 3^5 = 486$

(ii) $a+1=3$, $b+1=4$일 때
$a=2$, $b=3$이므로 $A = 2^2 \times 3^3 = 108$

(iii) $a+1=4$, $b+1=3$일 때
$a=3$, $b=2$이므로 $A = 2^3 \times 3^2 = 72$

(iv) $a+1=6$, $b+1=2$일 때
$a=5$, $b=1$이므로 $A = 2^5 \times 3 = 96$

이때 조건 (나)에서 A는 두 자리의 자연수이므로 구하는 수는 72 또는 96이다.

40 구슬이 2개 들어 있는 컵은 약수가 2개인 자연수가 적혀 있는 컵이다.

즉, 약수가 2개인 자연수는 소수인 수이다.

따라서 50 이하의 자연수 중 소수인 수는 2, 3, 5, 7, 11, 13, 17, 19, 23, 29, 31, 37, 41, 43, 47의 15개이므로 구슬이 2개 들어 있는 컵의 개수는 15이다.

2 최대공약수와 최소공배수

주제별 실력다지기

20~31쪽

01 ②	02 ④, ⑤	03 2, 8, 12, 24, 48	
04 6	05 ①	06 ①	07 ⑤
08 ②	09 1	10 18	11 36
12 ②	13 5권, 12개	14 ④	
15 4700원	16 ③	17 24	18 60
19 (1) 1 cm, 2 cm, 3 cm, 6 cm (2) 189			20 ④
21 288	22 ②	23 ④	24 ④
25 ④	26 ⑤	27 109	28 363
29 ④	30 ②	31 ④	
32 A : 5번, B : 4번		33 오전 10시 24분	
34 ④	35 7번	36 ⑤	
37 900 cm²	38 (1) 36 cm (2) 24개		39 ④
40 1392 m	41 ③	42 12	43 ②
44 ①, ⑤	45 36	46 ③	47 4
48 ①	49 ⑤	50 6	51 ⑤
52 140	53 ⑤	54 ③	55 ②

01 ② 3과 9는 서로소가 아니다.

02 ④ 28과 35의 최대공약수가 7이므로 서로소가 아니다.
⑤ 26과 65의 최대공약수가 13이므로 서로소가 아니다.

03 A와 B의 공약수는 최대공약수 48의 약수이므로 1, 2, 3, 4, 6, 8, 12, 16, 24, 48이다.

04 공약수는 최대공약수의 약수이므로 60, 72, 144의 최대공약수를 구한 후 최대공약수의 약수의 개수를 구한다.
따라서 최대공약수를 구하면 12이고, $12=2^2 \times 3$의 약수의 개수는 $3 \times 2 = 6$

05 $x=2$, $y=2$, $z=1$이므로
$x \times y \times z = 2 \times 2 \times 1 = 4$

06 최대공약수가 $2^2 \times 3$이고, B에서 소인수 2의 지수는 2이므로 □ 안에 2의 배수가 들어가면 안 된다.
① $B=2^2 \times 3^4 \times 2 = 2^3 \times 3^4$이면 A, B의 최대공약수는 $2^3 \times 3$이다.

07 최대공약수가 $2 \times 3^2 \times 7$이므로 $2 \times 3^2 \times 7$은 반드시 A의 인수가 되어야 한다.

08 구하는 자연수를 A라고 하면
$100 \le A < 1000$이고, 오른쪽에서
a와 4는 서로소이므로
$a = 9, 11, 13, \cdots$
따라서 구하는 가장 작은 수 $A = 13 \times 9 = 117$이다.

$$\begin{array}{r} 13\,)\underline{A \quad 52} \\ a \quad 4 \end{array}$$

09 $A \times B = 300$에서 두 수 A, B는 서로소이므로 각각 소인수분해하였을 때, 같은 소인수를 갖지 않아야 한다.
즉, $A \times B = 2^2 \times 3 \times 5^2$에서 2^2과 5^2은 서로 다른 수의 인수이어야 한다.
이때 A, B가 모두 두 자리의 자연수이어야 하므로 가능한 두 자연수는 $2^2 \times 3$과 5^2뿐이다. $A > B$이므로 $A=25$, $B=12$
따라서 $A+B=25+12=37$, $A-B=25-12=13$에서 두 수의 최대공약수는 1이다.

10
$$\begin{array}{r} 6\,)\underline{36 \qquad 60 \qquad N} \\ 6 \qquad 10 \qquad n \end{array}$$
$$\Downarrow \qquad \Downarrow \qquad \Downarrow$$
$$2 \times 3 \quad 2 \times 5 \quad \text{2를 약수로 갖지 않는다.}$$
∴ $N = 6 \times n$ (단, n은 2와 서로소)

즉, $n=1, 3, 5, 7, 9, \cdots$이므로
$N=6, 18, 30, 42, 54, \cdots$
따라서 작은 쪽에서 두 번째인 수는 18이다.

11 구하는 수는 $74-2=72$와
$112-4=108$의 최대공약수이므로
$3 \times 3 \times 2 \times 2=36$

```
3 ) 72  108
3 ) 24   36
2 )  8   12
2 )  4    6
     2    3
```

12 구하는 수는 $39-3=36$, $65-5=60$의 공약수 중 나머지인 5보다 큰 수이다.
즉, 36과 60의 최대공약수 12의 약수 중에서 5보다 큰 수이므로 6, 12로 2개이다.

13 되도록 많은 학생들에게 똑같이 나누어 주려면 학생 수는 40과 96의 최대공약수이어야 한다. 따라서 학생은 $2 \times 2 \times 2=8$(명)이고, 한 학생이 받게 되는 공책과 지우개는 각각 $40 \div 8=5$(권), $96 \div 8=12$(개)이다.

```
2 ) 40   96
2 ) 20   48
2 ) 10   24
     5   12
```

14 학생 수는 $86+2$, $137-5$, 즉 88과 132의 공약수이다. 가능한 한 많은 학생들에게 나누어 주어야 하므로 학생 수는 88과 132의 최대공약수이다.
따라서 구하는 학생은 $2 \times 2 \times 11=44$(명)이다.

```
 2 ) 88  132
 2 ) 44   66
11 ) 22   33
      2    3
```

15 팥떡은 36개, 바람떡은 60개를 나누어주는 것이므로 손님의 수는 36과 60의 최대공약수인 12이다. 즉, 손님 한 명이 받는 떡은 팥떡이 3개, 바람떡이 5개이다.
따라서 손님 한 명 당 떡의 가격을 구하면
$3 \times 900 + 5 \times 400 = 4700$(원)

16 색종이의 크기가 가능한 한 커야 하므로 색종이의 한 변의 길이는 105와 75의 최대공약수이어야 한다.
따라서 색종이의 한 변의 길이는 $3 \times 5=15$(cm)이다.
가로는 $105 \div 15=7$(장), 세로는 $75 \div 15=5$(장)이므로 필요한 색종이는 모두 $7 \times 5=35$(장)이다.

```
3 ) 105  75
5 )  35  25
      7   5
```

17 36, 24, 48의 최대공약수가 주사위의 한 모서리의 길이가 되므로
(주사위의 한 모서리의 길이)
$=2 \times 2 \times 3=12$(cm)

```
2 ) 36  24  48
2 ) 18  12  24
3 )  9   6  12
     3   2   4
```

따라서 만들 수 있는 주사위의 개수는
$(36 \div 12) \times (24 \div 12) \times (48 \div 12)$
$=3 \times 2 \times 4=24$

18 정육면체의 한 모서리의 길이는 72, 96, 120의 공약수이어야 한다. 그런데 정육면체는 가능한 한 커야 하므로 정육면체의 한 모서리의 길이는 72, 96, 120의 최대공약수이어야 한다.
따라서 정육면체의 한 모서리의 길이는 $6 \times 4=24$(cm)이다.

```
6 ) 72  96  120
4 ) 12  16   20
     3   4    5
```

가로는 $72 \div 24=3$(개), 세로는 $96 \div 24=4$(개),
높이는 $120 \div 24=5$(개)이므로 필요한 정육면체의 개수는
$3 \times 4 \times 5=60$이다.

19 (1) 같은 크기의 정육면체 모양의 블록을 쌓아 직육면체를 만드는 것이므로 정육면체 모양의 블록의 한 모서리의 길이는 18, 42, 54의 공약수이다.
$18=2 \times 3^2$, $42=2 \times 3 \times 7$, $54=2 \times 3^3$이므로 18, 42, 54의 최대공약수는 $2 \times 3=6$이고, 18, 42, 54의 공약수는 최대공약수 6의 약수이므로 1, 2, 3, 6이다.
따라서 쌓을 수 있는 정육면체 모양의 블록의 한 모서리의 길이는 1 cm, 2 cm, 3 cm, 6 cm이다.
(2) 블록을 가능한 한 적게 사용해야 하므로 블록의 한 모서리의 길이는 최대한 길어야 한다.
즉, 한 모서리의 길이는 6 cm이므로 가로, 세로, 높이에 필요한 블록의 개수를 각각 구하면
가로 : $18 \div 6=3$
세로 : $42 \div 6=7$
높이 : $54 \div 6=9$
따라서 필요한 블록의 개수는
$3 \times 7 \times 9=189$이다.

20 나무 사이의 간격을 x m라고 하면 최소한의 나무를 심을 때 간격이 최대가 되므로 x는 60과 44의 최대공약수인 $2 \times 2=4$이다.
따라서 4 m마다 나무를 심으면 된다.
$60 \div 4=15$, $44 \div 4=11$이므로 필요한 나무는
$(15+11) \times 2=52$(그루)

```
2 ) 60  44
2 ) 30  22
    15  11
```

21 $6=2 \times 3$, $16=2^4$, $18=2 \times 3^2$이므로 최소공배수는 $2^4 \times 3^2=144$이다. 세 수의 공배수는 최소공배수의 배수이므로 144, $144 \times 2=288$, $144 \times 3=432$, $\cdots$에서 300에 가장 가까운 수는 288이다.

22 a와 b의 공배수는 최소공배수인 32의 배수이므로 32의 배수 중 300 이하의 세 자리의 자연수는
$32 \times 4 = 128$, $32 \times 5 = 160$, $32 \times 6 = 192$,
$32 \times 7 = 224$, $32 \times 8 = 256$, $32 \times 9 = 288$
로 6개이다.

23 $x = 4$, $y = 4$, $z = 3$이므로 $x + y + z = 11$

24 $36 = 2^2 \times 3^2$이고, 최소공배수가 $2^2 \times 3^2 \times 7$이므로 어떤 수는 7을 반드시 인수로 가지며, 소인수 2와 3은 각각 지수가 2를 넘지 않는다. 즉, 어떤 수는
(2^2의 약수)$\times$(3^2의 약수)$\times 7$의 꼴이다.
① $7 = 1 \times 1 \times 7$ ② $21 = 1 \times 3 \times 7$
③ $42 = 2 \times 3 \times 7$ ④ $56 = 2^3 \times 1 \times 7$
⑤ $84 = 2^2 \times 3 \times 7$
따라서 어떤 수로 적당하지 않은 것은 ④이다.

25 세 자연수를 $5 \times k$, $6 \times k$, $8 \times k$라고 하면
최소공배수가 960이므로

$$
\begin{array}{r|ccc}
k & 5 \times k & 6 \times k & 8 \times k \\
\hline
2 & 5 & 6 & 8 \\
\hline
& 5 & 3 & 4
\end{array}
$$

$k \times 2 \times 5 \times 3 \times 4 = 960$에서 $k = 8$
따라서 세 자연수는 40, 48, 64이므로 가장 큰 수는 64이다.

26 구하는 수는 5, 6, 9의 최소공배수 90보다 3만큼 큰 수이므로 $90 + 3 = 93$

27 구하는 수는 4, 6, 9의 공배수보다 1만큼 큰 수 중 가장 작은 세 자리의 자연수이다. 이때 4, 6, 9의 최소공배수는 36이므로 4, 6, 9의 공배수는 36, 72, 108, …이다.
따라서 구하는 수는 $108 + 1 = 109$이다.

28 조건 (가), (나), (다)를 만족하는 수를 x라고 하면
x는 (8, 10, 15의 공배수)$+3$이다.
8, 10, 15의 최소공배수가 120이므로 x는 $120 + 3$, $240 + 3$, $360 + 3$, …이다.
따라서 350에 가장 가까운 수는 363이다.

29 구하는 수는 6, 7, 8로 나누어 떨어지기에는 3이 부족한 수이다. 즉, 6, 7, 8의 공배수보다 3만큼 작은 수이다.
따라서 6, 7, 8의 최소공배수는 168이므로 구하는 가장 작은 자연수는 $168 - 3 = 165$이다.

30 10명, 12명, 15명씩 나누어 조를 편성하면 언제나 2명이 남으므로 1학년 전체 학생 수를 x명이라고 하면 x는
(10, 12, 15의 공배수)$+2$이다.
10, 12, 15의 최소공배수가 60이므로 x는 $60 + 2$, $120 + 2$, $180 + 2$, $240 + 2$, …이다.
그런데 1학년 학생 수가 200명보다 많고, 250명보다 적으므로 구하는 학생 수는 242명이다.

31 천간은 10년에 한 번씩, 지지는 12년에 한 번씩 돌아오므로 10, 12의 최소공배수인 60년에 한 번씩 해의 이름이 똑같아진다.
따라서 2024년으로부터 120년 후인 2144년은 갑진년이고, 2144년으로부터 2년 전인 2142년은 임인년이다.

32 처음으로 다시 같은 톱니가 맞물리는 것은 24, 30의 최소공배수만큼 톱니가 지나간 후이다. 24, 30의 최소공배수가

$$
\begin{array}{r|cc}
2 & 24 & 30 \\
\hline
3 & 12 & 15 \\
\hline
& 4 & 5
\end{array}
$$

$2 \times 3 \times 4 \times 5 = 120$이므로 톱니바퀴 A, B는 각각
$120 \div 24 = 5$(번), $120 \div 30 = 4$(번) 회전해야 한다.

33 28과 12의 최소공배수는
$2 \times 2 \times 7 \times 3 = 84$이므로 기차와 전철은 84분마다 동시에 출발한다. 따라서 오전 9시 이

$$
\begin{array}{r|cc}
2 & 28 & 12 \\
\hline
2 & 14 & 6 \\
\hline
& 7 & 3
\end{array}
$$

후 처음으로 다시 동시에 출발하는 시각은 84분, 즉 1시간 24분 후인 오전 10시 24분이다.

34 두 나무에 동시에 물을 주는 간격은 4와 6의 공배수이므로 4와 6의 최소공배수인 12의 배수이다. 그런데 일요일에 동시에 물을 준 후 다시 동시에 일요일에 물을 주어야 하므로 구하는 간격은 12와 7의 공배수이어야 한다.
따라서 12와 7의 최소공배수는 84이므로 일요일에 물을 주고 84일 후에 다시 처음으로 일요일에 동시에 물을 주게 된다.

35 A는 20초에 한 번씩 켜지고, B는 24초에 한 번씩 켜지므로 20과 24의 최소공배수는 $2 \times 2 \times 5 \times 6 = 120$에서 두 전구는 동시에

$$
\begin{array}{r|cc}
2 & 20 & 24 \\
\hline
2 & 10 & 12 \\
\hline
& 5 & 6
\end{array}
$$

켜진 지 120초, 즉 2분 후에 동시에 켜진다. 따라서 15분 동안 7번 더 동시에 켜진다.

36 천명이가 다니는 도서관은 8일 간격으로, 유신이가 다니는 도서관은 12일 간격으로 개관과 휴무를 반복하므로 8과 12의 최소공배수가 처음으로 두 도서관이 같이 쉬는 날까지 걸리는 날 수이다.
$8 = 2^3$, $12 = 2^2 \times 3$이므로 8과 12의 최소공배수는 $2^3 \times 3 = 24$이다.
따라서 두 도서관은 4월 24일에 처음으로 같이 쉬게 되고, 이

날은 금요일이다.

37 식탁보의 한 변의 길이는 6, 10의 공배수이어야 한다.
그런데 가장 작은 식탁보를 만들려면 한 변의 길이는 6, 10의
최소공배수이어야 하므로
(식탁보의 한 변의 길이)$=30(\text{cm})$
따라서 식탁보의 넓이는
$30\times30=900(\text{cm}^2)$

38 (1) 정육면체의 한 모서리의 길이는
12, 18, 9의 공배수이어야 한다. 그런
데 가능한 한 작은 정육면체를 만들어
야 하므로 정육면체의 한 모서리의 길
이는 12, 18, 9의 최소공배수이어야 한다.

$$\begin{array}{r|ccc} 3 & 12 & 18 & 9 \\ \hline 2 & 4 & 6 & 3 \\ \hline 3 & 2 & 3 & 3 \\ \hline & 2 & 1 & 1 \end{array}$$

따라서 정육면체의 한 모서리의 길이는
$3\times2\times3\times2=36(\text{cm})$이다.
(2) 가로는 $36\div12=3(\text{개})$, 세로는 $36\div18=2(\text{개})$,
높이는 $36\div9=4(\text{개})$이므로 필요한 벽돌은
$3\times2\times4=24(\text{개})$이다.

39 15, 6, 20의 최소공배수가 정육면체
의 한 모서리의 길이가 되므로
(정육면체의 한 모서리의 길이)
$=3\times5\times2\times2=60(\text{cm})$
따라서 필요한 블록은

$$\begin{array}{r|ccc} 3 & 15 & 6 & 20 \\ \hline 5 & 5 & 2 & 20 \\ \hline 2 & 1 & 2 & 4 \\ \hline & 1 & 1 & 2 \end{array}$$

$(60\div15)\times(60\div6)\times(60\div20)$
$=4\times10\times3=120(\text{개})$

40 나무를 12 m 간격으로 심을 수 있으므로 공원의 둘레의
길이는 12의 배수이고, 나무를 58 m 간격으로 심을 수 있으
므로 공원의 둘레의 길이는 58의 배수이다. 즉, 공원의 둘레
의 길이는 12와 58의 공배수이다.
이때 12와 58의 최소공배수는 $2^2\times3\times29=348$이므로 공원
의 둘레의 길이는 348의 배수이다.
(ⅰ) 공원의 둘레의 길이가 348 m인 경우
　　나무를 12 m 간격으로 심을 때, 필요한 나무의 수는
　　$348\div12=29$
　　나무를 58 m 간격으로 심을 때, 필요한 나무의 수는
　　$348\div58=6$
　　따라서 필요한 나무의 수의 차는 $29-6=23$
(ⅱ) 공원의 둘레의 길이가 $348\times2=696(\text{m})$인 경우
　　나무를 12 m 간격으로 심을 때, 필요한 나무의 수는
　　$696\div12=58$
　　나무를 58 m 간격으로 심을 때, 필요한 나무의 수는

$696\div58=12$
따라서 필요한 나무의 수의 차는 $58-12=46$
⋮
(ⅰ), (ⅱ), …에서 공원의 둘레의 길이가 348 m씩 늘어날수록
필요한 나무의 수의 차가 23씩 커진다.
따라서 필요한 나무의 수의 차가 92이려면 공원의 둘레의 길
이는 $348\times4=1392(\text{m})$

41 $a=3$, $b=1$이므로 $a+b=4$

42 최대공약수가 $2^2\times3$이므로 $a=2$
최소공배수가 $2^3\times3^3\times5\times7$이므로 $b=3$, $c=7$
$\therefore a+b+c=12$

43 $2^2\times3\times5$, A의 최대공약수가 $2^2\times3$이므로 A는 $2^2\times3$
의 인수는 가져야 하고, 5의 인수는 갖지 않아야 한다.
그런데 최소공배수가 $2^3\times3^4\times5\times7$이므로 A는 $2^3\times3^4\times7$
이다.

44 $96=2^5\times3$이고, 96과 A의 최대공약수는 $6=2\times3$이므
로 2, 3은 A의 인수가 되어야 하고, 소인수 2의 지수는 1을
넘지 않아야 한다.
따라서 96과 A의 최소공배수는
$2^5\times3^{(\text{자연수})}\times\square(\square$는 2, 3을 소인수로 갖지 않는 자연수)꼴
이다.

45 조건 (가)에서 3과 4의 최소공배수는 12이므로 x는 12
의 배수이다.
조건 (나)에서 $72=2^3\times3^2$, $180=2^2\times3^2\times5$의 최대공약수
는 $2^2\times3^2=36$이므로 x는 36의 약수이다.
따라서 x는 12의 배수이면서 36의 약수이므로
$x=12$ 또는 $x=36$
이때 $12=2^2\times3$, $36=2^2\times3^2$이므로 12와 36의 약수의 개수
는 각각 $(2+1)\times(1+1)=6$, $(2+1)\times(2+1)=9$
즉, 조건 (다)에 의하여 $x=36$

46 조건 (가)에서 두 수의 최대공약수가 $75=3\times5^2$이므로
$A=3\times5^2\times k$ (단, k는 3과 서로소)이고, 조건 (나)에서 두
수의 최소공배수가 $1125=3^2\times5^3$이므로 $k=5$이다.
$\therefore A=3\times5^3=375$

47 세 수의 최대공약수는 k이
다.
이때 세 수의 최소공배수가 240

$$\begin{array}{r|ccc} k & 4\times k & 5\times k & 6\times k \\ \hline 2 & 4 & 5 & 6 \\ \hline & 2 & 5 & 3 \end{array}$$

이므로 $k \times 2 \times 2 \times 5 \times 3 = 240$에서 $k=4$
따라서 세 수의 최대공약수는 4이다.

48 A와 B의 최대공약수가 10이므로
$A = 10 \times a$, $B = 10 \times b$ (a, b는 서로소)
라고 하면 $A + B = 110$이므로
$(a + b) \times 10 = 110$에서 $a + b = 11$
즉, $a < b$일 때, 가능한 a, b는 $a=1$, $b=10$
또는 $a=2$, $b=9$ 또는 $a=3$, $b=8$ 또는 $a=4$, $b=7$
또는 $a=5$, $b=6$이다. 이때 두 수 A, B의 최소공배수는
$10 \times a \times b$이므로 최소공배수를 최대공약수로 나누면
$(10 \times a \times b) \div 10 = a \times b$
따라서 $a \times b$가 될 수 있는 수, 즉 최소공배수를 최대공약수
로 나눈 몫이 될 수 있는 수는 10, 18, 24, 28, 30이다.

49 (두 수의 곱) = (최소공배수) × (최대공약수)이므로
$1470 = (\text{최소공배수}) \times 7$
∴ (최소공배수) = 210

50 (두 수의 곱) = (최소공배수) × (최대공약수)이므로
$432 = 72 \times (\text{최대공약수})$ ∴ (최대공약수) = 6

51 A는 24와 36의 공약수이다. 24와 36의 최대공약수는
12이므로 A는 1, 2, 3, 4, 6, 12이다.
따라서 A의 값의 총합은
$1 + 2 + 3 + 4 + 6 + 12 = 28$

52 두 분수 $\frac{1}{10}$, $\frac{1}{35}$ 중 어느 것에 곱하여도 자연수가 되는
수는 10과 35의 공배수이다.
10과 35의 최소공배수는 70이므로 세 자리의 수 중 가장 작
은 수는 140이다.

53 두 분수 어느 것에 곱하여도 그 결과가 자연수가 되는
가장 작은 분수는 분모가 10과 25의 최대공약수인 5, 분자가
13과 3의 최소공배수인 39일 때이다.
따라서 구하는 수는 $\frac{39}{5}$이다.

54 구하는 분수를 $\frac{b}{a}$라고 하면 a는 4, 6, 8의 최대공약수인
2, b는 3, 5, 7의 최소공배수인 105이다.
따라서 구하는 분수는 $\frac{105}{2}$이므로 분자와 분모의 차는
$105 - 2 = 103$

55 조건 (가)에서 N은 16의 배수이어야 하고, 조건 (나)에
서 N은 8의 배수이어야 한다. 따라서 N은 16과 8의 공배수
이다. 이때 16과 8의 최소공배수는 16이므로 1보다 크고
100보다 작은 자연수 N은 16, 32, 48, 64, 80, 96으로 6개
이다.

③ 정수와 유리수

주제별 실력다지기

01 ③, ④   **02** ①, ③   **03** ③, ④   **04** ②

05 ③   **06** ②, ④   **07** ④   **08** −1

09 A : $-\frac{8}{3}$, B : −1, C : $+\frac{3}{4}$ 또는 +0.75,

    D : $+\frac{7}{2}$ 또는 +3.5

10 ③   **11** ③   **12** ③   **13** 6

14 $a=8$, $b=-8$ **15** 2

16 $a=-5$, $b=5$ **17** $a=2$, $b=-8$

18 26   **19** ⑤

20 $(-3, 0)$, $(-2, -1)$, $(-2, 1)$, $(-1, 2)$, $(0, 3)$, $(1, 2)$

21 5, $\frac{7}{10}$, 0.6, $-\frac{3}{2}$, −1.6, −2   **22** ④

23 4.2   **24** $a=-\frac{2}{3}$, $b=\frac{2}{3}$

25 $a=\frac{9}{8}$, $b=-\frac{9}{8}$ **26** $-\frac{1}{3}$, $\frac{1}{3}$ **27** −3

28 ④   **29** 14   **30** $-\frac{7}{6}$ **31** ④

32 ④   **33** a, d, b, c **34** −3, −5   **35** ⑤

36 ④   **37** ⑤   **38** $|x|$, $-\frac{1}{x}$, $\frac{1}{x}$, $x-1$

39 $b < a < c$ **40** $c < b < a$

01 ① -2　　② -100원　　③ $+10$층　
④ $+200\,\mathrm{m}$　　⑤ -20점

02 ② 정수는 양의 정수, 0, 음의 정수로 나누어진다.
④ 가장 작은 정수는 알 수 없다.
⑤ 서로 다른 두 정수 사이에는 유한 개의 정수가 존재한다.

03 ③ 유리수는 양수, 0, 음수로 분류된다.
④ 0은 정수이면서 유리수이다.

04 ① 자연수는 4, $\dfrac{8}{4}=2$로 2개이다.

② 양수는 $\dfrac{1}{5}$, 4, $\dfrac{8}{4}$로 3개이다.

③ 음의 정수는 -6으로 1개이다.

④ 음의 유리수는 -2.3, $-\dfrac{7}{10}$, -6으로 3개이다.

⑤ 정수가 아닌 유리수는 $\dfrac{1}{5}$, -2.3, $-\dfrac{7}{10}$로 3개이다.

05 자연수가 아닌 정수는 0 또는 음의 정수이고,
$-\dfrac{6}{3}=-2$이므로 구하는 답은 ③이다.
또, ①에서 4.3은 정수가 아닌 유리수이다.

06 (다)에 해당하는 수는 정수이므로 (다)에 해당하는 수가
아닌 것은 정수가 아닌 유리수인 ②, ④이다.
⑤ $-\dfrac{14}{2}=-7$로 정수이다.

07 (나)에 해당하는 수는 정수가 아닌 유리수, (다)에 해당
하는 수는 자연수이다.
따라서 $-\dfrac{5}{4}$, 1.7은 정수가 아닌 유리수이므로 (나)에 해당하
는 수이고, 3, 5는 자연수이므로 (다)에 해당된다. 따라서
(나) 또는 (다)에 해당하는 수의 개수는 4이다.

08
점 C가 나타내는 수는 -1이다.

10 원점에서 멀어질수록 그 수의 절댓값이 크다.
$|-4|=4$, $|-1|=1$, $|3|=3$, $|-2|=2$, $|5|=5$
이므로 절댓값이 큰 순서대로 나열하면
5, -4, 3, -2, -1

11 ③ 원점에서 멀리 떨어질수록 그 점이 나타내는 수의 절댓
　값이 크다.

12 절댓값이 2보다 작은 정수는 -1, 0, 1로 3개이다.

13 $-11<-5<-3<2<9$
작은 쪽에서 두 번째인 수는 -5이므로 $a=-5$
$|2|<|-3|<|-5|<|9|<|-11|$
절댓값이 가장 큰 수는 -11이므로 $b=-11$
$\therefore |a-b|=|(-5)-(-11)|$
$\qquad\quad =|(-5)+(+11)|$
$\qquad\quad =|+6|=6$

14 두 수 a, b의 절댓값이 같고 a가 b보다 16만큼 크므로
$a>0$, $b<0$, 즉 a, b는 원점으로부터 각각 8만큼 떨어진 점
에 대응하는 수이므로
$a=8$, $b=-8$

15 절댓값이 같고 a가 b보다 12만큼 작으므로 수직선 위에
서 두 수 a, b를 나타내는 두 점은 원점으로부터 거리가 각각
6만큼 떨어져 있다.
$\therefore a=-6$, $b=6$
수직선 위에서 두 수 -6, 6 사이의 거리를 6등분하면 다음
그림과 같다.
따라서 -6, 6을 제외하고 오른쪽에서 두 번째에 있는 점이
나타내는 수는 2이다.

16 조건 (다)에서 $a-(-1)=4$ 또는 $-1-a=4$이므로
$a=3$ 또는 $a=-5$
조건 (나)에서 $|a|=|b|$이므로
$a=3$, $b=-3$ 또는 $a=-5$, $b=5$
그런데 조건 (가)에서 $a<b$이므로 $a=-5$, $b=5$

17 주어진 조건을 수직선 위에 나타내면 다음과 같다.
점 M을 기준으로 점 A는 오른쪽으로 거리가 5만큼, 점 B는
왼쪽으로 거리가 5만큼 떨어져 있다.
따라서 점 A가 나타내는 수는 2이고, 점 B가 나타내는 수는
-8이다.
$\therefore a=2$, $b=-8$

18 $|a_1-3|=2$에서 $a_1-3=2$ 또는 $a_1-3=-2$이므로
$a_1=1$ 또는 $a_1=5$

$|a_2-6|=4$에서 $a_2-6=4$ 또는 $a_2-6=-4$이므로
$a_2=2$ 또는 $a_2=10$
$|a_3-9|=6$에서 $a_3-9=6$ 또는 $a_3-9=-6$이므로
$a_3=3$ 또는 $a_3=15$
$a_1+a_2+a_3$의 값이 가장 큰 경우는
$a_1=5$, $a_2=10$, $a_3=15$일 때이다.
$a_1+a_2+a_3$의 값이 2번째로 큰 경우는
$a_1=1$, $a_2=10$, $a_3=15$일 때이다.
따라서 구하는 수는
$1+10+15=26$

19 음수는 절댓값이 작을수록 큰 수이므로
$a=-2$, $b=-3$이라고 하면
① -2 ② 1 ③ -1 ④ 0 ⑤ -5
따라서 가장 작은 수는 ⑤이다.

20 $|a|+|b|=3$을 만족하는 두 정수 a, b의 순서쌍은 다음과 같다.
(i) $|a|=0$, $|b|=3$일 때, $(0, 3)$, $(0, -3)$
(ii) $|a|=1$, $|b|=2$일 때, $(1, 2)$, $(1, -2)$,
    $(-1, 2)$, $(-1, -2)$
(iii) $|a|=2$, $|b|=1$일 때, $(2, 1)$, $(2, -1)$,
    $(-2, 1)$, $(-2, -1)$
(iv) $|a|=3$, $|b|=0$일 때, $(3, 0)$, $(-3, 0)$
(i)~(iv)에서 $a<b$를 만족하는 순서쌍 (a, b)는
$(0, 3)$, $(1, 2)$, $(-1, 2)$, $(-2, 1)$, $(-2, -1)$,
$(-3, 0)$이다.

22 ① 1.5보다 작은 수는 -0.2, $-1\frac{1}{3}$, 0.7로 3개이다.

② 가장 작은 수는 $-1\frac{1}{3}$이다.

③ 수직선에서 가장 오른쪽에 있는 수는 3이다.

⑤ -1보다 큰 수는 -0.2, 3, $\frac{5}{2}$, 0.7로 4개이다.

23 $a=-4$, $b=0.2$이므로
$|a|+|b|=4+0.2=4.2$

24 절댓값이 같고 b가 a보다 $\frac{4}{3}$만큼 크므로 두 유리수 a, b는 원점으로부터 거리가 각각 $\frac{2}{3}$만큼 떨어진 점를 나타내는 수이다.
$\therefore a=-\frac{2}{3}$, $b=\frac{2}{3}$

25 조건 (나), (다)에서 두 수 a, b의 절댓값이 같고 수직선 위에서 두 수 a, b를 나타내는 두 점 사이의 거리가 $\frac{9}{4}$이므로 두 수 a, b는 원점으로부터 각각 $\frac{9}{8}$만큼 떨어진 점을 나타내는 수이다.
또한 조건 (가)에서 a가 b보다 크므로
$a=\frac{9}{8}$, $b=-\frac{9}{8}$

26 두 유리수의 합이 0이므로 두 수는 절댓값이 같고 부호가 반대인 수이다. 또한 두 유리수의 절댓값의 합이 $\frac{2}{3}$이므로 두 수의 절댓값은 각각 $\frac{1}{3}$이다.
따라서 구하는 두 유리수는 $-\frac{1}{3}$, $\frac{1}{3}$이다.

27 -3.5와 2 사이에 있는 정수는 -3, -2, -1, 0, 1이므로 절댓값이 가장 큰 수는 -3이다.
$\therefore a=-3$
$-\frac{1}{2}=-0.5$이므로 $-\frac{1}{2}$과 4.5 사이에 있는 정수는
0, 1, 2, 3, 4이므로 절댓값이 가장 작은 수는 0이다.
$\therefore b=0$
$\therefore a+b=-3+0=-3$

28 $\frac{1}{3}=\frac{5}{15}$, $\frac{4}{5}=\frac{12}{15}$이므로 $\frac{1}{3}$과 $\frac{4}{5}$ 사이에 있는 유리수 중에서 분모가 15인 기약분수는 $\frac{7}{15}$, $\frac{8}{15}$, $\frac{11}{15}$로 3개이다.

29 0보다 크고 a보다 작거나 같은 유리수 중 분모가 7인 수는 $\frac{1}{7}$, $\frac{2}{7}$, $\frac{3}{7}$, $\cdots$, $\frac{7a-2}{7}$, $\frac{7a-1}{7}$, $\frac{7a}{7}$의 $7a$개
이 중에서 정수는
$\frac{7}{7}(=1)$, $\frac{14}{7}(=2)$, $\frac{21}{7}(=3)$, $\cdots$, $\frac{7(a-2)}{7}$, $\frac{7(a-1)}{7}$,
$\frac{7a}{7}(=a)$의 a개이므로
분모가 7인 정수가 아닌 유리수의 개수는
$7a-a=6a$
따라서 $6a=84$이므로 $a=14$

30 $-\frac{3}{2}=-\frac{9}{6}$이므로 $-\frac{3}{2}$과 $\frac{7}{6}$ 사이에 있는 정수가 아닌 유리수 중에서 분모가 6인 기약분수는
$-\frac{7}{6}$, $-\frac{5}{6}$, $-\frac{1}{6}$, $\frac{1}{6}$, $\frac{5}{6}$이다.
$\therefore \left(-\frac{7}{6}\right)+\left(-\frac{5}{6}\right)+\left(-\frac{1}{6}\right)+\frac{1}{6}+\frac{5}{6}=-\frac{7}{6}$

31 ① $\dfrac{1}{2}=\dfrac{3}{6}$, $\dfrac{2}{3}=\dfrac{4}{6}$이므로 $\dfrac{1}{2}<\dfrac{2}{3}$

② $4.2=\dfrac{42}{10}=\dfrac{21}{5}$

③ $0>-\dfrac{1}{3}$

④ $-2=-\dfrac{12}{6}$이므로 $-2>-\dfrac{13}{6}$

⑤ $\left|-\dfrac{3}{4}\right|=\dfrac{3}{4}$, $|-1|=1$이므로 $\left|-\dfrac{3}{4}\right|<|-1|$

32 ④ $2\leq d\leq 5$

33 조건 (나), (다)에서 $c<b<0$
조건 (마)에서 a가 네 정수 중 가장 큰 수임을 알 수 있다.
조건 (라)에서 $a>0$, $d<0$
조건 (가)에서 $|d|<|b|$이므로 $d>b$
$\therefore a>0>d>b>c$
따라서 큰 것부터 차례로 나열하면 a, d, b, c이다.

34 조건 (가)에 의하여 $a<0$
조건 (나)에 의하여 a가 될 수 있는 수는
-3, -4, -5, -6
조건 (다)에 의하여 $|a|$는 소수이므로 $a=-3$, -5

35 $a=\dfrac{1}{2}$이라고 하면
① $a=\dfrac{1}{2}$　　　② $a^2=\dfrac{1}{4}$　　　③ $\dfrac{1}{a}=2$
④ $\dfrac{1}{a^2}=4$　　　⑤ $\dfrac{1}{a^3}=8$
따라서 가장 큰 수는 ⑤이다.

36 $a=-\dfrac{1}{2}$이라고 하면
① $a=-\dfrac{1}{2}$

② $a^2=\left(-\dfrac{1}{2}\right)^2=\dfrac{1}{4}$

③ $\dfrac{1}{a}$은 a의 역수이므로 $\dfrac{1}{a}=-2$

④ $-\dfrac{1}{a}=-(-2)=2$

⑤ $a^2=\dfrac{1}{4}$이므로 $-\dfrac{1}{a^2}=-4$

따라서 가장 큰 수는 ④이다.

37 $a=-2$라고 하면
① $-a=-(-2)=2$　　② $a^2=(-2)^2=4$
③ $-a^3=-(-2)^3=8$　　④ $-\dfrac{1}{a}=-\dfrac{1}{-2}=\dfrac{1}{2}$

⑤ $-\dfrac{1}{a^2}=-\dfrac{1}{(-2)^2}=-\dfrac{1}{4}$
따라서 가장 작은 수는 ⑤이다.

38 $x=-3$이라고 하면
$x-1=-3-1=-4$, $|x|=|-3|=3$,
$\dfrac{1}{x}=\dfrac{1}{-3}=-\dfrac{1}{3}$, $-\dfrac{1}{x}=-\dfrac{1}{-3}=\dfrac{1}{3}$
따라서 큰 것부터 차례로 나열하면
$|x|$, $-\dfrac{1}{x}$, $\dfrac{1}{x}$, $x-1$

39 조건 (가)에서 $a\times c=1$이므로 a와 c는 부호가 같다.
즉, 조건 (나)에서 $a\times b\times c<0$이므로 $b<0$
이때 조건 (다)에서 a, b, c 중 적어도 하나는 양수이므로
$a>0$, $c>0$
조건 (가), (라)에서 $|a|<1$이면 $|c|>1$이므로
$0<a<1$, $1<c$
$\therefore b<a<c$

40 조건 (가)에서 서로 다른 두 유리수 a, b의 절댓값이 같고 $a>0$이므로 $b<0$
$\therefore b<a$　　$\cdots$ ㉠
조건 (나)에서 $|b|<|c|$이고 b, c 모두 음수이므로
$b>c$　　$\cdots$ ㉡
㉠, ㉡에 의하여 $c<b<a$

④ 정수와 유리수의 계산

주제별 실력다지기

46~59쪽

01 ④	02 ③, ⑤	03 -10	04 ⑤
05 -7	06 ㉠ 교환법칙 ㉡ 결합법칙		07 ⑤
08 8	09 ③	10 ④	11 ②
12 4	13 5	14 ①	15 ⑤
16 ④	17 $\dfrac{1}{3}$	18 $-\dfrac{32}{5}$	19 ②
20 $-\dfrac{129}{140}$	21 $-\dfrac{1}{12}$	22 ⑤	23 ①
24 $\dfrac{1}{12}$	25 ③		
26 ㉠ 교환법칙 ㉡ 결합법칙		27 ②, ⑤	28 ①
29 ④	30 $a<0, b>0, c<0$		31 ④
32 ②	33 ③	34 4	35 ②
36 ①, ⑤	37 ⑤	38 2	39 ④
40 12	41 ⑤	42 ③, ⑤	43 ④
44 ①	45 $-\dfrac{1}{8}$	46 $\dfrac{1}{12}$	47 $-\dfrac{3}{8}$
48 ①	49 30	50 $\dfrac{17}{15}$	51 ①
52 $-\dfrac{10}{7}$	53 ①	54 ②	55 $\dfrac{3}{80}$
56 $-\dfrac{1}{4}$	57 $\dfrac{5}{3}$	58 $-\dfrac{1}{21}$	59 10
60 $a<0, b>0, c>0$		61 ④	
62 ㉢, ㉣, ㉤, ㉡, ㉠		63 ㉤	64 $\dfrac{9}{2}$
65 ①	66 $-\dfrac{1}{2}$	67 $-\dfrac{1}{21}$	

01 ① -3 ② -3 ③ -3
④ $+7$ ⑤ -3

02 원점을 시작점으로 하여 수직선의 오른쪽인 양의 방향으로 $(+5)$만큼 이동한 $(+5)$인 점에서 음의 방향으로 $(+3)$만큼 이동했으므로 ③ $(+5)-(+3)$으로 표시한다.
또, $(+5)-(+3)=(+5)+(-3)$이므로 ⑤도 답이다.

03 (주어진 식)$=(-42)+(+34)+(-18)+(+16)$
$\qquad =(-42)+(-18)+(+34)+(+16)$
$\qquad =(-60)+(+50)=-10$

04 $\square+(-15)-(-3)+(+2)=-7$에서
$\square+(-15)+(+3)+(+2)=-7$
$\square+(-10)=-7$
$\therefore \square=(-7)-(-10)$
$\qquad =(-7)+(+10)=+3$

05 어떤 정수를 $\square$라고 하면
$\square+8>0$에서 $\square>-8$ ⋯⋯ ㉠
$\square+6<0$에서 $\square<-6$ ⋯⋯ ㉡
㉠, ㉡에서 $-8<\square<-6$이므로 $x=-7$

07 $a=4-(-3)=4+3=7$
$b=-5+1=-4$
$\therefore 3\times a+2\times b=3\times 7+2\times(-4)$
$\qquad\qquad =21-8=13$

08 $a=3-(-4)=7, b=(-3)+2=-1$
$\therefore a-b=7-(-1)=8$

09 어떤 정수를 $\square$라고 하면 $\square-(-8)=11$이므로
$\square=11+(-8)=3$
따라서 바르게 계산하면
$3+(-8)=-5$

10 A 학생의 수학 점수를 100점이라고 하면 나머지 6명의 학생의 수학 점수는 다음과 같다.
B 학생의 수학 점수 : $100+(-5)=95$(점)
C 학생의 수학 점수 : $95+20=115$(점)
D 학생의 수학 점수 : $115+15=130$(점)
E 학생의 수학 점수 : $130+(-30)=100$(점)
F 학생의 수학 점수 : $100+10=110$(점)
G 학생의 수학 점수 : $110+(-20)=90$(점)
따라서 수학 점수가 가장 높은 학생은 D, 가장 낮은 학생은 G이므로 이 두 학생의 점수 차는
$130-90=40$(점)

11 $|-12|>|9|$이므로 $\mathrm{M}(-12, 9)=-12$
$|-8|>|-5|$이므로 $\mathrm{m}(-8, -5)=-5$
$\therefore$ (주어진 식)$=-12-(-5)=-7$

12 왼쪽 사각형의 네 꼭짓점에 있는 네 수의 합은
$10+(-2)+(-6)+(-5)=-3$
이므로 가운데 사각형의 네 꼭짓점에 있는 네 수의 합은
$(-6)+1+a+(-2)=-3$
$\therefore a=4$
오른쪽 사각형의 네 꼭짓점에 있는 네 수의 합은
$4+(-15)+8+b=-3$
$\therefore b=0$
$\therefore a-b=4-0=4$

13 오른쪽 그림과 같이 두 빈 칸에 알맞은 수를 ①, ②라 하면 $-1+1+3=3$이므로

①	㉠	②
-1	1	3
		2

①$+1+2=3$에서 ①$=0$
②$+3+2=3$에서 ②$=-2$
①$+㉠+②=3$에서 $0+㉠+(-2)=3$
$\therefore ㉠=5$

14 오른쪽 위에서 왼쪽 아래로 향하는 대각선 위에 있는 세 수의 합이 $3+2+1=6$이므로
$1+6+c=6$에서 $7+c=6$ $\therefore c=-1$
첫 번째 줄의 왼쪽에 있는 수를 □라고 하면
$□+2+(-1)=6$에서 $□+1=6$
$\therefore □=5$
$5+a+3=6$에서 $a+8=6$ $\therefore a=-2$
$5+b+1=6$에서 $b+6=6$ $\therefore b=0$
$\therefore a+b+c=(-2)+0+(-1)=-3$

15 위에 놓인 주사위에서 보이지 않는 면의 수들은
$(-5)+□=6$, $(-3)+○=6$, $7+△=6$
을 만족하므로 $□=11$, $○=9$, $△=-1$이다.
마찬가지로 아래에 놓인 주사위에서 보이지 않는 옆면의 수들은 $5+●=6$, $(-2)+▲=6$
을 만족하므로 $●=1$, $▲=8$이다.
그런데 아래에 놓인 주사위의 윗면에 적힌 수와 아랫면에 적힌 수를 각각 a, b라고 하면 그 합은 항상 6, 즉 $a+b=6$이다.
$\therefore 11+9+(-1)+1+8+a+b=34$

다른 풀이
마주보는 면의 합이 6이므로 두 주사위에 적힌 수들의 합은 $6\times6=36$이다.

이때 보이는 수들의 합은
$(-5)+(-3)+7+(-2)+5=2$
따라서 보이지 않는 수들의 합은 $36-2=34$

16 ① $(-5)+(+3)-(-2)=0$
② $6-14+7=-1$
③ $2.4-3-0.5=-1.1$
④ $-\dfrac{2}{5}+\dfrac{3}{2}-\dfrac{7}{10}=-\dfrac{4}{10}+\dfrac{15}{10}-\dfrac{7}{10}=\dfrac{4}{10}=\dfrac{2}{5}$
⑤ $0.3-\dfrac{1}{3}+1-\dfrac{3}{4}=1.3-\dfrac{4}{12}-\dfrac{9}{12}=\dfrac{13}{10}-\dfrac{13}{12}$
$=\dfrac{78}{60}-\dfrac{65}{60}=\dfrac{13}{60}$
따라서 계산 결과가 가장 큰 것은 ④이다.

17 (주어진 식)$=-\dfrac{4}{12}+\dfrac{15}{12}-\dfrac{7}{12}$
$=\dfrac{4}{12}=\dfrac{1}{3}$

18 (주어진 식)
$=\left(-\dfrac{30}{10}\right)+\left(-\dfrac{35}{10}\right)+\left(-\dfrac{2}{10}\right)+\left(+\dfrac{3}{10}\right)$
$=\left(-\dfrac{67}{10}\right)+\left(+\dfrac{3}{10}\right)$
$=-\dfrac{64}{10}=-\dfrac{32}{5}$

19 $x=\dfrac{8}{20}-\dfrac{25}{20}=-\dfrac{17}{20}$
$y=-\dfrac{7}{10}+\dfrac{13}{10}=\dfrac{6}{10}=\dfrac{3}{5}$
$\therefore x+y=-\dfrac{17}{20}+\dfrac{3}{5}$
$=-\dfrac{17}{20}+\dfrac{12}{20}$
$=-\dfrac{5}{20}=-\dfrac{1}{4}$

20 첫 번째 식 $□+\left(-\dfrac{1}{4}\right)=+\dfrac{2}{5}$에서
$□=\left(+\dfrac{2}{5}\right)-\left(-\dfrac{1}{4}\right)=\left(+\dfrac{8}{20}\right)+\left(+\dfrac{5}{20}\right)=\dfrac{13}{20}$
두 번째 식 $□-\left(+\dfrac{3}{7}\right)=-\dfrac{1}{2}$에서
$□=\left(-\dfrac{1}{2}\right)+\left(+\dfrac{3}{7}\right)=\left(-\dfrac{7}{14}\right)+\left(+\dfrac{6}{14}\right)=-\dfrac{1}{14}$
세 번째 식 $□-\left(-\dfrac{5}{6}\right)=-\dfrac{2}{3}$에서
$□=\left(-\dfrac{2}{3}\right)+\left(-\dfrac{5}{6}\right)=\left(-\dfrac{4}{6}\right)+\left(-\dfrac{5}{6}\right)=-\dfrac{9}{6}=-\dfrac{3}{2}$

$$\therefore \frac{13}{20}+\left(-\frac{1}{14}\right)+\left(-\frac{3}{2}\right)$$
$$=\frac{91+(-10)+(-210)}{140}=-\frac{129}{140}$$

21 $a=\left(-\frac{1}{4}\right)-\left(-\frac{1}{3}\right)=-\frac{3}{12}+\frac{4}{12}=\frac{1}{12}$
$b=\frac{1}{2}+\left(-\frac{2}{3}\right)=\frac{3}{6}+\left(-\frac{4}{6}\right)=-\frac{1}{6}$
$\therefore a+b=\frac{1}{12}+\left(-\frac{1}{6}\right)$
$\qquad =\frac{1}{12}+\left(-\frac{2}{12}\right)=-\frac{1}{12}$

22 어떤 유리수를 □라고 하면 $□+\left(-\frac{1}{3}\right)=-\frac{2}{5}$이므로
$□=\left(-\frac{2}{5}\right)-\left(-\frac{1}{3}\right)=-\frac{6}{15}+\frac{5}{15}=-\frac{1}{15}$
따라서 바르게 계산하면
$\left(-\frac{1}{15}\right)-\left(-\frac{1}{3}\right)=-\frac{1}{15}+\frac{5}{15}=\frac{4}{15}$

23 $(-3)\bigstar 5=(-3)-5+\frac{1}{2}\times\{(-3)+5\}$
$\qquad\qquad =-3-5+\frac{1}{2}\times 2$
$\qquad\qquad =-3-5+1=-7$

24 $\left(-\frac{1}{2}\right)\blacklozenge\frac{2}{3}=\dfrac{\left(-\frac{1}{2}\right)-\frac{2}{3}}{2}=\dfrac{\left(-\frac{3}{6}\right)-\frac{4}{6}}{2}=\dfrac{-\frac{7}{6}}{2}$
$\qquad\qquad =\left(-\frac{7}{6}\right)\times\frac{1}{2}=-\frac{7}{12}$
$\therefore\left\{\left(-\frac{1}{2}\right)\blacklozenge\frac{2}{3}\right\}\blacklozenge\left(-\frac{3}{4}\right)=\left(-\frac{7}{12}\right)\blacklozenge\left(-\frac{3}{4}\right)$
$\qquad\qquad =\dfrac{\left(-\frac{7}{12}\right)-\left(-\frac{3}{4}\right)}{2}$
$\qquad\qquad =\dfrac{-\frac{7}{12}+\frac{9}{12}}{2}=\dfrac{\frac{2}{12}}{2}$
$\qquad\qquad =\frac{2}{12}\times\frac{1}{2}=\frac{1}{12}$

25 $-\frac{2}{3}+0.5=-\frac{2}{3}+\frac{1}{2}=-\frac{4}{6}+\frac{3}{6}=-\frac{1}{6}$이므로
(주어진 식)$=\left\{\left(-\frac{1}{6}\right)\wedge\frac{4}{9}\right\}\vee\left(-\frac{1}{8}\right)$
$\qquad\qquad =\left(-\frac{1}{6}\right)\vee\left(-\frac{1}{8}\right)=-\frac{1}{8}$

27 ① $(+3)\times(-3)\times(+2)=(-9)\times(+2)=-18$
② $(-18)\div(+6)\div(-3)=(-3)\div(-3)=1$
③ $(-3)\times(-2)\div(-3)=(+6)\div(-3)=-2$

④ $(-4)\div(+2)\times(-7)=(-2)\times(-7)=14$
⑤ $(+9)\times(-4)\div(+6)=(-36)\div(+6)=-6$

28 $-5, 3, -2, 4$ 중에서 세 수를 뽑아 곱한 수 중 가장 큰 수는 음의 정수 2개와 절댓값이 큰 양의 정수 1개의 곱이므로
$x=(-5)\times(-2)\times 4=40$
곱한 수 중 가장 작은 수는 양의 정수 2개와 절댓값이 큰 음의 정수 1개의 곱이므로
$y=3\times 4\times(-5)=-60$
$\therefore x+y=40+(-60)=-20$

29 $a\times b>0$이므로 a와 b의 부호가 서로 같다.
또한 $a+b<0$이므로 $a<0, b<0$

30 $a\times b<0, \dfrac{a\times b}{c}>0$이므로 $c<0$이다.
또한 $a<c$이므로 $a<0$이고, $a\times b<0$이므로 $b>0$이다.
$\therefore a<0, b>0, c<0$

31 ④ $(-1)^{100}=1$

32 ① $(-1)^2=1$
② $-(-1)^2=-(+1)=-1$
③ $-(-1)^3=-(-1)=1$
④ $\{-(-1)\}^3=(+1)^3=1$
⑤ $\{-(-1)\}^2=(+1)^2=1$

33 지수가 짝수일 때와 홀수일 때로 구분하여 계산하면
$(-1)+(-1)^3+\cdots+(-1)^{99}$
$=(-1)+(-1)+\cdots+(-1)$
$=(-1)\times 50=-50$
$(-1)^2+(-1)^4+\cdots+(-1)^{100}$
$=1+1+\cdots+1$
$=1\times 50=50$
$\therefore$ (주어진 식)$=-50+50=0$

34 n이 짝수이므로 $n+2$는 짝수이고 $n+1, n+3$은 홀수이다.
$(-1)^n=1, (-1)^{n+1}=-1, (-1)^{n+2}=1,$
$(-1)^{n+3}=-1$
$\therefore$ (주어진 식)$=1-(-1)+1-(-1)$
$\qquad\qquad =1+1+1+1$
$\qquad\qquad =4$

35 n이 홀수이므로 $2 \times n$, $4 \times n$은 짝수, $3 \times n$, $5 \times n$은 홀수이다.
$(-1)^n = -1$, $(-1)^{2 \times n} = 1$, $(-1)^{3 \times n} = -1$,
$(-1)^{4 \times n} = 1$, $(-1)^{5 \times n} = -1$이므로
$\therefore$ (주어진 식)$= -1 + 1 - 1 + 1 - 1$
$\qquad\qquad\qquad = -1$

36 ① $(-2)^2 = 4$, $2^2 = 4$이므로 $(-2)^2 = 2^2$
② $-(-4)^3 = -(-64) = 64$, $-4^3 = -64$이므로
$\qquad -(-4)^3 \neq -4^3$
③ $(-5)^4 = 5^4 = 625$, $-5^4 = -625$이므로
$\qquad (-5)^4 \neq -5^4$
④ $-6^3 = -216$, $6^3 = 216$이므로 $-6^3 \neq 6^3$
⑤ $(-1)^{999} = -1$, $(-1)^{1000} = 1$이므로
$\qquad (-1)^{999} + (-1)^{1000} = -1 + 1 = 0$

37 (주어진 식)$= (-8) \div (+4) \times (-7)$
$\qquad\qquad\qquad = (-2) \times (-7) = 14$

38 (주어진 식)$= (+3) \times (+4) \div (-6) \times (-1)$
$\qquad\qquad\qquad = (+12) \div (-6) \times (-1)$
$\qquad\qquad\qquad = (-2) \times (-1) = 2$

39 ① $-3^4 = -81$ $\qquad$ ② $(-1)^5 = -1$
③ $-(-4)^2 = -16$ $\qquad$ ④ $(-1)^4 = 1$
⑤ $(-2)^3 = -8$
따라서 계산 결과가 가장 큰 것은 ④이다.

40 -2, $(-2)^2 = 4$, $-2^2 = -4$, $-(-2^2) = 4$,
$(-2)^3 = -8$이므로 가장 큰 수는 4, 가장 작은 수는 -8이다.
따라서 가장 큰 수와 가장 작은 수의 차는
$4 - (-8) = 4 + 8 = 12$

41 (주어진 식)$= (-27) - (-8) - (+1) - (+4)$
$\qquad\qquad\qquad = -27 + 8 - 1 - 4$
$\qquad\qquad\qquad = -24$

42 ③ 덧셈에 대한 결합법칙
⑤ $\dfrac{2}{5} \times (-15) = -6$

43 $a \times b + a \times c = a \times (b + c)$
$\qquad\qquad\qquad\quad = 2 \times 4 = 8$

44 $-\dfrac{1}{3} - \dfrac{1}{2} \times \left\{ \dfrac{1}{5} \times \dfrac{20}{3} - \dfrac{2}{3} \times (-0.5^2) \right\}$
$= -\dfrac{1}{3} - \dfrac{1}{2} \times \left\{ \dfrac{1}{5} \times \dfrac{20}{3} - \dfrac{2}{3} \times \left(-\dfrac{1}{4}\right) \right\}$
$= -\dfrac{1}{3} - \dfrac{1}{2} \times \left(\dfrac{4}{3} + \dfrac{1}{6} \right)$
$= -\dfrac{1}{3} - \dfrac{1}{2} \times \dfrac{9}{6}$
$= -\dfrac{1}{3} - \dfrac{3}{4} = -\dfrac{13}{12}$

45 $\left[\left\{ \left(-\dfrac{5}{4} \right) \times \left(-\dfrac{2}{15} \right) + 2 \right\} \times \dfrac{8}{13} - 1\dfrac{5}{6} \right]^3$
$= \left\{ \left(\dfrac{1}{6} + 2 \right) \times \dfrac{8}{13} - \dfrac{11}{6} \right\}^3$
$= \left(\dfrac{13}{6} \times \dfrac{8}{13} - \dfrac{11}{6} \right)^3$
$= \left(\dfrac{4}{3} - \dfrac{11}{6} \right)^3 = \left(-\dfrac{3}{6} \right)^3 = -\dfrac{1}{8}$

46 두 점 A, B 사이의 거리는
$\dfrac{5}{4} - \left(-\dfrac{1}{2} \right) = \dfrac{5}{4} + \left(+\dfrac{2}{4} \right) = \dfrac{7}{4}$
또한 두 점 A, P 사이의 거리는 두 점 A, B 사이의 거리의
$\dfrac{1}{3}$이므로
$\dfrac{7}{4} \times \dfrac{1}{3} = \dfrac{7}{12}$
따라서 점 P가 나타내는 수는
$\left(-\dfrac{1}{2} \right) + \dfrac{7}{12} = \left(-\dfrac{6}{12} \right) + \dfrac{7}{12} = \dfrac{1}{12}$

47 가장 작은 수는 음수 3개의 곱이므로
$\left(-\dfrac{5}{6} \right) \times \left(-\dfrac{3}{2} \right) \times \left(-\dfrac{3}{10} \right) = -\dfrac{3}{8}$

48 가장 작은 수는 양수 2개와 절댓값이 큰 음수 1개의 곱이므로
$\dfrac{3}{7} \times 14 \times (-8) = -48$

49 $\dfrac{9}{4}$, $-\dfrac{8}{3}$, -1.5, -5 중에서 세 수를 뽑아 곱한 값 중 가장 큰 수는 양수 1개와 절댓값이 큰 음수 2개의 곱이므로
$\dfrac{9}{4} \times \left(-\dfrac{8}{3} \right) \times (-5) = 30$

50 가장 큰 수는 절댓값이 큰 음수 2개와 가장 큰 양수 1개의 곱이므로
$(-1.7) \times \left(-\dfrac{5}{3} \right) \times \dfrac{2}{5}$
$= \left(-\dfrac{17}{10} \right) \times \left(-\dfrac{5}{3} \right) \times \dfrac{2}{5} = \dfrac{17}{15}$

51 ①, ③ 유리수 0의 역수는 없다.

② 역수가 자기 자신인 유리수는 1, -1로 2개이다.

④ $2\dfrac{3}{5}=\dfrac{13}{5}$이므로 역수는 $\dfrac{5}{13}$이다.

⑤ $0.75=\dfrac{75}{100}=\dfrac{3}{4}$이므로 역수는 $\dfrac{4}{3}$이다.

52 $a=-\dfrac{3}{5}$이고, $2\dfrac{8}{21}=\dfrac{50}{21}$이므로 $b=\dfrac{21}{50}$

$\therefore a \div b = \left(-\dfrac{3}{5}\right) \div \dfrac{21}{50}$

$\qquad\qquad = \left(-\dfrac{3}{5}\right) \times \dfrac{50}{21} = -\dfrac{10}{7}$

53 $0.3=\dfrac{3}{10}$, $2\dfrac{1}{3}=\dfrac{7}{3}$이므로

$a=\dfrac{10}{3}$, $b=-\dfrac{5}{7}$, $c=\dfrac{3}{7}$

$\therefore a \div b \times c = \dfrac{10}{3} \div \left(-\dfrac{5}{7}\right) \times \dfrac{3}{7}$

$\qquad\qquad\quad = \dfrac{10}{3} \times \left(-\dfrac{7}{5}\right) \times \dfrac{3}{7} = -2$

54 (주어진 식)$=9 \div \left(-\dfrac{27}{8}\right) \times \dfrac{1}{4}$

$\qquad\qquad\quad = 9 \times \left(-\dfrac{8}{27}\right) \times \dfrac{1}{4} = -\dfrac{2}{3}$

55 $A=\left(-\dfrac{5}{6}\right) \div (-2)^2 \times \dfrac{27}{10}$

$\qquad = \left(-\dfrac{5}{6}\right) \div 4 \times \dfrac{27}{10}$

$\qquad = \left(-\dfrac{5}{6}\right) \times \dfrac{1}{4} \times \dfrac{27}{10} = -\dfrac{9}{16}$

$B = \dfrac{3}{4} \div \left(-\dfrac{15}{8}\right) \times (-1)^3 \div \dfrac{2}{3}$

$\qquad = \dfrac{3}{4} \times \left(-\dfrac{8}{15}\right) \times (-1) \times \dfrac{3}{2} = \dfrac{3}{5}$

$\therefore A + B = -\dfrac{9}{16} + \dfrac{3}{5}$

$\qquad\qquad = -\dfrac{45}{80} + \dfrac{48}{80} = \dfrac{3}{80}$

56 $a = \left(-\dfrac{5}{12}\right) \times \left(-\dfrac{3}{10}\right) = \dfrac{1}{8}$

$b = \left(-\dfrac{7}{5}\right) \div \dfrac{14}{5} = \left(-\dfrac{7}{5}\right) \times \dfrac{5}{14} = -\dfrac{1}{2}$

$\therefore a \div b = \dfrac{1}{8} \div \left(-\dfrac{1}{2}\right)$

$\qquad\qquad = \dfrac{1}{8} \times (-2) = -\dfrac{1}{4}$

57 $\left(-\dfrac{6}{5}\right) \times \square \div \dfrac{3}{7} = -\dfrac{14}{3}$에서

$\left(-\dfrac{6}{5}\right) \times \square \times \dfrac{7}{3} = -\dfrac{14}{3}$

$\square \times \left(-\dfrac{14}{5}\right) = -\dfrac{14}{3}$

$\therefore \square = \left(-\dfrac{14}{3}\right) \div \left(-\dfrac{14}{5}\right)$

$\qquad = \left(-\dfrac{14}{3}\right) \times \left(-\dfrac{5}{14}\right) = \dfrac{5}{3}$

58 a와 마주 보는 면에는 3.75가 적혀있으므로

a는 $3.75=\dfrac{15}{4}$의 역수의 음의 값이다.

b와 마주 보는 면에는 $-\dfrac{7}{3}$이 적혀있으므로

b는 $-\dfrac{7}{3}$의 역수의 음의 값이다.

c와 마주 보는 면에는 -2.4가 적혀있으므로

c는 $-2.4=-\dfrac{12}{5}$의 역수의 음의 값이다.

즉, $a=-\dfrac{4}{15}$, $b=\dfrac{3}{7}$, $c=\dfrac{5}{12}$이므로

$a \times b \times c = \left(-\dfrac{4}{15}\right) \times \dfrac{3}{7} \times \dfrac{5}{12} = -\dfrac{1}{21}$

59 $\dfrac{27}{4}=6+\dfrac{3}{4}=6+\dfrac{1}{\dfrac{4}{3}}=6+\dfrac{1}{1+\dfrac{1}{3}}$

이므로 $a=6$, $b=1$, $c=3$

$\therefore a+b+c=6+1+3=10$

60 $a \times b < 0$이므로 a와 b의 부호는 서로 다르다.

그런데 $a-b<0$에서 $a<b$이므로 $a<0$, $b>0$

또한 $b \div c > 0$에서 b와 c의 부호는 서로 같으므로

$c>0$

$\therefore a<0$, $b>0$, $c>0$

61 $a \times c < 0$, $a-c<0$이므로 $a<0$, $c>0$이고,

$c>0$, $b \div c < 0$이므로 $b<0$이다.

① $b<0$ ② $a \times b \times c > 0$

③ $a-b$의 부호는 알 수 없다.

⑤ $a+b<0$이므로 $c \times (a+b) < 0$

63 ㉣ → ㉢ → ㉡ → ㉤ → ㉠이므로 네 번째로 계산해야

하는 곳은 ㉤이다.

64 (주어진 식)$=-\dfrac{1}{2}+9 \div \left\{1-\left(-\dfrac{4}{5}\right)\right\}$

$\qquad\qquad\quad = -\dfrac{1}{2}+9 \div \dfrac{9}{5}$

$\qquad\qquad\quad = -\dfrac{1}{2}+9 \times \dfrac{5}{9}$

$\qquad\qquad\quad = -\dfrac{1}{2}+5 = \dfrac{9}{2}$

65 (주어진 식)$=\dfrac{1}{2}-\left[3-\left\{-1+2\times\left(-\dfrac{3}{4}\right)\right\}\div\dfrac{5}{4}\right]$

$=\dfrac{1}{2}-\left\{3-\left(-1-\dfrac{3}{2}\right)\div\dfrac{5}{4}\right\}$

$=\dfrac{1}{2}-\left\{3-\left(-\dfrac{5}{2}\right)\times\dfrac{4}{5}\right\}$

$=\dfrac{1}{2}-(3+2)=\dfrac{1}{2}-5=-\dfrac{9}{2}$

66 $\dfrac{1}{2}☆\dfrac{1}{3}=2\times\dfrac{1}{2}\times\dfrac{1}{3}=\dfrac{1}{3}$이므로

$\left(\dfrac{1}{2}☆\dfrac{1}{3}\right)\triangledown\dfrac{2}{3}=\dfrac{1}{3}\triangledown\dfrac{2}{3}=\left(\dfrac{1}{3}-\dfrac{2}{3}\right)\div\dfrac{2}{3}$

$=\left(-\dfrac{1}{3}\right)\times\dfrac{3}{2}=-\dfrac{1}{2}$

67 $M\left(-\dfrac{3}{4},\dfrac{2}{3}\right)=\left(-\dfrac{3}{4}\right)\times\dfrac{2}{3}=-\dfrac{1}{2}$

$M\left(-\dfrac{5}{2},-\dfrac{42}{5}\right)=\left(-\dfrac{5}{2}\right)\times\left(-\dfrac{42}{5}\right)=21$

$\therefore$ (주어진 식)$=D\left(-\dfrac{1}{2},21\right)=\dfrac{2\times\left(-\dfrac{1}{2}\right)}{21}$

$=-\dfrac{1}{21}$

I 수와 연산
단원 종합 문제
64~68쪽

01 ①, ⑤	**02** 194	**03** ②, ④	**04** ②
05 0	**06** 60, 72, 96		**07** ①
08 76	**09** ②	**10** 60 cm	**11** $\dfrac{195}{7}$
12 $-\dfrac{6}{5},\dfrac{6}{5}$	**13** 0	**14** 3	**15** ③
16 ③, ⑤	**17** ②	**18** ②	**19** ②
20 ④	**21** ㉠	**22** ⑤	**23** ⑤
24 ④	**25** ④	**26** 3	**27** ③
28 -2	**29** 40일	**30** 93	

01 두 수의 최대공약수를 각각 구하면

① 1　　② 14　　③ 13　　④ 2　　⑤ 1

이므로 서로소인 것은 최대공약수가 1인 ①, ⑤이다.

02 7의 배수는 7, 14, 21, $\cdots$, 196, 203, $\cdots$이므로

$x=203$

$36=2^2\times3^2$이므로 약수의 개수는

$(2+1)\times(2+1)=9$　　$\therefore y=9$

$\therefore x-y=203-9=194$

03 ① $2^4\times5^2$이므로 $(4+1)\times(2+1)=15$(개)

② $2\times3^4\times5$이므로

$(1+1)\times(4+1)\times(1+1)=20$(개)

③ 2×5^4이므로 $(1+1)\times(4+1)=10$(개)

④ $2^3\times5^4$이므로 $(3+1)\times(4+1)=20$(개)

⑤ $2^{10}\times5$이므로 $(10+1)\times(1+1)=22$(개)

04 자연수의 제곱이 되는 수는 소인수분해했을 때 모든 소인수의 지수가 짝수인 수이다.

$108=2^2\times3^3$이므로 모든 소인수의 지수가 짝수가 되도록 할 때, 곱할 수 있는 가장 작은 자연수는 3이다.

05 최대공약수가 $2^2\times3^2$이므로 $b=2$

최소공배수가 $2^4\times3^3\times5\times7$이므로 $a=3$, $c=5$

$\therefore a+b-c=3+2-5=0$

06 $50<A<100$이고, 오른쪽에서 a와 7　$12\,)\,\underline{A\quad 84}$

은 서로소이므로 $a=5,\,6,\,8$　　　　　　　$a\quad 7$

따라서 구하는 A는 60, 72, 96이다.

07 최대공약수가 16이므로 $A=16\times a$라 하면

$48=2^4\times3$, $64=2^6$, $A=2^4\times a$이고

최대공약수는 $16=2^4$, 최소공배수는 $960=2^6\times3\times5$이므로

a의 값은 5, 5×2, 5×3, 5×2^2, $5\times2\times3$, $5\times2^2\times3$이다.

따라서 가장 작은 자연수 $A=16\times5=80$

08 구하는 수는 6, 8, 9의 공배수보다 4만큼 큰 수 중 가장 작은 두 자리의 자연수이다.

$6=2\times3$, $8=2^3$, $9=3^2$의 최소공배수가 $2^3\times3^2=72$이므로 구하는 수는 $72+4=76$이다.

09 어떤 자연수는 $92-2=90$, 72의 공약수 중 나머지인 2보다 큰 수이다.

즉, 90과 72의 최대공약수인 18의 약수 중에서 2보다 큰 수

이므로 3, 6, 9, 18이다.

10 정사각형의 한 변의 길이는 12와 15의
공배수이어야 하고, 가장 작은 정사각형을 만
들려면 한 변의 길이는 12와 15의 최소공배수이어야 한다.

$$3\,\underline{)\,12\quad15}$$
$$\quad\ 4\quad5$$

따라서 정사각형의 한 변의 길이는
$3\times4\times5=60(\mathrm{cm})$

11 구하는 분수를 $\dfrac{b}{a}$라고 하면 $\dfrac{b}{a}$가 가장 작은 분수가 되
기 위해서는 a는 14와 21의 최대공약수, b는 39와 65의 최
소공배수이어야 하므로
$a=7,\ b=195$
따라서 구하는 분수는 $\dfrac{195}{7}$이다.

12 절댓값이 같고 부호가 반대인 두 수가 나타내는 점은 원
점으로부터 각각 $\dfrac{6}{5}$만큼씩 떨어진 점이다.
따라서 구하는 두 수는 $-\dfrac{6}{5},\ \dfrac{6}{5}$이다.

13 $-\dfrac{7}{3}=-2.333\cdots$이므로 $-\dfrac{7}{3}$에 가장 가까운 정수는
-2이다.
$\therefore a=-2$
$\dfrac{8}{5}=1.6$이므로 $\dfrac{8}{5}$에 가장 가까운 정수는 2이다.
$\therefore b=2$
$\therefore a+b=(-2)+2=0$

14 어떤 정수를 □라고 하면
$□-5=-7$이므로 $□=-2$
따라서 바르게 계산하면
$(-2)+5=3$

15 $-\dfrac{3}{4}=-0.75,\ \dfrac{11}{5}=2.2$이므로 $-\dfrac{3}{4}$과 $\dfrac{11}{5}$ 사이에
있는 정수는 0, 1, 2로 모두 3개이다.

16 ① $-\dfrac{1}{2}$의 역수는 -2이다.
② 0은 정수이지만 0의 절댓값은 0이다.
④ 유리수는 양의 유리수, 0, 음의 유리수로 나눌 수 있다.

17 $2\circ5=3\times2-5-4=6-5-4=-3$이므로
$(2\circ5)\circ3=(-3)\circ3=3\times(-3)-3-4$
$\qquad\qquad\qquad=-9-3-4=-16$

18 가운데 세로줄 위에 있는 세 수의 합이
$(-4)+0+4=0$
이므로 첫 번째 줄의 오른쪽에 있는 수를 x라고 하면
$x+0+(-1)=0$에서 $x+(-1)=0$ $\quad\therefore x=1$
첫 번째 줄의 왼쪽에 있는 수를 y라고 하면
$y+(-4)+1=0$에서 $y+(-3)=0$ $\quad\therefore y=3$
$3+A+(-1)=0$에서 $A+2=0$ $\quad\therefore A=-2$

19 ① $-(-1)^3+(-1)^2-(-1)$
$\qquad=-(-1)+1+1=3$
② $(-2)^3-(-2)^2+(-2)=-8-4+(-2)$
$\qquad\qquad\qquad\qquad=-14$
③ $(-2)^2-(-1)=4+1=5$
④ $-3^2+(-3)^2+3=-9+9+3=3$
⑤ $-3^2-2^3-(-1)^2=-9-8-1=-18$

20 (주어진 식)$=4\times\{2-(-4)\div(+4)\}+(-3)$
$\qquad\qquad\quad=4\times\{2-(-1)\}+(-3)$
$\qquad\qquad\quad=4\times3+(-3)$
$\qquad\qquad\quad=12+(-3)=9$

22 $45\times(-0.7)+32\times(-0.7)+23\times(-0.7)$
$=(45+32+23)\times(-0.7)$
$=100\times(-0.7)=-70$
따라서 $x=100,\ y=-70$이므로 $x+y=30$

23 $a=-3,\ b=2$라고 하면
① -3 ② 2 ③ -6 ④ -5 ⑤ 5
따라서 가장 큰 수는 ⑤이다.

24 $a\times b<0$이므로 a와 b의 부호는 서로 다르다.
그런데 $a<b$이므로 $a<0,\ b>0$
또한 $b\times c<0$이므로 b와 c의 부호는 서로 다르다.
$\therefore c<0$

25 가장 큰 수는 양수 1개와 절댓값이 큰 음수 2개의 곱이
므로
$6\times\left(-\dfrac{5}{3}\right)\times\left(-\dfrac{7}{10}\right)=7$

26 -2의 마주 보는 면에 있는 수는 2, $-3^2=-9$이므로
마주 보는 면에 있는 수는 9, 8의 마주 보는 면에 있는 수는
-8이다.
따라서 보이지 않는 세 면에 있는 수의 합은
$2+9+(-8)=3$

27 $(-2)\triangle 4=\dfrac{(-2)\times 4}{2}=-4$

$12\blacktriangledown(-3)=12\div(-3)-1$

$\qquad\qquad =-4-1=-5$

$\therefore\{(-2)\triangle 4\}-\{12\blacktriangledown(-3)\}=(-4)-(-5)$

$\qquad\qquad\qquad\qquad\qquad =1$

28 가장 작은 수는 절댓값이 큰 음수 1개와 절댓값이 큰 양수 2개의 곱이므로

$\left(-\dfrac{4}{5}\right)\times\dfrac{15}{8}\times\dfrac{4}{3}=-2$

29 종군이는 4일간 일하고 이틀을 쉬므로 종군이가 일을 하는 주기는 $4+2=6$(일)

덕우는 6일간 일하고 하루를 쉬므로 덕우가 일을 하는 주기는 $6+1=7$(일)

이때 6과 7의 최소공배수는 42이므로 두 사람이 같이 쉬는 날은 42일 단위로 반복된다.

두 사람이 처음 42일 동안 쉬는 날을 찾으면 다음과 같다.

	1	2	3	4	5	6	7	8	9	10	11	12	13	14
종군	○	○	○	○	★	★	○	○	○	○	★	★	○	○
덕우	○	○	○	○	○	○	★	○	○	○	○	○	○	★

	15	16	17	18	19	20	21	22	23	24	25	26	27	28
종군	○	○	★	★	○	○	○	○	★	★	○	○	○	○
덕우	○	○	○	○	○	○	★	○	○	○	○	○	○	★

	29	30	31	32	33	34	35	36	37	38	39	40	41	42
종군	★	★	○	○	○	○	★	★	○	○	○	○	★	★
덕우	○	○	○	○	○	○	★	○	○	○	○	○	○	★

즉, 42일 동안 같이 쉬는 날은 35일째와 42일째의 이틀이다.

따라서 $840\div 42=20$이므로 840일 중 두 사람이 같이 쉬는 날은 $2\times 20=40$(일)

30 50이 적혀 있는 컵에 들어 있는 구슬의 개수는 50의 약수의 총합이다.

이때 50을 소인수분해하면 $50=2\times 5^2$이므로 약수의 총합은 $(1+2)\times(1+5+5^2)=93$

따라서 50이 적혀 있는 컵에 들어 있는 구슬의 개수는 93이다.

① 문자의 사용과 식의 계산

주제별 실력다지기

01 ②	**02** ③		
03 ㄱ과 ㅂ, ㄴ과 ㅁ, ㄷ과 ㄹ		**04** ①, ④	**05** ①
06 ④	**07** ③	**08** ④	**09** $36x$
10 ②	**11** -5	**12** ②	**13** ③
14 ④	**15** ⑤	**16** ②	**17** ①
18 ③	**19** ③, ⑤	**20** ①	**21** ③
22 ⑤	**23** ②	**24** ①	
25 $a=2, b=4$	**26** ④	**27** ②	**28** ④
29 $10x+6y$	**30** ⑤	**31** ③	
32 $7x+9y-8z-9$		**33** ①	
34 $a=3, b=4$	**35** ③	**36** ⑤	**37** ③
38 ①	**39** $(345x-32500)$원		
40 $8x-3$	**41** $-2x+10$	**42** $-4x-11$	**43** ④
44 $\dfrac{5}{3}x-\dfrac{3}{2}$			

01 ㄴ. $x-y\times z\div\dfrac{1}{2}=x-2yz$

ㄹ. $x\div\left(y\div\dfrac{2}{3}\times z\right)=x\div\dfrac{3yz}{2}=\dfrac{2x}{3yz}$

02 ① $\dfrac{yz}{x}$ ② $\dfrac{x}{yz}$ ③ $\dfrac{xz}{y}$ ④ $\dfrac{y}{xz}$ ⑤ xyz

03 ㄱ. $\dfrac{ab}{c}$ ㄴ. $\dfrac{a}{bc}$ ㄷ. $\dfrac{ac}{b}$ ㄹ. $\dfrac{ac}{b}$ ㅁ. $\dfrac{a}{bc}$ ㅂ. $\dfrac{ab}{c}$

따라서 결과가 서로 같은 것은 ㄱ과 ㅂ$\left(\dfrac{ab}{c}\right)$, ㄴ과 ㅁ$\left(\dfrac{a}{bc}\right)$, ㄷ과 ㄹ$\left(\dfrac{ac}{b}\right)$이다.

04 ① $0.1\times x=0.1x$

④ $a \div (7 \times b \div c) = a \div \left(7 \times b \times \dfrac{1}{c}\right) = a \div \dfrac{7b}{c}$

$\quad\quad\quad\quad\quad\quad = a \times \dfrac{c}{7b} = \dfrac{ac}{7b}$

05 $x\,\%$의 소금물 300 g에 들어 있는 소금의 양은

$\dfrac{x}{100} \times 300 = 3x\,(\mathrm{g})$

$y\,\%$의 소금물 200 g에 들어 있는 소금의 양은

$\dfrac{y}{100} \times 200 = 2y\,(\mathrm{g})$

따라서 구하는 소금의 양은 $(3x+2y)\,\mathrm{g}$

06 ④ $x + 0.2x = 1.2x = \dfrac{12}{10}x = \dfrac{6}{5}x$(원)

07 ① $(50+8x)\,\mathrm{L}$ ② $(1-0.25)a = 0.75a$(원)

④ $(200-45x)\,\mathrm{km}$ ⑤ $(2x-72)$점

08 주어진 도형의 둘레의 길

이는 가로의 길이가

$(3x+2)+(4x+5)$

$=7x+7$, 세로의 길이가

$18-x$인 직사각형의 둘레의

길이와 같으므로

$2\{(7x+7)+(18-x)\} = 2(6x+25) = 12x+50$

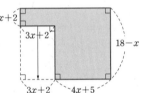

09 가장 작은 정사각형의 한 변의 길이가

$\dfrac{1}{2}x$이므로

(정사각형 ①의 한 변의 길이)

$= \dfrac{1}{2}x + \dfrac{1}{2}x = x$

(정사각형 ②의 한 변의 길이) $= x+x = 2x$

(정사각형 ③의 한 변의 길이) $= x+2x = 3x$

(직사각형 ④의 짧은 변의 길이) $= 2x$

이때 색칠한 부분의 둘레의 길이는 주어진 정사각형 ABCD

의 둘레의 길이와 같으므로

$4(x+x+2x+2x+3x) = 4 \times 9x = 36x$

10 $b^2 - \dfrac{1}{6}ab = (-4)^2 - \dfrac{1}{6} \times 3 \times (-4)$

$\quad\quad\quad\quad = 16 - (-2) = 18$

11 $a=-1$, $b=1$일 때

$a^3 - ab - b^2 = (-1)^3 - (-1) \times 1 - 1^2 = -1+1-1 = -1$

이므로 $x=-1$

$a=2$, $b=-3$일 때

$a^3 - ab - b^2 = 2^3 - 2 \times (-3) - (-3)^2 = 8+6-9 = 5$

이므로 $y=5$

$\therefore xy = (-1) \times 5 = -5$

12 $\dfrac{1}{a} = 2$, $\dfrac{1}{c} = 4$이고 $b^2 = \left(-\dfrac{1}{3}\right) \times \left(-\dfrac{1}{3}\right) = \dfrac{1}{9}$이므로

$\dfrac{1}{b^2} = 9$

$\therefore \dfrac{1}{a} - \dfrac{1}{b^2} + \dfrac{1}{c} = 2-9+4 = -3$

13 $x=-1$일 때, $-x = -(-1) = 1$

① $x^3 = (-1)^3 = -1$

② $-x^2 = -(-1)^2 = -1$

③ $(-x)^3 = 1^3 = 1$

④ $-(-x)^2 = -1^2 = -1$

⑤ $-(-x)^3 = -1^3 = -1$

따라서 $-x$와 식의 값이 같은 것은 ③이다.

14 ① $2x-3 = 2 \times (-3) - 3 = -6-3 = -9$

② $-(-x)^2 = -\{-(-3)\}^2 = -3^2 = -9$

③ $x^2 - 18 = (-3)^2 - 18 = 9-18 = -9$

④ $2x^2 + x = 2 \times (-3)^2 + (-3) = 2 \times 9 + (-3)$

$\quad\quad\quad\quad = 18-3 = 15$

⑤ $\dfrac{2}{9}x^3 - 3 = \dfrac{2}{9} \times (-3)^3 - 3 = \dfrac{2}{9} \times (-27) - 3$

$\quad\quad\quad\quad\quad = -6-3 = -9$

따라서 식의 값이 나머지 넷과 다른 하나는 ④이다.

15 ① $4x+y = 4 \times \dfrac{1}{2} + (-3) = 2 + (-3) = -1$

② $4x^2 + \dfrac{y}{3} = 4 \times \left(\dfrac{1}{2}\right)^2 + \dfrac{-3}{3} = 1 + (-1) = 0$

③ $x^2 + y^2 = \left(\dfrac{1}{2}\right)^2 + (-3)^2 = \dfrac{1}{4} + 9 = \dfrac{37}{4}$

④ $2x - \dfrac{y^2}{3} = 2 \times \dfrac{1}{2} - \dfrac{(-3)^2}{3} = 1-3 = -2$

⑤ $-8x - 6y = -8 \times \dfrac{1}{2} - 6 \times (-3) = -4+18 = 14$

따라서 식의 값이 가장 큰 것은 ⑤이다.

16 $x = -\dfrac{1}{3}$을 각각 대입하여 식의 값을 구하면

① $\dfrac{1}{x} = -3$

②, ③ $x^2 = \left(-\dfrac{1}{3}\right) \times \left(-\dfrac{1}{3}\right) = \dfrac{1}{9}$이므로 $\dfrac{1}{x^2} = 9$

$\therefore -\dfrac{1}{x^2} = -9$

④ $-x^2=-\dfrac{1}{9}$

⑤ $x^3=\left(-\dfrac{1}{3}\right)\times\left(-\dfrac{1}{3}\right)\times\left(-\dfrac{1}{3}\right)=-\dfrac{1}{27}$

따라서 $-9<-3<-\dfrac{1}{9}<-\dfrac{1}{27}<\dfrac{1}{9}$ 이므로 식의 값이 가장 작은 것은 ②이다.

17 $331+0.6x$에 $x=30$을 대입하면

$331+0.6\times30=331+18=349$이므로

소리의 속력은 초속 349 m이다.

18 $-7\times y\times y=-7y^2$이므로

단항식은 $3x$, $-\dfrac{3}{2}$, $-7\times y\times y$로 모두 3개이다.

19 ③ x의 계수는 -1이다.

⑤ $2x^2$과 $-x$는 차수가 다르므로 동류항이 아니다.

20 동류항은 문자와 차수가 각각 같다.

②, ④ 차수는 같으나 문자가 다르다.

③ 문자는 같으나 a끼리, b끼리 차수가 다르다.

⑤ 문자는 같으나 차수가 다르다.

21 동류항은 문자와 차수가 각각 같다.

① 차수가 다르다.

②, ④ 문자가 다르다.

⑤ 분모에 문자가 있으므로 동류항이 아니다.

22 ㄱ. $\dfrac{1}{2}x^2-3x-5$에서 상수항은 -5이다.

ㄴ. $x^3-2x^2+\dfrac{4}{5}x$는 세 개의 항으로 이루어진 차수가 3인 다항식이다.

ㄹ. $-\dfrac{1}{4}x^3+3x+\dfrac{1}{4}x^3+3x+1=6x+1$이므로 일차식이다.

23 ① 차수가 2인 다항식이다.

③, ④ 분모에 문자가 있으므로 일차식이 아니다.

⑤ $2x+2-2x=2$이므로 상수항이다.

24 ㄷ. 분모에 문자가 있으므로 일차식이 아니다.

ㄹ, ㅂ. 차수가 2인 다항식이다.

ㅁ. $0\times x+3=3$이므로 상수항이다.

25 $ax^2+3x+1-2x^2+b=(a-2)x^2+3x+(1+b)$가 일차식이므로 x^2의 계수는 0이다.

$a-2=0$ $\therefore a=2$

또 상수항이 5이므로

$1+b=5$ $\therefore b=4$

26 $-3x+1-\{3(5x+1)-4(7x-2)\}$

$=-3x+1-(15x+3-28x+8)$

$=-3x+1-(-13x+11)$

$=-3x+1+13x-11$

$=10x-10$

27 $\dfrac{-2x+5}{3}-\dfrac{3x+2}{4}-\dfrac{-x+3}{6}$

$=\dfrac{4(-2x+5)-3(3x+2)-2(-x+3)}{12}$

$=\dfrac{-8x+20-9x-6+2x-6}{12}$

$=\dfrac{-15x+8}{12}=-\dfrac{5}{4}x+\dfrac{2}{3}$

28 $3x-y+3(-x-2y+1)-2x$

$=3x-y-3x-6y+3-2x=-2x-7y+3$

따라서 x의 계수 $a=-2$, y의 계수 $b=-7$이므로

$a-b=(-2)-(-7)=5$

29 (주어진 식)$=2x-3y+\left(\dfrac{2}{3}x+\dfrac{3}{4}y\right)\times12$

$=2x-3y+8x+9y$

$=10x+6y$

30 n이 자연수일 때, $2n-1$은 홀수이고, $2n$은 짝수이므로

$(-1)^{2n-1}=-1$, $(-1)^{2n}=1$이다.

(주어진 식)$=\dfrac{x+1}{6}-\left(-\dfrac{3x-5}{4}-\dfrac{5x-4}{3}\right)$

$=\dfrac{2(x+1)+3(3x-5)+4(5x-4)}{12}$

$=\dfrac{2x+2+9x-15+20x-16}{12}$

$=\dfrac{31x-29}{12}=\dfrac{31}{12}x-\dfrac{29}{12}$

따라서 x의 계수 $a=\dfrac{31}{12}$, 상수항 $b=-\dfrac{29}{12}$이므로

$a-b=\dfrac{31}{12}-\left(-\dfrac{29}{12}\right)=\dfrac{60}{12}=5$

31 먼저 주어진 식을 간단히 하면

$2(3A-B)-3(A-2B)=6A-2B-3A+6B$

$=3A+4B$

$A=-3x+1$, $B=2x-5$를 대입하면

$3A+4B=3(-3x+1)+4(2x-5)$

$=-9x+3+8x-20=-x-17$

32 먼저 주어진 식을 간단히 하면

$2(A-B)+(A+3B)=2A-2B+A+3B$
$\qquad\qquad\qquad\quad=3A+B$

$A=3x+y-2z-3$, $B=2(-x+3y-z)$를 대입하면

$3A+B=3(3x+y-2z-3)+2(-x+3y-z)$
$\qquad\quad=9x+3y-6z-9-2x+6y-2z$
$\qquad\quad=7x+9y-8z-9$

33 $A=2a-3b+c$, $B=-a+2b-c$,

$C=-3a-b+2c$를 대입하면

$3A-B+2C$
$=3(2a-3b+c)-(-a+2b-c)+2(-3a-b+2c)$
$=6a-9b+3c+a-2b+c-6a-2b+4c$
$=a-13b+8c$

$A+2B-C$
$=(2a-3b+c)+2(-a+2b-c)-(-3a-b+2c)$
$=2a-3b+c-2a+4b-2c+3a+b-2c$
$=3a+2b-3c$

이때 $a=2b=3c$이므로 $a=3c$, $b=\dfrac{3}{2}c$를 대입하면

$3A-B+2C=a-13b+8c=3c-13\times\dfrac{3}{2}c+8c$
$\qquad\qquad\qquad=-\dfrac{17}{2}c$

$A+2B-C=3a+2b-3c=3\times3c+2\times\dfrac{3}{2}c-3c=9c$

$\therefore \dfrac{3A-B+2C}{A+2B-C}=\left(-\dfrac{17}{2}c\right)\div9c$
$\qquad\qquad\qquad\quad=-\dfrac{17}{18}$

다른 풀이

$a=2b=3c$에서 $a=3c$, $b=\dfrac{3}{2}c$이므로

세 다항식 A, B, C에 대입하면

$A=2a-3b+c=2\times3c-3\times\dfrac{3}{2}c+c=\dfrac{5}{2}c$

$B=-a+2b-c=-3c+2\times\dfrac{3}{2}c-c=-c$

$C=-3a-b+2c=-3\times3c-\dfrac{3}{2}c+2c=-\dfrac{17}{2}c$

즉, $3A-B+2C=3\times\dfrac{5}{2}c-(-c)+2\times\left(-\dfrac{17}{2}c\right)=-\dfrac{17}{2}c$

$A+2B-C=\dfrac{5}{2}c+2\times(-c)-\left(-\dfrac{17}{2}c\right)=9c$

$\therefore \dfrac{3A-B+2C}{A+2B-C}=\left(-\dfrac{17}{2}c\right)\div9c$
$\qquad\qquad\qquad\quad=\left(-\dfrac{17}{2}c\right)\times\dfrac{1}{9c}$
$\qquad\qquad\qquad\quad=-\dfrac{17}{18}$

34 주어진 식을 간단히 하면

$(3-|a|)x^3+(4-b)x^2+(7+a-b)x+1$

이 식이 일차식이므로 x^3의 계수와 x^2의 계수가 모두 0이다.

즉, $3-|a|=0$에서 $a=3$ 또는 $a=-3$

$4-b=0$에서 $b=4$

이때 $a=-3$, $b=4$이면 x의 계수가 0이 되어 일차식이 될 수 없다.

따라서 $a=3$, $b=4$이다.

35 $\square=3x-1+2(4x-5)$
$\qquad=3x-1+8x-10$
$\qquad=11x-11$

36 $\square=9x-5-(4x-3)=9x-5-4x+3=5x-2$

37 $(4x-3)-A=9-2x$에서

$A=(4x-3)-(9-2x)=4x-3-9+2x=6x-12$

$B+(7-3x)=-3(2x-1)+2$에서

$B+(7-3x)=-6x+5$

$B=-6x+5-(7-3x)=-6x+5-7+3x=-3x-2$

$\therefore 2A-B=2(6x-12)-(-3x-2)$
$\qquad\qquad=12x-24+3x+2$
$\qquad\qquad=15x-22$

38 파란색 주머니에 넣은 구슬의 개수는

$6+\dfrac{1}{3}(n-6)=\dfrac{1}{3}n+4$

노란색 주머니에 넣은 구슬의 개수는

$20+\dfrac{5}{8}\left\{n-\left(\dfrac{1}{3}n+4\right)-20\right\}=20+\dfrac{5}{8}\left(\dfrac{2}{3}n-24\right)$
$\qquad\qquad\qquad\qquad\qquad\qquad=\dfrac{5}{12}n+5$

따라서 $\dfrac{5}{12}n+5>\dfrac{1}{3}n+4$이므로 파란색 주머니에 넣은 구슬의 개수와 노란색 주머니에 넣은 구슬의 개수의 차는

$\left(\dfrac{5}{12}n+5\right)-\left(\dfrac{1}{3}n+4\right)=\dfrac{1}{12}n+1$

39 지난달과 이번 달의 사탕 한 봉지와 초콜릿 한 개의 가격은 다음과 같다.

	지난달	이번 달
사탕 한 봉지	$4x$원	$\left\{4x\times\left(1-\dfrac{15}{100}\right)\right\}$원
초콜릿 한 개	$(4x-500)$원	$\left\{(4x-500)\times\left(1+\dfrac{30}{100}\right)\right\}$원

따라서 이번 달에 사탕 25봉지와 초콜릿 50개를 살 때 지불해야 하는 금액은

$$4x \times \left(1 - \frac{15}{100}\right) \times 25 + (4x - 500) \times \left(1 + \frac{30}{100}\right) \times 50$$
$$= 85x + 65(4x - 500)$$
$$= 85x + 260x - 32500$$
$$= 345x - 32500 (원)$$

40 어떤 다항식을 □라고 하면
$$□ - (3x + 4) = 5x - 7$$
$$∴ □ = 5x - 7 + (3x + 4) = 8x - 3$$

41 어떤 다항식을 □라고 하면
$$□ + (4x - 3) = 6x + 4$$
$$∴ □ = 6x + 4 - (4x - 3) = 2x + 7$$
따라서 바르게 계산한 식은
$$2x + 7 - (4x - 3) = -2x + 10$$

42 $A - (2x - 3) = 3x - 5$에서
$$A = 3x - 5 + (2x - 3) = 5x - 8$$
$$8x + 6 + B = -x + 3$$에서
$$B = -x + 3 - (8x + 6) = -9x - 3$$
$$∴ A + B = (5x - 8) + (-9x - 3) = -4x - 11$$

43 어떤 다항식을 □라고 하면
$$3\{□ + (-3x - 7)\} = 9x + 6$$
$$□ + (-3x - 7) = 3x + 2$$
$$∴ □ = 3x + 2 - (-3x - 7) = 6x + 9$$
따라서 바르게 계산한 식은
$$\{(6x + 9) - (-3x + 12)\} \div 3 = (9x - 3) \div 3$$
$$= 3x - 1$$

44 상희가 잘못 본 일차식을 A_1이라 하면
$$A_1 + \left(\frac{1}{2}x - 4\right) = \frac{5}{3}x + 5 \qquad ∴ A_1 = \frac{7}{6}x + 9$$
민철이가 잘못 본 일차식을 A_2라 하면
$$A_2 + \left(\frac{1}{2}x - 4\right) = 5x - \frac{3}{2} \qquad ∴ A_2 = \frac{9}{2}x + \frac{5}{2}$$
이때 상희는 일차식 A의 상수항을 잘못 보고 민철이는 일차식 A의 x의 계수를 잘못 본 것이므로
$$A = \frac{7}{6}x + \frac{5}{2}$$
$$∴ A + \left(\frac{1}{2}x - 4\right) = \left(\frac{7}{6}x + \frac{5}{2}\right) + \left(\frac{1}{2}x - 4\right) = \frac{5}{3}x - \frac{3}{2}$$

❷ 일차방정식

주제별 실력다지기

84~95쪽

01 ⑤	**02** ②, ③	**03** ⑤	**04** 6
05 ②	**06** ②	**07** $\frac{6}{11}$	**08** ②
09 ②, ⑤	**10** ㄱ, ㄹ	**11** $\frac{1}{2}$	**12** ④
13 ②	**14** ②	**15** ④	**16** ③
17 $x = -29$	**18** ②	**19** $x = \frac{3}{2}$	
20 $x = 8$	**21** ③	**22** -1	
23 $x = \frac{3}{2}$	**24** ②	**25** ②	
26 $x = 6$	**27** $-\frac{9}{17}$	**28** ③	
29 (1) 3 (2) $x = -\frac{1}{3}$		**30** ①	**31** -2
32 -10	**33** ②	**34** ④	**35** ③
36 ⑤	**37** ③	**38** ⑤	**39** 7
40 ①	**41** ②	**42** ③	**43** ②
44 $\frac{6}{11}$	**45** 1	**46** -5	
47 2, 17	**48** ③	**49** ②	
50 $a = -1, b = 2$		**51** $x = -\frac{2}{3}$	**52** ④
53 ⑤	**54** ⑤	**55** 1개	

01 x의 값에 따라 참이 되기도 하고 거짓이 되기도 하는 등식은 방정식이다.
① 항등식 ② 등식이 아니다. ③ 일차식
④ 참인 등식 ⑤ 방정식

02 식을 간단히 하여 문자의 값에 관계없이 (좌변)=(우변)인 등식을 찾는다.

①, ⑤ 방정식　　　　　　　④ 거짓인 등식

03 $3x+2a=3b+ax$가 항등식이므로 좌변과 우변의 x의 계수와 상수항이 각각 같다.
$3x=ax$이므로 $a=3$
$2a=3b$에서 $6=3b$이므로 $b=2$
$\therefore a+b=3+2=5$

04 모든 x에 대하여 항상 참인 등식은 항등식이므로
$(a+3)x-7=5x+b-3$의 좌변과 우변의 x의 계수와 상수항이 각각 같다.
$(a+3)x=5x$에서 $a+3=5$이므로 $a=2$
$-7=b-3$이므로 $b=-4$
$\therefore a-b=2-(-4)=6$

05 $2x-3(1-x)=4x+\square$에서 좌변을 전개하면
$2x-3+3x=4x+\square$, $5x-3=4x+\square$
이 등식이 항등식이므로 좌변과 우변의 x의 계수와 상수항이 각각 같다.
$\therefore \square=x-3$

06 좌변을 간단히 하면
$\dfrac{1}{2}(4x-8)-\dfrac{4}{3}(6x-12)=2x-4-8x+16$
$\qquad\qquad\qquad\qquad\qquad =-6x+12$
이므로 $-6x+12=2x+\square$
이 식이 x에 대한 항등식이므로
$\square=-8x+12$

07 $y=2x-3$을 $2ax-3(y-a)-4b=-3x+\dfrac{5}{2}$에 대입하면
$2ax-3(2x-3-a)-4b=-3x+\dfrac{5}{2}$
$2ax-6x+9+3a-4b=-3x+\dfrac{5}{2}$
$(2a-6)x+9+3a-4b=-3x+\dfrac{5}{2}$
이때 주어진 식은 모든 x에 대하여 항상 성립하므로 x에 대한 항등식이다.
따라서 좌변과 우변의 x의 계수와 상수항이 각각 같아야 하므로
$2a-6=-3$, $9+3a-4b=\dfrac{5}{2}$
$2a=3$　　$\therefore a=\dfrac{3}{2}$
$a=\dfrac{3}{2}$을 $9+3a-4b=\dfrac{5}{2}$에 대입하면

$9+3\times\dfrac{3}{2}-4b=\dfrac{5}{2}$, $-4b=-11$　　$\therefore b=\dfrac{11}{4}$
$\therefore a\div b=\dfrac{3}{2}\div\dfrac{11}{4}=\dfrac{3}{2}\times\dfrac{4}{11}=\dfrac{6}{11}$

08 ㄱ. 등식의 양변에 같은 수를 곱하여도 등식은 성립한다.
ㄴ. $x=3$, $y=2$, $z=0$이면 $xz=yz$이지만 $x\neq y$이다.
ㄷ. $\dfrac{x}{3}=\dfrac{y}{4}$의 양변에 12를 곱하면 $4x=3y$이다.
ㄹ. $a-b=x-y$의 양변에서 x를 빼고 b를 더하면
$\quad a-x=b-y$
ㅁ. $-x=y$의 양변에 -1을 곱하면 $x=-y$
$\quad x=-y$의 양변에 5를 더하면 $5+x=5-y$
따라서 옳은 것은 ㄱ, ㄹ이다.

09 ① $5x-2=4(x-3) \Rightarrow 5x-2=4x-12$
② $2x+2y=100 \Rightarrow x+y=50$
③ $5000-\dfrac{3000}{6}\times x=500 \Rightarrow 5000-500x=500$
④ $\dfrac{x}{3}+\dfrac{x}{2}=\dfrac{40}{60} \Rightarrow \dfrac{x}{3}+\dfrac{x}{2}=\dfrac{2}{3}$
⑤ $x-\dfrac{15}{100}\times x=9000 \Rightarrow 0.85x=9000$

10
$\qquad 2x-3=5$
$\qquad 2x-3+3=5+3$　⟩ ㉮ 양변에 3을 더한다. (ㄱ)
$\qquad\quad 2x=8$
$\qquad\quad \dfrac{2x}{2}=\dfrac{8}{2}$　⟩ ㉯ 양변을 2로 나눈다. (ㄹ)
$\qquad\therefore x=4$

11
$\qquad -6x+3=-9$
$\qquad -6x+3+(-3)=-9+(-3)$　⟩ 양변에 -3을 더한다.
$\qquad\qquad -6x=-12$
$\qquad -6x\times\left(-\dfrac{1}{6}\right)=-12\times\left(-\dfrac{1}{6}\right)$　⟩ 양변에 $-\dfrac{1}{6}$을 곱한다.
$\qquad\qquad\therefore x=2$
따라서 $m=-3$, $n=-\dfrac{1}{6}$이므로
$mn=(-3)\times\left(-\dfrac{1}{6}\right)=\dfrac{1}{2}$

12 ①, ②, ③, ⑤ $a=b$이면 $a+c=b+c$
④ $a=b$, $c\neq0$이면 $\dfrac{a}{c}=\dfrac{b}{c}$

13 ■$=a$, ●$=b$, ▲$=c$, ★$=d$라 하면
[그림 1]에서 $4a+5b=a+2b+3c$이므로
$3a+3b=3c$　　$\therefore a+b=c$　$\cdots\cdots$ ㉠

[그림 2]에서 $2a+2b+2c+d=6d$이므로

$2a+2b+2c=5d$ ...... ㉡

㉠을 ㉡에 대입하면

$2c+2c=5d$, $4c=5d$ ∴ $c=\dfrac{5}{4}d$

따라서 ▲ 모양의 추의 무게는 $\dfrac{5}{4}\times 2.4=3(\text{g})$이다.

14 ㄱ. $2x+3=2(x+1)$에서 $2x+3=2x+2$, $3=2$이므로 거짓인 등식.

ㄴ. 일차식

ㄷ. $2(2-3x)=4x$에서 $4-6x=4x$, $-10x+4=0$이므로 일차방정식

ㄹ. $x^2-5=x^2-7x$에서 $7x-5=0$이므로 일차방정식

ㅁ. 등식이 아니다.

ㅂ. 일차방정식

따라서 일차방정식은 ㄷ, ㄹ, ㅂ으로 3개이다.

15 $2x^2+5x-9=2+3x+ax^2$의 모든 항을 좌변으로 이항하여 정리하면

$(2-a)x^2+(5-3)x-9-2=0$

$(2-a)x^2+2x-11=0$ ...... ㉠

㉠이 x에 대한 일차방정식이 되려면 이차항 x^2의 계수가 0이 되어야 하므로

$2-a=0$ ∴ $a=2$

16 $ax-2=x+b$, 즉 $(a-1)x=b+2$가 x에 대한 일차방정식이 되려면 $a-1\ne 0$이어야 하므로

$a\ne 1$

17 $4-\dfrac{4x-1}{3}=-x-\dfrac{1+x}{2}$의 양변에 6을 곱하면

$24-2(4x-1)=-6x-3(1+x)$

$24-8x+2=-6x-3-3x$

$-8x+26=-9x-3$

∴ $x=-29$

18 $0.1x-0.03=-0.17x-0.3$의 양변에 100을 곱하면

$10x-3=-17x-30$

$27x=-27$ ∴ $x=-1$

19 $\dfrac{1}{3}x-0.5=\dfrac{2x-3}{5}$의 양변에 30을 곱하면

$10x-15=6(2x-3)$

$10x-15=12x-18$, $-2x=-3$

∴ $x=\dfrac{3}{2}$

20 $\dfrac{3}{4}\left(\dfrac{5}{6}x-8\right)=-0.2x+0.6$에서 좌변의 괄호를 풀면

$\dfrac{5}{8}x-6=-0.2x+0.6$

양변에 40을 곱하면

$25x-240=-8x+24$

$33x=264$ ∴ $x=8$

21 $(4x-1):3x=2:3$에서

$6x=3(4x-1)$, $6x=12x-3$

$6x=3$ ∴ $x=\dfrac{1}{2}$

22 $3:2=\dfrac{1}{2}(x-1):\dfrac{2}{3}(3x+2)$에서

$x-1=2(3x+2)$, $x-1=6x+4$

$-5x=5$ ∴ $x=-1$

23 $2(x+3)=x+4$에서

$2x+6=x+4$이므로 $x=-2$ ∴ $a=-2$

$a+2(x-1)=ax+2$에 $a=-2$를 대입하면

$-2+2(x-1)=-2x+2$에서

$-2+2x-2=-2x+2$이므로

$4x=6$ ∴ $x=\dfrac{3}{2}$

24 $\dfrac{2(x-1)}{5}-1=0.6(x-3)$의 양변에 10을 곱하면

$4(x-1)-10=6(x-3)$

$4x-4-10=6x-18$

$-2x=-4$ ∴ $x=2$

즉 $a=2$

∴ $a^2-5a=2^2-5\times 2=4-10=-6$

25 $-2x+4=-(x-2)$에서

$-2x+4=-x+2$ ∴ $x=2$

$-\dfrac{x}{2}+1=0.5x-1.4$의 양변에 10을 곱하면

$-5x+10=5x-14$, $-10x=-24$ ∴ $x=2.4$

따라서 $a=2$, $b=2.4$이므로

$10(a-b)=10(2-2.4)=-4$

26 $\dfrac{1}{2}x-0.2x=-\dfrac{3}{5}$의 양변에 10을 곱하면

$5x-2x=-6$, $3x=-6$, $x=-2$ ∴ $a=-2$

$(x-2):3=(2x+3):5$에서

$3(2x+3)=5(x-2)$, $6x+9=5x-10$

$x=-19$ ∴ $b=-19$

즉 $-2x-1=x-19$에서
$-3x=-18$ $\therefore x=6$

27 $\left(\dfrac{1}{3}x+4\right):5=(2x+3):\dfrac{15}{2}$에서

$5(2x+3)=\dfrac{15}{2}\left(\dfrac{1}{3}x+4\right),\ 10x+15=\dfrac{5}{2}x+30$

$\dfrac{15}{2}x=15$ $\therefore x=2$

$(ax+3):\left(\dfrac{3}{2}-5ax\right)=2:7$에서

$2\left(\dfrac{3}{2}-5ax\right)=7(ax+3)$

$x=2$를 대입하면

$2\left(\dfrac{3}{2}-10a\right)=7(2a+3)$

$3-20a=14a+21,\ 34a=-18$

$\therefore a=-\dfrac{9}{17}$

28 $\dfrac{x+1}{2}=\dfrac{ax-1}{3}$에 $x=5$를 대입하면

$3=\dfrac{5a-1}{3}$

양변에 3을 곱하면

$9=5a-1,\ 5a=10$ $\therefore a=2$

29 (1) $kx+2=\dfrac{x-k}{4}$에 $x=-1$을 대입하면

$-k+2=\dfrac{-1-k}{4}$

양변에 4를 곱하면

$-4k+8=-1-k,\ -3k=-9$ $\therefore k=3$

(2) $(k-4)x+3=\dfrac{2k}{3}-4x$에 $k=3$을 대입하면

$-x+3=2-4x$

$3x=-1$ $\therefore x=-\dfrac{1}{3}$

30 $-2a+x=a-5$의 해가 $x=1$이므로

$-2a+1=a-5,\ -3a=-6$ $\therefore a=2$

$a-1=1-(a+2)x$에 $a=2$를 대입하면

$2-1=1-(2+2)x,\ 1=1-4x$

$4x=0$ $\therefore x=0$

31 $2x-1=-3$에서

$2x=-2$ $\therefore x=-1$

$x(k+5)=2k+1$에 $x=-1$을 대입하면

$-(k+5)=2k+1,\ -k-5=2k+1$

$-3k=6$ $\therefore k=-2$

32 $x+6=\dfrac{x}{3}$의 양변에 3을 곱하면

$3x+18=x,\ 2x=-18$ $\therefore x=-9$

$x-1=a$에 $x=-9$를 대입하면

$-9-1=a$ $\therefore a=-10$

33 $\dfrac{x}{3}+3=\dfrac{1-3x}{5}$의 양변에 15를 곱하면

$5x+45=3-9x,\ 14x=-42$ $\therefore x=-3$

$2x-k+3=4(k-x)$에 $x=-3$을 대입하면

$-6-k+3=4(k+3),\ -k-3=4k+12$

$-5k=15$ $\therefore k=-3$

34 $-3:(5-2x)=-2:(x-6)$에서

$-2(5-2x)=-3(x-6)$

$-10+4x=-3x+18$

$7x=28$ $\therefore x=4$

$2x+13=-3+ax$에 $x=4$를 대입하면

$8+13=-3+4a,\ -4a=-24$ $\therefore a=6$

35 ① $-3x-4=5$에서 $-3x=9$ $\therefore x=-3$

② $x+5=-2x-4$에서 $3x=-9$ $\therefore x=-3$

③ $0.3x+0.05=0.65$의 양변에 100을 곱하면

$\quad 30x+5=65,\ 30x=60$ $\therefore x=2$

④ $2(5x+7)=5x-1$에서 $10x+14=5x-1$

$\quad 5x=-15$ $\therefore x=-3$

⑤ $\dfrac{2}{3}x+\dfrac{3}{2}=\dfrac{1}{6}x$의 양변에 6을 곱하면

$\quad 4x+9=x,\ 3x=-9$ $\therefore x=-3$

따라서 해가 나머지 넷과 다른 하나는 ③이다.

36 $x+2=-1-2x$에서 $x+2x=-1-2$

$3x=-3$ $\therefore x=-1$

① $3x=-9$에서 $x=-3$

② $x+7=2x+10$에서 $-x=3$ $\therefore x=-3$

③ $2(x+1)=3x+5$에서 $2x+2=3x+5$ $\therefore x=-3$

④ $3(x-5)=x-9$에서 $3x-15=x-9,\ 2x=6$

$\quad \therefore x=3$

⑤ $-5(x+2)=-5$에서 $-5x-10=-5,\ -5x=5$

$\quad \therefore x=-1$

37 $2(3x-1)=3(x-2)-5$에서

$6x-2=3x-11,\ 3x=-9$ $\therefore x=-3$

① $-3x+4=-x+10$에서 $-2x=6$ $\therefore x=-3$

② $\dfrac{2}{3}x-2=3x+5$의 양변에 3을 곱하면

$\quad 2x-6=9x+15,\ -7x=21$ $\therefore x=-3$

③ $\frac{5}{3}x-4=-(5-2x)$의 양변에 3을 곱하면

$5x-12=-15+6x$ $\therefore x=3$

④ $1.2x+3.6=2(x+3)$의 양변에 10을 곱하면

$12x+36=20x+60$

$-8x=24$ $\therefore x=-3$

⑤ $\frac{3-4x}{5}=\frac{2x+15}{3}$의 양변에 15를 곱하면

$9-12x=10x+75$

$-22x=66$ $\therefore x=-3$

38 $3x=2(x+1)$에서

$3x=2x+2$, $3x-2x=2$ $\therefore x=2$

이때 $ax-2=bx+18$의 해는 $x=2\times2=4$이므로

$ax-2=bx+18$에 $x=4$를 대입하면

$4a-2=4b+18$, $4a-4b=20$, $4(a-b)=20$

$\therefore a-b=5$

39 두 대각선에 있는 세 식의 합은 각각

$3+6+(x+2)=x+11$, $x+6+(x-2)=2x+4$

이고, 두 식의 값이 같으므로

$x+11=2x+4$, $-x=-7$ $\therefore x=7$

40 $3 \blacklozenge x=3\times3-2\times x-1=-2x+8$

$-2x \blacklozenge 1=3\times(-2x)-2\times1-1=-6x-3$

$2 \blacklozenge 3=3\times2-2\times3-1=-1$이므로

$(3 \blacklozenge x)-(-2x \blacklozenge 1)=2 \blacklozenge 3$에서

$(-2x+8)-(-6x-3)=-1$

$-2x+8+6x+3=-1$

$4x=-12$ $\therefore x=-3$

41 $x*1=x+x+1=2x+1$,

$2*x=2x+2+x=3x+2$이므로

$(x*1)+(2*x)=-2$에서

$2x+1+3x+2=-2$

$5x=-5$ $\therefore x=-1$

42 $<3,\ 2x>=2\times3\times2x+3-2x$

             $=12x+3-2x=10x+3$

$<4x,\ -1>=2\times4x\times(-1)+4x-(-1)$

             $=-8x+4x+1=-4x+1$

이므로 $<3,\ 2x>=<4x,\ -1>$에서

$10x+3=-4x+1$, $14x=-2$

$\therefore x=-\frac{1}{7}$

43 $\begin{vmatrix} 3 & -2 \\ 5x-4 & \frac{1}{3}x+6 \end{vmatrix}=3\left(\frac{1}{3}x+6\right)-(-2)\times(5x-4)$

                 $=x+18+10x-8=11x+10$

이므로

$\begin{vmatrix} 3 & -2 \\ 5x-4 & \frac{1}{3}x+6 \end{vmatrix}=-1$에서

$11x+10=-1$, $11x=-11$ $\therefore x=-1$

44 오른쪽 그림과 같이 빈칸에 알맞은 식을 각각 A, B라고 하면

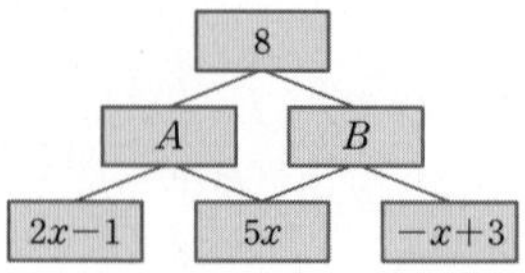

$A=(2x-1)+5x=7x-1$

$B=5x+(-x+3)=4x+3$

$A+B=8$이므로 $(7x-1)+(4x+3)=8$

$11x+2=8$, $11x=6$ $\therefore x=\frac{6}{11}$

45 오른쪽 그림과 같이 빈칸에 알맞은 식을 각각 A, B라고 하면

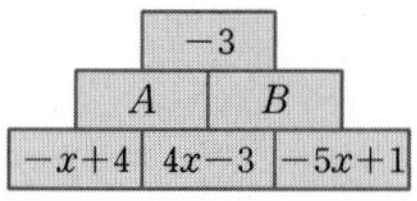

$A=(-x+4)-(4x-3)$

   $=-5x+7$

$B=(4x-3)-(-5x+1)=9x-4$

$A-B=-3$이므로 $(-5x+7)-(9x-4)=-3$

$-14x+11=-3$, $-14x=-14$ $\therefore x=1$

46 오른쪽 그림과 같이 빈칸에 알맞은 식을 각각 A, B라고 하면

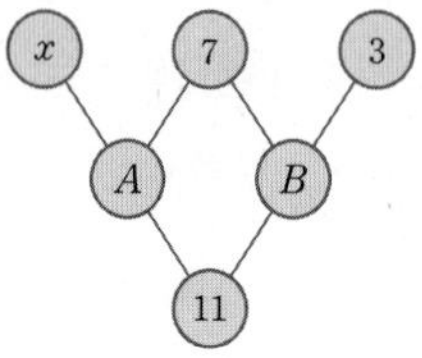

$A=2x+7$

$B=2\times7+3=17$

$2A+B=11$이므로

$2(2x+7)+17=11$, $4x+14+17=11$

$4x=-20$ $\therefore x=-5$

47 $32-15x=k$에서

$-15x=k-32$ $\therefore x=\frac{32-k}{15}$

이때 $x=\frac{32-k}{15}$가 자연수가 되려면 k도 자연수이므로

$32-k$의 값은 32보다 작은 15의 배수이어야 한다.

(i) $32-k=15$일 때, $k=17$

(ii) $32-k=30$일 때, $k=2$

따라서 구하는 k의 값은 2, 17이다.

48 $3x-8=ax-2b$를 정리하면

$3x-ax=-2b+8$, $(3-a)x=-2b+8$

이 방정식의 해가 무수히 많을 조건은

$3-a=0$, $-2b+8=0$이므로

$a=3$, $b=4$

$\therefore ab=3\times 4=12$

49 $x+a(x-4)=b$를 정리하면

$x+ax-4a=b$, $(1+a)x=4a+b$

이 방정식의 해가 무수히 많을 조건은

$1+a=0$, $4a+b=0$이므로

$a=-1$, $b=4$

$\therefore a+b=(-1)+4=3$

50 $ax-6=(1-b)x-3b$를 정리하면

$ax-6=x-bx-3b$, $ax+bx-x=-3b+6$

$(a+b-1)x=-3b+6$

이 방정식의 해가 무수히 많을 조건은

$a+b-1=0$, $-3b+6=0$이므로

$b=2$, $a+1=0$에서 $a=-1$

$\therefore a=-1$, $b=2$

51 $2ax-1=3(x-b)+2$에서 $2ax-1=3x-3b+2$

이 방정식의 해가 무수히 많을 조건은

$2a=3$, $-1=-3b+2$

$\therefore a=\dfrac{3}{2}$, $b=1$

$ax+b=0$에 $a=\dfrac{3}{2}$, $b=1$을 대입하면

$\dfrac{3}{2}x+1=0$에서

$\dfrac{3}{2}x=-1$ $\therefore x=-\dfrac{2}{3}$

52 ④ $3x+4x=7x+1$에서 $0\times x=1$이므로 해가 없다.

⑤ $3x-6=3x-6$이므로 해가 무수히 많다.

53 $ax-3(x+a)=2$에서

$ax-3x-3a=2$, $(a-3)x=2+3a$

이 방정식의 해가 없을 조건은

$a-3=0$, $2+3a\neq 0$

$\therefore a=3$

54 $3(x+1):a=(x-1):2$에서

$a(x-1)=6(x+1)$

$ax-a=6x+6$, $(a-6)x=a+6$

이 방정식의 해가 없을 조건은

$a-6=0$, $a+6\neq 0$ $\therefore a=6$

55 $-x+2=2x-\dfrac{x-a}{a}$의 양변에 a를 곱하면

$-ax+2a=2ax-x+a$, $a=(3a-1)x$

이 방정식이 한 개의 해를 가지므로 x의 계수는 0이 아니다.

즉, $a\neq \dfrac{1}{3}$

또, $(a-1)x-b=1-\dfrac{2}{3}x$의 양변에 3을 곱하면

$3(a-1)x-3b=3-2x$, $(3a-1)x=3b+3$

이 방정식은 b의 값에 관계없이 x의 계수가 0이 아니므로 항상 1개의 해를 갖는다.

③ 일차방정식의 활용

주제별 실력다지기

97~109쪽

01 67	**02** ③	**03** 29, 30	**04** ①
05 ③	**06** ④	**07** 18세	
08 어머니 : 31세, 채윤 : 3세		**09** ②	
10 4개월 후	**11** ②	**12** 20명	**13** ⑤
14 36 cm	**15** ③	**16** ③	
17 6 km	**18** 6 km	**19** ④	
20 시속 9.6 km		**21** 36 km	**22** ②
23 ③	**24** 20분 후	**25** ③	
26 45 m	**27** 1.6 km	**28** ③	**29** ①
30 600 m	**31** ①		
32 속력 : 시속 18 km, 거리 : 32 km			**33** ③
34 ⑤	**35** ③	**36** ④	**37** ⑤
38 ⑤	**39** ③	**40** ②	**41** 9일
42 6일	**43** 15분	**44** 30 %	
45 10000원	**46** 1000원	**47** 3200원	**48** ①
49 3000원	**50** 13	**51** ④	
52 9자루	**53** ③	**54** 87	**55** 53

01 두 자리의 자연수에서 십의 자리의 숫자를 x라고 하면
$10x+7=6(x+7)-11$, $10x+7=6x+42-11$
$4x=24$ $\quad\therefore x=6$
따라서 구하는 자연수는 67이다.

02 일의 자리의 숫자를 x라고 하면
처음 자연수는 $30+x$이고, 바꾼 자연수는 $10x+3$이므로
$10x+3=2(30+x)-1$, $10x+3=60+2x-1$
$8x=56$ $\quad\therefore x=7$
따라서 처음 자연수는 37이고, 바꾼 자연수는 73이므로 두 수의 합은
$37+73=110$

03 연속한 두 정수를 x, $x+1$이라고 하면
$x+x+1=59$, $2x=58$ $\quad\therefore x=29$
따라서 구하는 두 정수는 29, 30이다.

04 연속한 세 홀수를 $x-2$, x, $x+2$라고 하면
$(x-2)+x+(x+2)=153$
$3x=153$ $\quad\therefore x=51$
따라서 세 홀수 중 가장 작은 수는 $x-2=51-2=49$이다.

05 큰 수를 x라고 하면 작은 수는 $33-x$이므로
$x=4(33-x)+3$, $x=132-4x+3$
$5x=135$ $\quad\therefore x=27$
따라서 큰 수는 27이다.

06 x년 후에 어머니의 나이가 지혜의 나이의 2배가 된다고 하면 x년 후의 지혜의 나이는 $(14+x)$세, 어머니의 나이는 $(42+x)$세이므로
$42+x=2(14+x)$, $42+x=28+2x$
$-x=-14$ $\quad\therefore x=14$
따라서 14년 후 어머니의 나이가 지혜의 나이의 2배가 된다.

07 올해 아들의 나이를 x세라고 하면 아버지의 나이는 $(59-x)$세이다.

5년 후의 아들의 나이는 $(x+5)$세, 아버지의 나이는 $(59-x)+5=64-x$(세)이므로
$64-x=2(x+5)$, $64-x=2x+10$
$-3x=-54$ $\quad\therefore x=18$
따라서 올해 아들의 나이는 18세이다.

08 올해 어머니의 나이를 x세라고 하면 채윤이의 나이는 $(x-28)$세이다.
12년 후의 어머니의 나이는 $(x+12)$세, 채윤이의 나이는 $(x-28)+12=x-16$(세)이므로
$x+12=3(x-16)-2$, $x+12=3x-48-2$
$-2x=-62$ $\quad\therefore x=31$
따라서 올해 어머니의 나이는 31세이고, 채윤이의 나이는 $31-28=3$(세)이다.

09 올해 막내의 나이를 x세라고 하면 가장 큰 언니의 나이는 $(x+4)$세이므로
$x+4=2x-6$, $-x=-10$ $\quad\therefore x=10$
따라서 올해 막내의 나이는 10세이다.

10 x개월 동안 모은다고 할 때
윤미가 모은 금액은 $50000+3000x$(원), 경진이가 모은 금액은 $30000+8000x$ (원)이므로
$50000+3000x=30000+8000x$
$-5000x=-20000$ $\quad\therefore x=4$
따라서 4개월 후에 두 사람이 모은 금액이 같아진다.

11 책의 전체 쪽수를 x쪽이라고 하면
$\frac{1}{4}x+\frac{1}{3}x+30=x$
양변에 12를 곱하면
$3x+4x+360=12x$, $7x+360=12x$
$-5x=-360$ $\quad\therefore x=72$
따라서 책의 전체 쪽수는 72쪽이다.

12 염색을 한 남학생 수가 4이고 염색을 한 남녀 학생 수의 비가 $1:2$이므로 염색을 한 여학생 수는 8이다. 또, 염색을 하지 않은 남학생 수를 $2x$, 여학생 수를 $3x$라고 하면 전체 학생 중 남학생 수는 $(2x+4)$, 여학생 수는 $(3x+8)$이다.
전체 학생의 남녀 비가 $3:5$이므로
$(2x+4):(3x+8)=3:5$에서
$3(3x+8)=5(2x+4)$
$9x+24=10x+20$ $\quad\therefore x=4$
따라서 머리염색을 하지 않은 학생은

$2x+3x=5x=5\times4=20$(명)이다.

13 합금 속의 구리의 무게를 x g이라고 하면 아연의 무게는 $(151-x)$ g이다.

물 속에서 아연의 무게는 $\dfrac{7}{8}(151-x)$ g, 구리의 무게는

$\dfrac{6}{7}x$ g이고, 물 속에서 합금의 무게가 130 g이 되었으므로

$\dfrac{7}{8}(151-x)+\dfrac{6}{7}x=130$

양변에 56을 곱하면

$49(151-x)+48x=7280$

$7399-49x+48x=7280$

$\therefore x=119$

따라서 합금 속의 구리의 무게는 119 g이다.

다른 풀이

합금 속의 구리의 무게를 x g이라고 하면 아연의 무게는 $(151-x)$ g이다.

구리의 무게는 $\dfrac{1}{7}$만큼, 아연의 무게는 $\dfrac{1}{8}$만큼 가벼워지고 전체 무게는 $(151-130)$ g만큼 가벼워지므로

$\dfrac{1}{7}x+\dfrac{1}{8}(151-x)=151-130$

양변에 56을 곱하면

$8x+1057-7x=1176$ $\qquad \therefore x=119$

14 잘라낸 세 끈의 길이를 각각 $2x$ cm, $3x$ cm, $4x$ cm라고 하면

$2x+3x+4x=108$, $9x=108$ $\qquad \therefore x=12$

따라서 중간 길이의 끈의 길이는 $3x=3\times12=36$(cm)이다.

15 닭장의 세로의 길이를 x cm라고 하면 가로의 길이는 $(x+160)$ cm이다.

이때 전체 철망의 길이가 7 m, 즉 700 cm이므로

$(x+160)+2x=700$, $3x+160=700$

$3x=540$ $\qquad \therefore x=180$

따라서 닭장의 세로의 길이는 180 cm이다.

16

시속 80 km로 달린 거리를 x km라고 하면 시속 60 km로 달린 거리는 $(80-x)$ km이고, 총 1시간 10분이 걸렸으므로

$\dfrac{80-x}{60}+\dfrac{x}{80}=\dfrac{70}{60}$

양변에 240을 곱하면

$4(80-x)+3x=280$

$-x+320=280$ $\qquad \therefore x=40$

따라서 시속 80 km로 달린 거리는 40 km이므로 시속 80 km로 달린 시간은 $\dfrac{40}{80}=\dfrac{1}{2}$(시간), 즉 30분이다.

17 덕만이가 자전거를 타고 간 거리를 x km라고 하면 버스를 타고 간 거리는 $(66-x)$ km이므로

$\dfrac{66-x}{45}+\dfrac{x}{18}=\dfrac{100}{60}$

양변에 90을 곱하면

$2(66-x)+5x=150$, $132-2x+5x=150$

$3x=18$ $\qquad \therefore x=6$

따라서 덕만이가 자전거를 타고 간 거리는 6 km이다.

18 올라간 거리를 x km라고 하면 내려온 거리는 $(10-x)$ km이므로

$\dfrac{x}{4}+\dfrac{10-x}{6}=\dfrac{13}{6}$

양변에 12를 곱하면

$3x+2(10-x)=26$

$3x+20-2x=26$ $\qquad \therefore x=6$

따라서 진수가 올라간 거리는 6 km이다.

19 산의 정상까지의 거리를 x m라고 하면

$\dfrac{x}{20}-\dfrac{x}{50}=60$

양변에 100을 곱하면

$5x-2x=6000$, $3x=6000$ $\qquad \therefore x=2000$

따라서 분속 25 m로 산을 올라갔을 때 걸리는 시간은

$\dfrac{2000}{25}=80$(분), 즉 1시간 20분이다.

20 A는 갈 때는 시속 12 km, 올 때는 시속 8 km로 달렸으므로 걸린 시간은

$\dfrac{20}{12}+\dfrac{20}{8}=\dfrac{40}{24}+\dfrac{60}{24}=\dfrac{100}{24}=\dfrac{25}{6}$(시간)

B의 속력을 시속 x km라고 하면 처음부터 일정한 속력으로 달렸고 걸린 시간이 $\dfrac{25}{6}$시간이므로

$x=40\div\dfrac{25}{6}=40\times\dfrac{6}{25}=\dfrac{48}{5}=9.6$

따라서 B의 속력은 시속 9.6 km이다.

21 집에서 놀이 공원까지의 거리를 x km라고 하면

(시속 45 km로 갈 때 걸린 시간)

$=$(시속 60 km로 갈 때 걸린 시간)$+$(12분)

이고, 12분$=\dfrac{12}{60}$시간이므로

$$\frac{x}{45}=\frac{x}{60}+\frac{12}{60}$$

양변에 180을 곱하면

$4x=3x+36$ $\therefore x=36$

따라서 집에서 놀이 공원까지의 거리는 36 km이다.

22 집에서 이모 댁까지의 거리를 x km라고 하면

$$\frac{x}{6}-\frac{x}{12}=\frac{40}{60},\ \frac{x}{6}-\frac{x}{12}=\frac{2}{3}$$

양변에 12를 곱하면

$2x-x=8$ $\therefore x=8$

따라서 시속 10 km로 자전거를 타고 갔을 때 걸리는 시간은

$\frac{8}{10}=\frac{4}{5}$(시간), 즉 48분이다.

23 집에서 영화관까지의 거리를 x km라고 하면

시속 4 km로 가는 것과 시속 12 km로 가는 것의 시간 차이가

60분, 즉 1시간이므로

$$\frac{x}{4}-\frac{x}{12}=1$$

양변에 12를 곱하면

$3x-x=12,\ 2x=12$ $\therefore x=6$

따라서 집에서 영화관까지의 거리는 6 km이다.

24 두 사람이 출발한 지 x분 후에 만난다고 하면

x분 동안 A와 B가 걸은 거리의 합이 두 사람의 집 사이의 거리와 같으므로

$60x+50x=2200$

$110x=2200$ $\therefore x=20$

따라서 출발한 지 20분 후에 두 사람이 만난다.

25 지수가 출발한 지 x분 후에 동은이를 만난다고 하면

동은이가 걸은 시간은 $(10+x)$분이고, 이때 두 사람이 간 거리는 같으므로

$80(10+x)=240x,\ 800+80x=240x$

$160x=800$ $\therefore x=5$

따라서 지수가 출발한 지 5분 후에 두 사람이 만난다.

26 형이 간 거리를 x m라고 하면

동생이 간 거리는 $(x-30)$ m이고, 이때 걸린 시간은 같으므로

$$\frac{x}{12}=\frac{x-30}{4}$$

양변에 12를 곱하면

$x=3(x-30),\ x=3x-90$

$2x=90$ $\therefore x=45$

따라서 형이 동생을 만난 지점은 형이 출발한 곳에서 45 m 떨어진 곳이다.

27 행렬은 20분 동안 800 m를 이동하므로 1시간 동안 $0.8\times3=2.4$(km)를 이동하고, 덕우는 2배의 속도로 이동하므로 1시간 동안 $2.4\times2=4.8$(km)를 이동한다.

덕우가 1반 반장을 만날 때까지 걸린 시간을 x시간이라 하면

(덕우가 간 거리)=(행렬이 간 거리)+0.8 km이므로

$4.8x=2.4x+0.8$

$2.4x=0.8$ $\therefore x=\frac{1}{3}$

따라서 덕우가 이동한 거리는 $4.8\times\frac{1}{3}=1.6$(km)이다.

28 두 사람이 출발한 지 x분 후에 처음으로 다시 만난다고 하면 분속 80 m로 걷는 사람이 분속 60 m로 걷는 사람보다 호수를 한 바퀴 더 돌게 되므로

$80x-60x=800$

$20x=800$ $\therefore x=40$

따라서 40분 후에 두 사람이 처음으로 다시 만난다.

29 현수가 출발한 지 x분 후에 준수를 만난다고 하면

현수가 x분 동안 뛴 거리와 준수가 $(x+6)$분 동안 뛴 거리의 합이 트랙의 둘레의 길이와 같으므로

$180(x+6)+150x=2400$

$180x+1080+150x=2400$

$330x=1320$ $\therefore x=4$

따라서 처음으로 두 사람이 만나는 것은 현수가 출발한 지 4분 후이다.

30 나연이의 속력을 분속 x m라고 하면

두 사람이 서로 반대 방향으로 출발하여 만날 때까지 걸린 시간이 3분이므로

(호수의 둘레의 길이)

=(현정이가 간 거리)+(나연이가 간 거리)

$=80\times3+x\times3=3x+240$(m)

또, 두 사람이 같은 방향으로 출발하여 만날 때까지 걸린 시간은 15분이고 나연이의 속력이 더 빠르므로

(호수의 둘레의 길이)

=(나연이가 간 거리)−(현정이가 간 거리)

$=x\times15-80\times15=15x-1200$(m)

두 식의 호수의 둘레의 길이는 같으므로

$3x+240=15x-1200$

$1440=12x$ $\therefore x=120$

따라서 나연이의 속력은 분속 120 m이고, 호수의 둘레의 길이는
$$3x+240=3\times120+240=600\,(\text{m})$$

31 기차가 다리를 완전히 통과하려면
(터널의 길이)+(기차의 길이)만큼 움직여야 한다.
기차의 길이를 x m라고 하면 기차의 속력은 일정하므로
$$\frac{700+x}{4}=\frac{500+x}{3}$$
양변에 12를 곱하면
$$3(700+x)=4(500+x)$$
$$2100+3x=2000+4x \qquad \therefore x=100$$
따라서 기차의 길이는 100 m이다.

32 흐르지 않는 물에서의 배의 속력을 시속 x km라고 하면 배가 B에서 A로 거슬러 올라갈 때 배의 속력은 강물의 속력만큼 느려지므로 시속 $(x-6)$ km
배가 A에서 B로 내려올 때 배의 속력은 강물의 속력만큼 빨라지므로 시속 $(x+6)$ km
거슬러 올라갈 때 걸린 시간은 2시간 40분, 즉 $\dfrac{8}{3}$시간이고,
내려올 때 걸린 시간은 1시간 20분, 즉 $\dfrac{4}{3}$시간이다.
이때 두 지점 A, B 사이의 거리는 일정하므로
$$\frac{8}{3}(x-6)=\frac{4}{3}(x+6)$$
$$2x-12=x+6$$
$$\therefore x=18$$
따라서 흐르지 않는 물에서의 배의 속력은 시속 18 km이고, A, B 사이의 거리는
$$\frac{8}{3}(18-6)=\frac{8}{3}\times12=32\,(\text{km})$$

33 섞은 8 %의 포도즙의 양은 x g이므로
$$\frac{5}{100}\times200+\frac{8}{100}\times x=\frac{6}{100}\times(200+x)$$
양변에 100을 곱하면
$$1000+8x=1200+6x, \; 2x=200 \qquad \therefore x=100$$
따라서 섞은 8 %의 포도즙의 양은 100 g이다.

34 6 %의 소금물의 양을 x g이라고 하면 10 %의 소금물의 양은 $(200-x)$ g이고, 소금의 양은 변하지 않으므로
$$\frac{6}{100}\times x+\frac{10}{100}\times(200-x)=\frac{9}{100}\times200$$
양변에 100을 곱하면
$$6x+2000-10x=1800, \; 4x=200 \qquad \therefore x=50$$
즉 6 %의 소금물은 50 g, 10 %의 소금물은 150 g이다.

따라서 두 소금물의 양의 차는 $150-50=100\,(\text{g})$이다.

35 20 %인 소금물 3 kg에 들어 있는 소금의 양은
$$\frac{20}{100}\times3=\frac{3}{5}\,(\text{kg})$$
더 넣어야 할 물의 양을 x kg이라고 하면
15 %인 소금물 $(3+x)$ kg에 들어 있는 소금의 양은
$$\frac{15}{100}\times(3+x)\,(\text{kg})$$
이때 소금의 양은 변하지 않으므로
$$\frac{3}{5}=\frac{15}{100}\times(3+x)$$
양변에 100을 곱하면
$$60=15(3+x), \; 4=3+x \qquad \therefore x=1$$
따라서 더 넣어야 할 물의 양은 1 kg이다.

36 증발시키는 물의 양을 x g이라 하면
물을 증발시켜도 설탕의 양은 변하지 않으므로
$$\frac{9}{100}\times500=\frac{15}{100}\times(500-x)$$
양변에 100을 곱하면
$$4500=15(500-x), \; 4500=7500-15x$$
$$15x=3000 \qquad \therefore x=200$$
따라서 200 g의 물을 증발시켜야 한다.

37 증발시킨 물의 양을 x g이라 하면
물을 증발시켜도 설탕의 양은 변하지 않으므로
$$\frac{5}{100}\times200+\frac{8}{100}\times300=\frac{10}{100}\times(500-x)$$
양변에 100을 곱하면
$$1000+2400=5000-10x$$
$$10x=1600 \qquad \therefore x=160$$
따라서 증발시킨 물의 양은 160 g이다.

38 처음 컵에 든 물의 양을 x g이라고 하면
매일 컵에 있는 물의 양의 10 %가 증발하므로 1일 후 컵에 남아 있는 물의 양은
$$x-0.1x=0.9x\,(\text{g})$$
2일 후 컵에 남아 있는 물의 양은
$$0.9x-0.1\times0.9x=0.81x\,(\text{g})$$
3일 후 컵에 남아 있는 물의 양은
$$0.81x-0.1\times0.81x=0.729x\,(\text{g})$$
3일 후 271 g의 물을 넣었더니 물의 양이 처음의 양만큼 되었으므로
$$0.729x+271=x, \; 0.271x=271 \qquad \therefore x=1000$$
따라서 처음 컵에 있던 물의 양은 1000 g이다.

39 물탱크에 가득 찬 물의 양을 1이라고 하면 A, B 각 호스로 1시간 동안 채울 수 있는 물의 양은 $\frac{1}{4}$, $\frac{1}{6}$이다.

A, B 두 호스를 동시에 사용하여 물을 채우는 데 x시간이 걸린다고 하면

$$\frac{1}{4}x+\frac{1}{6}x=1$$

양변에 12를 곱하면

$$3x+2x=12,\ 5x=12 \qquad \therefore x=\frac{12}{5}$$

따라서 물을 가득 채우는 데 걸리는 시간은 $\frac{12}{5}$시간, 즉 2시간 24분이다.

40 전체 일의 양을 1이라고 하면 상희가 하루에 할 수 있는 일의 양은 $\frac{1}{10}$이고, 영우가 하루에 할 수 있는 일의 양은 $\frac{1}{5}$이다.

둘이 함께 일한 기간을 x일이라고 하면 영우가 $(x+2)$일, 상희가 x일 동안 일을 하였으므로

$$\frac{1}{10}x+\frac{1}{5}(x+2)=1$$

양변에 10을 곱하면

$$x+2(x+2)=10,\ 3x=6 \qquad \therefore x=2$$

따라서 둘이 함께 일한 기간은 2일이다.

41 전체 일의 양을 1이라고 하면 A, B가 각각 하루에 하는 일의 양은 $\frac{1}{10}$, $\frac{1}{15}$이다.

B가 x일 동안 일을 했다고 하면

$$\frac{1}{10}\times4+\frac{1}{15}\times x=1$$

양변에 30을 곱하면

$$12+2x=30,\ 2x=18 \qquad \therefore x=9$$

따라서 B가 일한 기간은 9일이다.

42 전체 일의 양을 1이라고 하면 A가 하루에 하는 일의 양은 $\frac{1}{12}$, B가 하루에 하는 일의 양은 $\frac{1}{20}$이다.

A가 x일 동안 일했다고 하면 B는 $(x+4)$일 동안 일했으므로

$$\frac{1}{12}\times x+\frac{1}{20}\times(x+4)=1$$

양변에 60을 곱하면

$$5x+3(x+4)=60,\ 5x+3x+12=60$$
$$8x=48 \qquad \therefore x=6$$

따라서 A가 일한 기간은 6일이다.

43 물통에 가득찬 물의 양을 1이라고 하면 A, B호스는

1분에 각각 $\frac{1}{20}$, $\frac{1}{30}$의 물을 넣고, C호스는 1분에 $\frac{1}{60}$의 물을 빼낸다.

물통을 가득 채우는 데 걸리는 시간을 x분이라고 하면

$$\frac{1}{20}x+\frac{1}{30}x-\frac{1}{60}x=1$$

양변에 60을 곱하면

$$3x+2x-x=60,\ 4x=60 \qquad \therefore x=15$$

따라서 물을 가득 채우는 데 걸리는 시간은 15분이다.

44 원가 1000원에 x %의 이익을 붙이면 정가는

$$1000+1000\times\frac{x}{100}=1000+10x(원)이고, 판매 가격은 정$$

가보다 10 % 할인해야 하므로

$$\frac{90}{100}(1000+10x)=9x+900(원)이다.$$

(이익)=(판매 가격)-(원가)=$(9x+900)-1000$
$$\qquad\qquad =9x-100(원)$$

이고, 이것이 원가의 17 %인 이익과 같아야 하므로

$$9x-100=1000\times\frac{17}{100},\ 9x=270 \qquad \therefore x=30$$

따라서 원가에 30 %의 이익을 붙여서 정가를 정해야 한다.

45 다이어리의 원가를 x원이라고 하면

(정가)=$x+x\times\frac{20}{100}=\frac{6}{5}x(원)$

(판매가)=$\frac{6}{5}x-800(원)$

(이익금)=(판매가)-(원가)=$\left(\frac{6}{5}x-800\right)-x$
$$\qquad\qquad =\frac{1}{5}x-800(원)$$

이므로 $\frac{1}{5}x-800=1200,\ \frac{1}{5}x=2000$

$$\therefore x=10000$$

따라서 다이어리의 원가는 10000원이다.

46 공책의 원가를 x원이라고 하면

(정가)=$x+x\times\frac{15}{100}=\frac{23}{20}x(원)$

(판매가)=$\frac{23}{20}x-100(원)$

(이익금)=$\left(\frac{23}{20}x-100\right)-x=\frac{3}{20}x-100(원)$

이므로 $\frac{3}{20}x-100=\frac{1}{20}x$

양변에 20을 곱하면

$$3x-2000=x,\ 2x=2000 \qquad \therefore x=1000$$

따라서 공책의 원가는 1000원이다.

47 카네이션의 원가를 x원이라고 하면

$(정가)=\left(1+\dfrac{1}{4}\right)x=\dfrac{5}{4}x(원)$

$(판매가)=\left(1-\dfrac{1}{10}\right)\times\dfrac{5}{4}x=\dfrac{9}{8}x(원)$

이고, 이익금은 400원이므로

$\dfrac{9}{8}x-x=400,\ \dfrac{1}{8}x=400$　∴ $x=3200$

따라서 카네이션의 원가는 3200원이다.

48 $(정가)=6000\times\left(1+\dfrac{30}{100}\right)=7800(원)$

$(판매가)=7800-7800\times\dfrac{x}{100}=7800-78x(원)$

$(이익금)=(7800-78x)-6000=1800-78x(원)$

이므로 $1800-78x=6000\times\dfrac{4}{100}$

$-78x=-1560$　∴ $x=20$

49 원가가 1000원인 상품에 10 %의 이익을 붙여서 정가를 정하였으므로 정가는

$1000\times\left(1+\dfrac{10}{100}\right)=1100(원)$

정가에서 9 %를 할인하였으므로 재고의 판매가는

$1100\times\left(1-\dfrac{9}{100}\right)=1001(원)$

따라서 재고 1개당 $1001-1000=1(원)$의 이익이 생기므로 3000개를 모두 판매하였을 때 생기는 이익은 3000원이다.

50 학생 수를 x라고 하면

3개씩 줄 때 사탕의 개수는 $3x+10$　……㉠

5개씩 줄 때 사탕의 개수는 $5x-16$　……㉡

㉠=㉡이므로 $3x+10=5x-16$

$2x=26$　∴ $x=13$

따라서 답을 맞춘 학생 수는 13이다.

51 학생 수를 x라고 하면

5자루씩 줄 때 볼펜의 수는 $5x+4$　……㉠

6자루씩 줄 때 볼펜의 수는 $6x-28$　……㉡

㉠=㉡이므로 $5x+4=6x-28$　∴ $x=32$

따라서 준비된 볼펜의 수는

$5x+4=5\times32+4=164$

52 연필 한 자루의 가격을 x원이라고 하면

12자루를 살 때 지혜가 가진 돈은 $12x-1500(원)$　……㉠

8자루를 살 때 지혜가 가진 돈은 $8x+500(원)$　……㉡

㉠=㉡이므로 $12x-1500=8x+500$

$4x=2000$　∴ $x=500$

따라서 지혜가 가진 돈은

$8x+500=8\times500+500=4500(원)$이므로 500원짜리 연필을 최대 $4500\div500=9(자루)$ 살 수 있다.

53 텐트의 개수를 x라고 하면

4명씩 들어갈 때 학생 수는 $4x+9$　……㉠

5명씩 들어갈 때 학생 수는 $5(x-8)+3$　……㉡

㉠=㉡이므로 $4x+9=5(x-8)+3$

$4x+9=5x-37$　∴ $x=46$

따라서 학생 수는

$4x+9=4\times46+9=193$

54 긴 의자의 개수를 x라고 하면

6명씩 앉았을 때 학생 수는 $6x+9$　……㉠

8명씩 앉았을 때 학생 수는 $8(x-3)+7$　……㉡

㉠=㉡이므로 $6x+9=8(x-3)+7$

$6x+9=8x-17,\ 2x=26$　∴ $x=13$

따라서 학생 수는

$6x+9=6\times13+9=87$

55 작년의 여자 신입사원수를 x라고 하면 올해 증가된 남녀 신입사원의 수는 각각

$(450-x)\times\dfrac{5}{100},\ \dfrac{6}{100}x$이고, 이들의 합은 지난 1년간 증가된 신입사원 수인 $473-450=23$과 같으므로

$(450-x)\times\dfrac{5}{100}+\dfrac{6}{100}x=23$

양변에 100을 곱하면

$2250-5x+6x=2300$　∴ $x=50$

따라서 올해의 여자 신입사원의 수는

$x+\dfrac{6}{100}x=50+3=53$

56 작년의 남학생 수를 x라고 하면 작년의 여학생 수는 $(1500-x)$이다.

올해 증가된 남학생 수는 $\dfrac{4}{100}x$이고, 감소된 여학생 수는 $(1500-x)\times\dfrac{3}{100}$이다.

올해는 작년에 비해 학생 수가 18명 늘었으므로

$\dfrac{4}{100}x-(1500-x)\times\dfrac{3}{100}=18$

양변에 100을 곱하면

$4x-(4500-3x)=1800,\ 4x-4500+3x=1800$

$7x=6300$　∴ $x=900$

따라서 올해의 남학생 수는

$x+\dfrac{4}{100}x=900+36=936$

57 작년의 여학생 수를 x라고 하면 작년의 남학생 수는 $(850-x)$이므로

올해 증가된 남학생 수는 $(850-x) \times \dfrac{6}{100}$ 이고, 감소된 여학생 수는 $\dfrac{8}{100}x$ 이다.

올해는 작년에 비해 학생 수가 19명 줄었으므로

$(850-x) \times \dfrac{6}{100} - \dfrac{8}{100}x = -19$

양변에 100을 곱하면

$5100-6x-8x=-1900$, $-14x=-7000$ $\therefore x=500$

따라서 올해의 여학생 수는

$x-\dfrac{8}{100}x=500-40=460$

다른 풀이

작년의 여학생 수를 x라고 하면 작년의 남학생 수는 $(850-x)$이므로

(올해 남학생 수)$=(850-x)+\dfrac{6}{100} \times (850-x)$

$\qquad\qquad\qquad = \dfrac{106}{100} \times (850-x)$

(올해 여학생 수)$=x-\dfrac{8}{100}x = \dfrac{92}{100}x$

즉, $\dfrac{106}{100} \times (850-x) + \dfrac{92}{100}x = 850-19$

양변에 100을 곱하면

$106 \times (850-x) + 92x = 83100$

$90100-14x=83100$, $-14x=-7000$ $\therefore x=500$

따라서 올해의 여학생 수는

$\dfrac{92}{100} \times 500 = 460$

58 a시 b분에서 시침과 분침이 이루는 각의 크기는

$\left|30a-\dfrac{11}{2}b\right|^\circ$ 이므로 구하는 시각을 3시 x분이라고 하면 공식에 의하여 $\left|30 \times 3 - \dfrac{11}{2} \times x\right|^\circ = 180^\circ$ 이고, 시침보다 분침이 움직인 각이 더 크므로

$-\left(30 \times 3 - \dfrac{11}{2}x\right) = 180$

$\dfrac{11}{2}x=270$ $\therefore x=\dfrac{540}{11}=49\dfrac{1}{11}$

따라서 구하는 시각은 3시 $49\dfrac{1}{11}$분이다.

59 a시 b분에서 시침과 분침이 이루는 각의 크기는

$\left|30a-\dfrac{11}{2}b\right|^\circ$ 이므로 1시 x분에 시침과 분침이 겹친다고 하면 공식에 의하여

$\left|30 \times 1 - \dfrac{11}{2} \times x\right|^\circ = 0^\circ$

$30-\dfrac{11}{2}x=0$ $\therefore x=\dfrac{60}{11}=5\dfrac{5}{11}$

따라서 구하는 시각은 1시 $5\dfrac{5}{11}$분이다.

60 a시 b분에 시침과 분침이 이루는 각의 크기는

$\left|30a-\dfrac{11}{2}b\right|^\circ$ 이므로 구하는 시각을 1시 x분이라고 하면 공식에 의하여

$\left|30 \times 1 - \dfrac{11}{2} \times x\right|^\circ = 135^\circ$ 이고 시침보다 분침이 움직인 각이 더 크므로

$-\left(30 - \dfrac{11}{2}x\right) = 135$

$\dfrac{11}{2}x=165$ $\therefore x=30$

따라서 구하는 시각은 1시 30분이다.

다른 풀이

분침은 1분에 $360^\circ \div 60 = 6^\circ$씩 움직이고, 시침은 1시간에 $360^\circ \div 12 = 30^\circ$씩 움직이므로 시침은 1분에 $30^\circ \div 60 = 0.5^\circ$씩 움직인다.

현재 시각이 1시이므로 시침과 분침이 이루는 각은

$360^\circ \div 12 = 30^\circ$이다.

즉, x분 후에 시침과 분침이 이루는 각의 크기가 처음으로 135°가 된다고 하면 시침이 움직인 각도는 $0.5x^\circ$, 분침이 움직인 각도는 $6x^\circ$이므로

$6x-(0.5x+30)=135$

$5.5x=165$ $\therefore x=30$

따라서 시침과 분침이 이루는 각의 크기가 처음으로 135°가 되는 시각은 30분 후인 1시 30분이다.

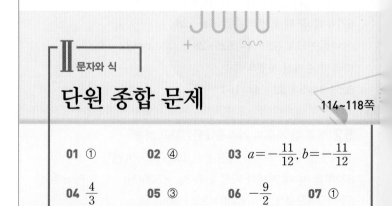

01 ①   **02** ④   **03** $a=-\dfrac{11}{12}, b=-\dfrac{11}{12}$

04 $\dfrac{4}{3}$ **05** ③   **06** $-\dfrac{9}{2}$ **07** ①

08 ③   **09** ④   **10** ③

11 (1) $x=2$ (2) $x=-5$ (3) $x=1$ (4) $x=8$ **12** ⑤

13 ④ **14** $x=-\dfrac{1}{2}$ **15** ③ **16** ②

17 ③ **18** $6\,\%$ **19** 9세

20 25000원 **21** ③ **22** 8 km **23** ③

24 100 g **25** 5850원 **26** ③

27 $-10x+6$ **28** ⑤ **29** 12

30 시속 $\dfrac{85}{7}$ km

---

01 ① $2x+2y$

02 ① $-3(-3x+2)=9x-6$

② $(6x-12)\div\left(-\dfrac{3}{2}\right)=(6x-12)\times\left(-\dfrac{2}{3}\right)$
$$=-4x+8$$

③ $-4x-x+3=-5x+3$

④ $(-3+x)+2(x-4)=-3+x+2x-8$
$$=3x-11$$

⑤ $2(x-3)+\dfrac{1}{4}(12x-20)=2x-6+3x-5$
$$=5x-11$$

03 $\dfrac{x-5}{2}+\dfrac{-3x+1}{4}-\dfrac{2x-4}{3}$

$=\dfrac{6(x-5)+3(-3x+1)-4(2x-4)}{12}$

$=\dfrac{6x-30-9x+3-8x+16}{12}$

$=\dfrac{-11x-11}{12}=-\dfrac{11}{12}x-\dfrac{11}{12}$

$\therefore a=-\dfrac{11}{12},\ b=-\dfrac{11}{12}$

04 $a(a+b)=2\times\left\{2+\left(-\dfrac{4}{3}\right)\right\}=2\times\left(\dfrac{6}{3}-\dfrac{4}{3}\right)$
$$=2\times\dfrac{2}{3}=\dfrac{4}{3}$$

05 $2A-3B=2(3x-2y)-3(x-2y)$
$$=6x-4y-3x+6y$$
$$=3x+2y$$

06 $\dfrac{A+B}{2}=\dfrac{(-4x+2)+(-12-15x)}{2}$

$\phantom{\dfrac{A+B}{2}}=\dfrac{-4x-15x+2-12}{2}$

$\phantom{\dfrac{A+B}{2}}=\dfrac{-19x-10}{2}$

$\phantom{\dfrac{A+B}{2}}=-\dfrac{19}{2}x-5$

따라서 $a=-\dfrac{19}{2},\ b=-5$이므로

$a-b=\left(-\dfrac{19}{2}\right)-(-5)$

$=\left(-\dfrac{19}{2}\right)+\left(+\dfrac{10}{2}\right)=-\dfrac{9}{2}$

07 어떤 다항식을 □라고 하면
$$□+(3x-4)=4x-8$$
$$\therefore □=4x-8-(3x-4)=x-4$$
따라서 바르게 계산한 식은
$$(x-4)-(3x-4)=-2x$$

08 ③ x의 값에 따라 참이 되기도 하고 거짓이 되기도 하는 등식을 x에 대한 방정식이라고 한다.

09 $-4x+7+b=ax-2$가 항등식이 되려면 좌변과 우변의 x의 계수와 상수항이 각각 같아야 하므로
$$-4=a,\ 7+b=-2 \qquad \therefore a=-4,\ b=-9$$
$$\therefore |b-a|=|-9-(-4)|=|-5|=5$$

10 $-2x+4-3x=3x-16-3x$
$$-5x+4=-16,\ -5x+4-4=-16-4$$
$$-5x=-20 \qquad \therefore x=4$$
$\therefore$ ① $-3x$ ② $-5x$ ③ 4 ④ -20 ⑤ 4

11 (1) $2(x+3)=x+8$에서
$$2x+6=x+8 \qquad \therefore x=2$$
(2) $0.3=0.02x+0.4$에서
양변에 100을 곱하면
$$30=2x+40,\ 2x=-10 \qquad \therefore x=-5$$
(3) $\dfrac{x}{2}=\dfrac{2}{3}-\dfrac{x}{6}$에서
양변에 6을 곱하면
$$3x=4-x,\ 4x=4 \qquad \therefore x=1$$
(4) $\dfrac{2x-1}{3}=0.25x+3$에서
양변에 300을 곱하면
$$100(2x-1)=75x+900$$

$$200x-100=75x+900$$
$$125x=1000 \qquad \therefore x=8$$

12 $10x=7x-9$에서 $3x=-9 \qquad \therefore x=-3$

$x=-3$을 $\dfrac{3-x}{2}+\dfrac{kx+3}{5}=\dfrac{3}{5}x-6$에 대입하면

$$\dfrac{3-(-3)}{2}+\dfrac{-3k+3}{5}=\dfrac{3}{5}\times(-3)-6$$

$$3+\dfrac{-3k+3}{5}=-\dfrac{9}{5}-6$$

양변에 5를 곱하면

$$15-3k+3=-9-30$$

$$-3k=-57 \qquad \therefore k=19$$

13 $x\triangle(-4)=x-2\times(-4)+1$
$$\qquad\qquad =x+8+1=x+9$$
$2\triangle 3x=2-2\times 3x+1$
$$\qquad\quad =2-6x+1=3-6x$$
$\{x\triangle(-4)\}+(2\triangle 3x)=-8$에서
$(x+9)+(3-6x)=-8,\ -5x+12=-8$
$-5x=-20 \qquad \therefore x=4$

14 $9+x=5-ax$에 $x=1$을 대입하면
$9+1=5-a,\ 10=5-a \qquad \therefore a=-5$
$a=-5$를 $a(x+1)=3x-1$에 대입하면
$-5(x+1)=3x-1$에서 $-5x-5=3x-1$
$-8x=4 \qquad \therefore x=-\dfrac{1}{2}$

15 $(3x+5):4=(2x+4):3$에서
$4(2x+4)=3(3x+5)$
$8x+16=9x+15 \qquad \therefore x=1$
따라서 $a=1$이므로
$a^2-2a+1=1^2-2\times 1+1=0$

16 $5x+3=ax+b$를 정리하면 $(5-a)x=b-3$
이 방정식이 해가 없을 조건은 $5-a=0,\ b-3\neq 0$이므로
$a=5,\ b\neq 3$

17 $2(x-a)+1=2x+2a$에서 $2x-2a+1=2x+2a$
$0\times x=4a-1$에서 해가 무수히 많으려면 $4a-1=0$이어야
하므로
$4a-1=0,\ 4a=1 \qquad \therefore a=\dfrac{1}{4}$

18 12 %의 소금물 200 g에 들어 있는 소금의 양은
$$\dfrac{12}{100}\times 200=24(\text{g})$$
따라서 200 g의 물을 더 넣은 소금물의 농도는
$$\dfrac{24}{200+200}\times 100=\dfrac{24}{400}\times 100=6(\%)$$

19 현재 딸의 나이를 x세라고 하면 어머니의 나이는 $5x$세
이다. 9년 후의 딸의 나이는 $(x+9)$세, 어머니의 나이는
$(5x+9)$세이므로
$5x+9=3(x+9),\ 5x+9=3x+27$
$2x=18 \qquad \therefore x=9$
따라서 현재 딸의 나이는 9세이다.

20 신발의 할인하기 전의 가격을 x원이라고 하면
판매가는 $20000-2500=17500$(원)이므로
$$x-\left(x\times\dfrac{30}{100}\right)=17500$$
$$\dfrac{7}{10}x=17500 \qquad \therefore x=25000$$
따라서 할인하기 전의 가격은 25000원이다.

21 갈 때와 올 때의 산책로의 거리를 각각 x km라고 하면
$$\dfrac{x}{5}+\dfrac{x}{3}=\dfrac{40}{60},\ \dfrac{x}{5}+\dfrac{x}{3}=\dfrac{2}{3}$$
양변에 15를 곱하면
$$3x+5x=10,\ 8x=10 \qquad \therefore x=\dfrac{5}{4}$$
따라서 산책로를 왕복했으므로 산책한 총 거리는
$$2x=2\times\dfrac{5}{4}=\dfrac{5}{2}=2.5(\text{km})\text{이다.}$$

22 집에서 도서관까지의 거리를 x km라고 하면
$$\dfrac{x}{10}-\dfrac{x}{60}=\dfrac{40}{60}$$
양변에 60을 곱하면
$$6x-x=40,\ 5x=40 \qquad \therefore x=8$$
따라서 집에서 도서관까지의 거리는 8 km이다.

23 두 사람이 출발한 지 x분 후에 다시 만난다고 하면 x분
동안 A와 B가 걸은 거리의 합이 트랙의 둘레의 길이와 같으
므로 $80x+60x=2800$
$140x=2800 \qquad \therefore x=20$
따라서 출발한 지 20분 후에 서로 만난다.

24 섞은 10 %의 소금물의 양을 x g이라고 하면
$$\dfrac{7}{100}\times 200+\dfrac{10}{100}\times x=\dfrac{8}{100}\times(200+x)$$

양변에 100을 곱하면

$1400 + 10x = 1600 + 8x$

$2x = 200$ $\therefore x = 100$

따라서 섞은 10 %의 소금물의 양은 100 g이다.

25 원가를 x원이라고 하면 1350원이 이익이므로

$0.3x = 1350$ $\therefore x = 4500$

따라서 정가는 $4500 + 1350 = 5850$(원)이다.

26 태성이가 구입한 공책을 x권이라고 하면

$2000x - 500 = 1500x + 5500$

$500x = 6000$ $\therefore x = 12$

따라서 태성이가 구입한 공책은 12권이다.

27 어떤 다항식을 $\square$라고 하면

$2\{\square + (3x-2)\} = 2x - 2,\ \square + (3x-2) = x-1$

$\therefore \square = x - 1 - (3x - 2) = -2x + 1$

따라서 바르게 계산한 식은

$2\{-2x + 1 - (3x - 2)\} = 2(-5x + 3) = -10x + 6$

28 4 %의 소금물의 양을 x g이라고 하면 10 %의 소금물의 양은 $(600 - x)$ g이므로

$\dfrac{4}{100} \times x + \dfrac{10}{100} \times (600 - x) = \dfrac{6}{100} \times 600$

양변에 100을 곱하면

$4x + 6000 - 10x = 3600,\ -6x = -2400$

$\therefore x = 400$

따라서 4 %의 소금물의 양은 400 g이고, 10 %의 소금물의 양은 200 g이므로 4 %의 소금물의 양은 10 %의 소금물의 양의 2배이다.

$\therefore k = 2$

29 오른쪽 그림과 같이 각 선분의 길이를 $a,\ b,\ c,\ d$라고 하면

$ac = 6,\ bc = 14,\ bd = 28$

이때 $ac \times bd = bc \times ad$이므로

$6 \times 28 = 14 \times ad$

$\therefore ad = 12$

따라서 구하려는 직사각형의 넓이는 12이다.

30 지하철과 지하철 사이의 간격은

(i) 지하철과 사람이 같은 방향으로 가는 경우

12분 동안 지하철이 간 거리와 사람이 간 거리의 차와 같다.

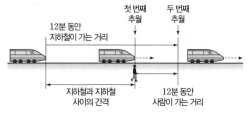

(ii) 지하철과 사람이 반대 방향으로 가는 경우

5분 동안 지하철이 간 거리와 사람이 간 거리의 합과 같다.

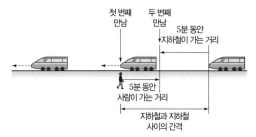

지하철이 시속 x km로 달린다고 하면 (i), (ii)에서 지하철 사이의 간격은 일정하므로

$(x - 5) \times \dfrac{12}{60} = (x + 5) \times \dfrac{5}{60}$

$12x - 60 = 5x + 25$

$7x = 85$

$\therefore x = \dfrac{85}{7}$

따라서 지하철의 속력은 시속 $\dfrac{85}{7}$ km이다.

1 좌표평면과 그래프

주제별 실력다지기

121~129쪽

01 ④	**02** 3	**03** ③
04 $(a, c), (a, d), (a, e), (b, c), (b, d), (b, e)$		**05** 5
06 ②	**07** 고진감래	**08** ④	**09** ④
10 ④	**11** ④	**12** ②, ④
13 제1사분면	**14** ③	**15** 제1사분면	**16** ③
17 ①	**18** ①, ⑤	**19** 1	**20** ③
21 ②	**22** 제4사분면	**23** $a=1, b=3$ **24** ③
25 22	**26** 32	**27** $\dfrac{37}{2}$
28 C$(0, 8)$	**29** ①	**30** ②
31 ①, ⑤	**32** ③	
33 11초 후, 1등 : 희영, 2등 : 송이, 3등 : 길동		**34** ④
35 ④	**36** ④	

01 ④ 점 D의 좌표는 1.5이다. 즉, D(1.5)

02 우리 집, 병원, 학교의 위치를 수직선에 대응시키면 다음 그림과 같다. 도서관은 우리 집에서 병원까지의 거리인 2만큼을 학교에서 오른쪽으로 가야 하므로 그 좌표는
$1+2=3$

병원 우리집 학교 도서관
-2 $\quad$ 0 $\quad$ 1 $\quad$ 2

03 $0<b<1$이므로 $0<b^2<1$이고,
$-2<a<-1$이므로 $-2<a+b^2<0$
따라서 점 P의 위치로 가능한 것은 ③이다.

04 x의 값 a, b를 순서쌍의 앞자리에 쓰고, 그 각각에 대하여 y의 값 c, d, e를 짝지어 순서쌍의 뒷자리에 쓰면 구하는 순서쌍은 $(a, c), (a, d), (a, e), (b, c), (b, d), (b, e)$
이다.

05 7을 5로 나눈 나머지는 2이므로 $a=2$
13을 5로 나눈 나머지는 3이므로 $b=3$
$\therefore a+b=2+3=5$

06 ② 점 B의 x좌표는 -2, y좌표는 -3이므로
$\quad$ B$(-2, -3)$

07 점 $(-3, 3)$이 나타내는 글자는 '고',
점 $(0, 1)$이 나타내는 글자는 '진',
점 $(-1, -2)$가 나타내는 글자는 '감',
점 $(4, -3)$이 나타내는 글자는 '래'
따라서 주어진 좌표가 나타내는 점 위의 글자를 순서대로 읽을 때 나타나는 단어는 '고진감래'이다.

08 ④ 점 (a, b)가 제4사분면 위의 점이면 $a>0$, $b<0$이
$\quad$ 므로 $ab<0$이다.

09 점 A$(4a-1, a+2)$가 x축 위에 있으므로 이 점의 y좌표는 0이다. 즉, $a+2=0$
$\therefore a=-2$
또, 점 B$(b-3, 2b+1)$이 y축 위에 있으므로 이 점의 x좌표는 0이다. 즉, $b-3=0$
$\therefore b=3$
$\therefore ab=(-2)\times3=-6$

10 $-2a+3=0$에서 $a=\dfrac{3}{2}$
$2b-5=0$에서 $b=\dfrac{5}{2}$
$\therefore ab=\dfrac{3}{2}\times\dfrac{5}{2}=\dfrac{15}{4}$

11 $a>0$, $b<0$이므로 $b^2>0$, $\dfrac{b}{a}<0$
따라서 점 $\left(b^2, \dfrac{b}{a}\right)$는 제4사분면 위의 점이다.

12 $ab<0$이므로 a, b의 부호는 서로 반대이고,
$a>b$이므로 $a>0$, $b<0$
① $a>0$, $b<0$이므로 점 (a, b)는 제4사분면 위의 점이다.
② $-a<0$, $-b>0$이므로 점 $(-a, -b)$는 제2사분면 위의 점이다.
③ $a>0$, $a-b>0$이므로 점 $(a, a-b)$는 제1사분면 위의 점이다.
④ $b<0$, $a>0$이므로 점 (b, a)는 제2사분면 위의 점이다.
⑤ $b-a<0$, $2b<0$이므로 점 $(b-a, 2b)$는 제3사분면 위의 점이다.

13 $\dfrac{b}{a}>0$이므로 a, b의 부호는 서로 같고,

$a+b<0$이므로 $a<0$, $b<0$

따라서 $5ab>0$, $-a>0$이므로 점 $(5ab, -a)$는 제1사분면 위의 점이다.

14 $a>0$, $ab=0$이므로 $b=0$

따라서 $-a<0$, $b=0$이므로 점 $P(-a, b)$는 x축 위의 점이다. 또, $c<0$, $-d<0$이므로 점 $Q(c, -d)$는 제3사분면 위의 점이다.

15 점 (a, b)가 제4사분면 위의 점이므로 $a>0$, $b<0$

따라서 $-b+a>0$, $-ab>0$이므로 점 $(-b+a, -ab)$는 제1사분면 위의 점이다.

16 점 $(x-y, xy)$가 제4사분면 위의 점이므로

$x-y>0$, $xy<0$

이때 $xy<0$이므로 x, y의 부호는 서로 반대이고,

$x-y>0$이므로 $x>0$, $y<0$

따라서 $-x<0$, $y<0$이므로 점 $(-x, y)$는 제3사분면 위의 점이다.

17 점 $(ab, -a+b)$가 제3사분면 위의 점이므로

$ab<0$, $-a+b<0$

이때 $ab<0$이므로 a, b의 부호는 서로 반대이고,

$-a+b<0$이므로 $a>0$, $b<0$

따라서 $-3b>0$, $a-b>0$이므로 점 $(-3b, a-b)$는 제1사분면 위의 점이다.

18 점 $A(a, b)$는 제2사분면 위의 점이므로 $a<0$, $b>0$

점 $B(c, d)$는 제4사분면 위의 점이므로 $c>0$, $d<0$

② $\dfrac{b}{c}>0$ ③ $b-d>0$ ④ $a+d<0$

19 점 $A(6, -5)$와 x축에 대하여 대칭인 점 B의 좌표는 $(6, 5)$이므로 $a=6$, $b=5$

$\therefore a-b=6-5=1$

20 점 $(-4, a)$와 y축에 대하여 대칭인 점의 좌표는 $(4, a)$이다.

$(4, a)$와 $(b, 2)$가 같은 점이므로

$a=2$, $b=4$

$\therefore a+b=2+4=6$

21 점 $A(a, 2b)$와 원점에 대하여 대칭인 점의 좌표는

$(-a, -2b)$이다.

$(-a, -2b)$와 $(a+2, b-9)$가 같은 점이므로

$-a=a+2$에서 $-2a=2$ $\therefore a=-1$

$-2b=b-9$에서 $-3b=-9$ $\therefore b=3$

$\therefore ab=(-1)\times 3=-3$

22 점 $A(a, b)$와 y축에 대하여 대칭인 점의 좌표는 $(-a, b)$이고, 점 $B(-c, -d)$의 좌표와 같으므로

$a=c$, $b=-d$

이때 점 A는 제3사분면 위의 점이므로

$a<0$, $b<0$이고, $c<0$, $d>0$

따라서 $-b+d>0$, $a+c<0$이므로 점 $C(-b+d, a+c)$는 제4사분면 위의 점이다.

23 점 $P(-3a, a-2b)$와 y축에 대하여 대칭인 점 Q의 좌표는 $(3a, a-2b)$

두 점 $Q(3a, a-2b)$, $R(3a-6, -b+8)$이 원점에 대하여 대칭이므로 x좌표, y좌표의 부호가 모두 반대이다.

$3a=-(3a-6)$에서 $3a=-3a+6$

$6a=6$ $\therefore a=1$

$a-2b=-(-b+8)$에서 $a-2b=b-8$

$a=1$을 대입하면

$1-2b=b-8$, $-3b=-9$ $\therefore b=3$

24 세 점 $A(2, 4)$, $B(-3, 1)$, $C(5, -1)$을 좌표평면 위에 나타내면 오른쪽 그림과 같으므로

(삼각형 ABC의 넓이)

$=$(사각형 $ADEC$의 넓이)

$\qquad$ $-$(삼각형 ADB의 넓이)$-$(삼각형 BEC의 넓이)

$=\dfrac{1}{2}\times(5+8)\times 5-\dfrac{1}{2}\times 5\times 3-\dfrac{1}{2}\times 2\times 8$

$=\dfrac{65}{2}-\dfrac{15}{2}-8=\dfrac{50}{2}-8$

$=25-8=17$

25 세 점 $A(-4, -3)$, $B(2, -1)$, $C(-2, 5)$를 좌표평면 위에 나타내면 오른쪽 그림과 같으므로

(삼각형 ABC의 넓이)

$=$(사각형 $ABED$의 넓이)

$\qquad$ $-$(삼각형 ACD의 넓이)

$\qquad$ $-$(삼각형 BEC의 넓이)

$=\dfrac{1}{2}\times(6+8)\times 6-\dfrac{1}{2}\times 2\times 8-\dfrac{1}{2}\times 4\times 6$

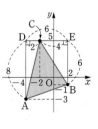

$=42-8-12=22$

26 네 점 $A(-2, 4)$, $B(-2, -4)$, $C(2, -4)$, $D(2, 4)$를 좌표평면 위에 나타내면 오른쪽 그림과 같으므로
(사각형 ABCD의 넓이)$=4 \times 8=32$

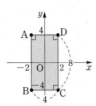

27 네 점 $A(0, 3)$, $B(-2, -2)$, $C(3, -2)$, $D(3, 2)$를 좌표평면 위에 나타내면 오른쪽 그림과 같으므로
(사각형 ABCD의 넓이)
$=$(사각형 ABCE의 넓이)
$\qquad$ $-$(삼각형 ADE의 넓이)
$=\dfrac{1}{2} \times (3+5) \times 5 - \dfrac{1}{2} \times 1 \times 3$
$=20 - \dfrac{3}{2} = \dfrac{37}{2}$

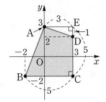

28 $k>0$이므로
세 점 $A(-3, 0)$, $B(2, 0)$, $C(0, k)$를 좌표평면 위에 나타내면 오른쪽 그림과 같다.
(삼각형 ABC의 넓이)$=\dfrac{1}{2} \times 5 \times k=20$
$\therefore k=8$
$\therefore C(0, 8)$

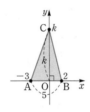

29 점 $C(-3, a)$는 제3사분면 위의 점이므로 $a<0$이고, 세 점 $A(1, 4)$, $B(3, 0)$, $C(-3, a)$를 좌표평면 위에 나타내면 오른쪽 그림과 같다.
(삼각형 ABC의 넓이)
$=$(사각형 ACDE의 넓이)
$\quad -$(삼각형 BCD의 넓이)$-$(삼각형 ABE의 넓이)
$=\dfrac{1}{2} \times (2+6) \times (4-a) - \dfrac{1}{2} \times 6 \times (-a) - \dfrac{1}{2} \times 2 \times 4$
$=16-4a+3a-4=13$
따라서 $12-a=13$이므로 $a=-1$

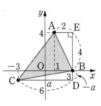

30 그래프의 직선이 오른쪽 위로 향할 때가 학원에서 A 중학교로 가는 방향이고, 오른쪽 아래로 향할 때가 A 중학교에서 학원으로 오는 방향이다.
즉, 5분 후에 첫 번째로 방향을 바꾸었고, 10분 후에 두 번째로, 16분 후에 세 번째로 방향을 바꾸었음을 알 수 있다.
따라서 두 번째로 방향을 바꾼 지점은 학원으로부터 220 m

떨어진 지점이다.

31 ① 시간이 지날수록 대응되는 속력이 커지므로 점점 빨라지고 있음을 알 수 있다.
② 10분에서 20분 사이에는 분속 18 km의 일정한 속력으로 달리고 있는 중이다.
③ 10분까지 속력을 올리다가 20분까지는 일정한 속력으로 달리고, 20분 이후부터 속력을 줄이고 있을 뿐 방향을 바꾼 것은 아니다.
④ 그래프의 직선이 기울어진 정도를 보았을 때, 20분에서 25분 사이에는 5분 동안 속력을 분속 18 km에서 분속 9 km로 늦추었고, 25분에서 40분 사이에는 15분 동안 속력을 분속 9 km에서 분속 0 km로 늦추었다. 즉, 같은 속력인 분속 9 km를 늦추는데 걸리는 시간이 짧은 구간은 20분에서 25분 사이이므로 25분 이후보다 20분에서 25분 사이에 더 급격하게 속력을 늦추었다.
⑤ 출발한 후 10분에서 20분 사이에는 10분 동안 일정한 속력, 즉 분속 18 km로 달렸으므로 그 거리는
$18 \times 10=180$ (km)

32 그래프를 보면 일정한 시간 간격으로 일정한 높이만큼 올라갔다가 내려왔다가 다시 오르는 것을 반복하고 있다. 따라서 적당한 놀이 기구는 바이킹이다.

33 세 그래프 중 두 개 이상의 그래프가 만나서 교차하는 곳이 순위가 바뀌는 지점이므로 두 번째로 겹치는 지점인 11초 후에 두 번째로 순위가 바뀐다.
또, 그래프의 끝에 희영이는 20초, 송이는 24초, 길동이는 30초에 도착했고, 시간이 적을수록 일찍 도착한 것이므로 최종 순위는 1등 희영, 2등 송이, 3등 길동이다.

34 (i) 점 P가 꼭짓점 D에서 꼭짓점 A까지 움직일 때,
(삼각형 APD의 넓이)
$\quad =\dfrac{1}{2} \times$(선분 DA의 길이)$\times$(선분 AP의 길이)
에서 선분 AP의 길이는 존재하지 않으므로 삼각형 APD의 넓이는 0이다. 즉 y의 값은 0이다.
(ii) 점 P가 꼭짓점 A에서 꼭짓점 B까지 움직일 때,
(삼각형 APD의 넓이)
$\quad =\dfrac{1}{2} \times$(선분 AD의 길이)$\times$(선분 AP의 길이)
에서 선분 AD의 길이는 일정하고 선분 AP의 길이는 시간이 지남에 따라 길어지므로 삼각형 APD의 넓이는 시간이 지남에 따라 일정하게 커진다. 즉 y의 값은 일정하게 증가한다.

(iii) 점 P가 꼭짓점 B에서 꼭짓점 C까지 움직일 때,
(삼각형 APD의 넓이)

$$=\frac{1}{2}\times(\text{선분 AD의 길이})\times(\text{선분 AB의 길이})$$

에서 선분 AD의 길이와 선분 AB의 길이는 각각 일정하
므로 삼각형 APD의 넓이는 시간에 관계없이 일정하다.
즉 y의 값은 일정하다.

(iv) 점 P가 꼭짓점 C에서 꼭짓점 D까지 움직일 때,
(삼각형 APD의 넓이)

$$=\frac{1}{2}\times(\text{선분 AD의 길이})\times(\text{선분 DP의 길이})$$

에서 선분 AD의 길이는 일정하고 선분 DP의 길이는 시
간이 지남에 따라 짧아지므로 삼각형 APD의 넓이는 시
간이 지남에 따라 일정하게 작아진다. 즉 y의 값은 일정하
게 감소한다.

따라서 (i)~(iv)에 의해 그래프로 알맞은 것은 ④이다.

35 ④ 그릇의 아랫 부분이 넓으므로 일정한 속도로 물을 넣
을 때, A 부분에선 물의 높이가 천천히 증가하다가 점점
빠르게 증가하고, B 부분에선 물의 높이가 일정하게 증가
한다. 따라서 그래프로 나타내면 다음 그림과 같다.

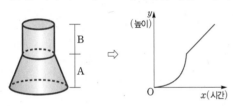

36 그릇의 중간의 지름이 제일 크므로 다음 그림에서 A 부
분에서는 시간이 지날수록 물의 높이는 천천히 증가하다가 B
부분에서는 물의 높이가 급격히 증가한다. 따라서 알맞은 그
래프는 ④이다.

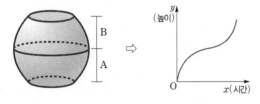

주제별
실력다지기   134~151쪽

01 ④   **02** ③, ⑤   **03** $y=-\frac{1}{5}x, y=\frac{6}{5}$

04 -8 **05** $y=\frac{3}{4}x$ **06** 18   **07** 5

08 ③   **09** ⑤   **10** ④   **11** -2

12 $-\frac{1}{6}$ **13** ④   **14** ③   **15** ①

16 $a=-\frac{3}{2}, b=-9$ **17** ③   **18** ②

19 1   **20** ②   **21** ⑤

22 $y=-\frac{15}{x}, y=-\frac{5}{9}$ **23** $y=-\frac{12}{x}, -18$

24 -35 **25** ④   **26** ③   **27** ④

28 5   **29** 4   **30** ②, ⑤   **31** ③

32 ①   **33** A$(-4, -4)$ **34** 7

35 -4 **36** ⑤   **37** ④   **38** $-\frac{1}{3}$

39 ③   **40** $y=5x$ **41** ③   **42** -2

43 ④   **44** 12   **45** $\frac{88}{3}$ **46** $\frac{2}{3}$

47 $(2, 2)$ **48** $\frac{45}{2}$ **49** $\frac{5}{6}$

50 $a=6, k=2$ **51** ③   **52** ③

53 $y=\frac{5}{6}x$ **54** $y=480x$ **55** $y=\frac{4}{3}x$, 8바퀴

56 ③   **57** ①   **58** $y=\frac{120}{x}$, 6바퀴

59 ②   **60** 10 L   **61** $y=4x$, 7 cm

62 ①   **63** ②   **64** $y=6x$, 2초 후

65 1초 후   **66** $y=\frac{24}{x}, \frac{12}{5}\leq x\leq 8$ **67** ④

68 ①   **69** ③   **70** $y=90x$ **71** ④

72 10분 후   **73** ①   **74** 4

75 $3\leq y\leq 9$ **76** 2   **77** $\frac{5}{4}$

01 ㄱ. $y=2\pi x$ (정비례)

ㄴ. $y=24-x$

ㄷ. $xy=72$에서 $y=\dfrac{72}{x}$ (반비례)

ㄹ. 60분 동안 분침이 회전한 각도는 $360°$이므로

　　$60:360=x:y$에서 $y=6x$ (정비례)

ㅁ. $y=\dfrac{10}{100}x$에서 $y=\dfrac{1}{10}x$ (정비례)

ㅂ. (거리)$=$(속력)$\times$(시간)이므로

　　$y=3x$ (정비례)

따라서 정비례하는 것은 ㄱ, ㄹ, ㅁ, ㅂ의 4개이다.

02 ① $y=200x$ (정비례)

② $y=4x$ (정비례)

③ $y=x^2$

④ $x=\dfrac{20}{100}y$에서 $y=5x$ (정비례)

⑤ $xy=10$에서 $y=\dfrac{10}{x}$ (반비례)

따라서 정비례하지 않는 것은 ③, ⑤이다.

03 (가)에서 두 변수 x, y는 정비례 관계이므로

$y=ax$ $(a\neq0)$라고 하고

(나)에서 $x=-3$, $y=\dfrac{3}{5}$을 대입하면

$\dfrac{3}{5}=-3a$ 　 $\therefore a=-\dfrac{1}{5}$

따라서 관계식은 $y=-\dfrac{1}{5}x$이고,

$x=-6$일 때 $y=-\dfrac{1}{5}\times(-6)=\dfrac{6}{5}$이다.

04 y가 x에 정비례하므로 $y=ax$ $(a\neq0)$라고 하고

$x=-2$, $y=4$를 대입하면

$4=-2a$ 　 $\therefore a=-2$

따라서 관계식은 $y=-2x$이고, 이 식에 주어진 표의 값을 차례로 대입하면

$2=-2A$ 　 $\therefore A=-1$

$-6=-2B$ 　 $\therefore B=3$

$C=-2\times5=-10$

$\therefore A+B+C=-1+3+(-10)=-8$

05 $30x=40y$ 　 $\therefore y=\dfrac{3}{4}x$

06 y가 x에 정비례하므로 $y=ax$ $(a\neq0)$라 하고

$x=3$, $y=m$을 대입하면 $m=3a$

$x=n$, $y=6$을 대입하면 $6=an$ 　 $\therefore n=\dfrac{6}{a}$

$\therefore mn=3a\times\dfrac{6}{a}=18$

07 y가 x에 정비례하므로 $y=kx$ $(k\neq0)$라 하고

$x=2a+3b$, $y=5$를 대입하면 $5=k(2a+3b)$

$x=a$, $y=m$을 대입하면 $m=ak$

$x=b$, $y=n$을 대입하면 $n=bk$

$\therefore 2m+3n=2ak+3bk=k(2a+3b)=5$

08 ③ $y=ax$의 그래프는 $a<0$이면 제2사분면과 제4사분면을 지난다.

09 ⑤ $x<0$일 때, $y>0$이다.

10 $y=-\dfrac{5}{4}x$에서 $x=-4$일 때, $y=-\dfrac{5}{4}\times(-4)=5$

따라서 $y=-\dfrac{5}{4}x$의 그래프는 원점 $(0,\ 0)$과

점 $(-4,\ 5)$를 지나는 직선이다.

11 $y=-4x$에 $x=a$, $y=a+10$을 대입하면

$a+10=-4a$에서 $5a=-10$

$\therefore a=-2$

12 $y=ax$에 $x=3$, $y=5$를 대입하면

$5=3a$ 　 $\therefore a=\dfrac{5}{3}$

따라서 $y=\dfrac{5}{3}x$에 $x=-6$, $y=b$를 대입하면

$b=\dfrac{5}{3}\times(-6)=-10$

$\therefore a\div b=\dfrac{5}{3}\div(-10)=\dfrac{5}{3}\times\left(-\dfrac{1}{10}\right)=-\dfrac{1}{6}$

13 $y=ax$에 $x=5$, $y=15$를 대입하면

$15=5a$ 　 $\therefore a=3$

따라서 $y=3x$의 그래프 위에 있는 점은 $(7,\ 21)$이다.

14 주어진 정비례 관계 $y=ax$의 그래프에서

㉠, ㉡은 $a<0$이고, ㉢, ㉣, ㉤은 $a>0$이다.

그래프는 a의 절댓값이 클수록 y축에 가까워지므로 ㉢, ㉣,

㉤ 중에서 a의 값이 가장 큰 그래프는 y축에 가장 가까운 직선인 ㉢이다.

15 정비례 관계 $y=ax$의 그래프에서 a의 절댓값이 작을수록 x축에 가깝다.

$\left|-\dfrac{1}{4}\right|<\left|-\dfrac{2}{5}\right|<\left|-\dfrac{3}{4}\right|<|2|<\left|\dfrac{8}{3}\right|$이므로

정비례 관계 $y=-\dfrac{1}{4}x$의 그래프가 x축에 가장 가깝다.

16 $y=ax$에 $x=-4$, $y=6$을 대입하면

$6=-4a$ $\therefore a=-\dfrac{3}{2}$

$y=-\dfrac{3}{2}x$에 $x=6$, $y=b$를 대입하면

$b=-\dfrac{3}{2}\times6=-9$

17 $y=ax$에 $x=-3$, $y=-4$를 대입하면

$-4=-3a$ $\therefore a=\dfrac{4}{3}$

$y=\dfrac{4}{3}x$에 $y=6$을 대입하면

$6=\dfrac{4}{3}x$ $\therefore x=\dfrac{9}{2}$

따라서 점 A의 좌표는 $\left(\dfrac{9}{2},\,6\right)$이다.

18 주어진 정비례 관계의 그래프가 원점을 지나는 직선이고 점 $(-5,\,4)$를 지나므로 그래프의 식을 $y=kx$라 하자.

$y=kx$에 $x=-5$, $y=4$를 대입하면

$4=-5k$ $\therefore k=-\dfrac{4}{5}$

따라서 $y=-\dfrac{4}{5}x$의 그래프가 점 $(a-2,\,-a)$를 지나므로 $x=a-2$, $y=-a$를 대입하면

$-a=-\dfrac{4}{5}(a-2)$, $5a=4a-8$

$\therefore a=-8$

19 $y=ax$에 $x=3$, $y=9$를 대입하면

$9=3a$ $\therefore a=3$

$y=bx$에 $x=3$, $y=-6$을 대입하면

$-6=3b$ $\therefore b=-2$

$\therefore a+b=3+(-2)=1$

20 ㄱ. 5자루에 3000원이므로 연필 1자루의 가격은 600원이다. $\therefore y=600x$ (정비례)

ㄴ. (사다리꼴의 넓이)

$=\dfrac{1}{2}\times\{($윗변의 길이$)+($아랫변의 길이$)\}\times($높이$)$

이므로 $y=\dfrac{1}{2}\times(x+7)\times4$ $\therefore y=2x+14$

ㄷ. $x:75=1:y$에서 $xy=75$ $\therefore y=\dfrac{75}{x}$ (반비례)

ㄹ. $x=\dfrac{y}{100}\times120$ $\therefore y=\dfrac{5}{6}x$ (정비례)

ㅁ. $xy=24$ $\therefore y=\dfrac{24}{x}$ (반비례)

ㅂ. 1000원짜리 지폐 1장당 10개의 100원짜리 동전이 나오므로 $y=\dfrac{1}{10}x$ (정비례)

따라서 반비례인 것은 ㄷ, ㅁ의 2개이다.

21 ① $y=\dfrac{20}{100}x$ $\therefore y=\dfrac{1}{5}x$ (정비례)

② $y=500-30x$

③ $y=4x$ (정비례)

④ 한 달에 4000원씩 저축하면 1년에

$4000\times12=48000$(원)을 저축하므로

$y=48000x$ (정비례)

⑤ $xy=36$ $\therefore y=\dfrac{36}{x}$ (반비례)

22 (가)에서 두 변수 x, y는 반비례 관계이므로

$y=\dfrac{a}{x}$ $(a\neq0)$라 하고 (나)에서 $x=-\dfrac{5}{2}$, $y=6$을 대입하면

$6=a\div\left(-\dfrac{5}{2}\right)$, $-\dfrac{2}{5}a=6$ $\therefore a=-15$

따라서 관계식은 $y=-\dfrac{15}{x}$이고,

$x=27$일 때 $y=-\dfrac{15}{27}=-\dfrac{5}{9}$이다.

23 y가 x에 반비례하므로 $y=\dfrac{a}{x}$ $(a\neq0)$라 하고

$x=\dfrac{4}{3}$, $y=-9$를 대입하면

$-9=a\div\dfrac{4}{3}$, $\dfrac{3}{4}a=-9$ $\therefore a=-12$

따라서 관계식은 $y=-\dfrac{12}{x}$이고, 이 식에 주어진 표의 값을 차례로 대입하면

$A=\dfrac{-12}{-2}=6$, $B=\dfrac{-12}{-1}=12$

$C=(-12)\div\dfrac{1}{3}=(-12)\times3=-36$

$\therefore A+B+C=6+12+(-36)=-18$

24 $y=\dfrac{a}{x}$에 $x=-21$, $y=p$를 대입하면 $p=-\dfrac{a}{21}$

$x=q$, $y=\dfrac{3}{5}$을 대입하면 $\dfrac{3}{5}=\dfrac{a}{q}$, $q=\dfrac{5}{3}a$

$\therefore \dfrac{q}{p}=\dfrac{5}{3}a\times\left(-\dfrac{21}{a}\right)=-35$

25 ① 원점을 지나지 않는다.

② $a>0$이면 제1사분면과 제3사분면을 지난다.

③ $a<0$이면 제2사분면과 제4사분면을 지난다.

⑤ $x=a$일 때, $y=\dfrac{a}{a}=1$이므로 그래프는 점 $(a,\,1)$을 지난다.

26 ㄱ. 원점을 지나지 않는다.

ㄴ. $x=-6$일 때, $y=\dfrac{8}{-6}=-\dfrac{4}{3}$이므로 $y=\dfrac{8}{x}$의 그래프는 점 $\left(-6,\ -\dfrac{4}{3}\right)$를 지난다.

ㄹ. 제1사분면과 제3사분면에서 x의 값이 증가하면 y의 값은 감소한다.

따라서 옳은 것은 ㄴ, ㄷ이다.

27 ① $x=-4$를 $y=-\dfrac{4}{x}$에 대입하면 $y=-\dfrac{4}{-4}=1$

② $x=-2$를 $y=-\dfrac{4}{x}$에 대입하면 $y=-\dfrac{4}{-2}=2$

③ $y=\dfrac{a}{x}\,(a\neq 0)$의 그래프는 원점을 지나지 않는다.

⑤ $x=16$을 $y=-\dfrac{4}{x}$에 대입하면 $y=-\dfrac{4}{16}=-\dfrac{1}{4}$

28 $y=\dfrac{a}{x}$에 $x=5,\ y=1$을 대입하면

$1=\dfrac{a}{5}$ $\quad \therefore a=5$

29 $y=\dfrac{a}{x}$에 $x=-4,\ y=2$를 대입하면

$2=\dfrac{a}{-4}$ $\quad \therefore a=-8$

$y=-\dfrac{8}{x}$에 $x=b,\ y=-\dfrac{2}{3}$를 대입하면

$-\dfrac{2}{3}=-\dfrac{8}{b},\ 2b=24$ $\quad \therefore b=12$

$\therefore a+b=-8+12=4$

30 $y=\dfrac{a}{x}$에 $x=4,\ y=\dfrac{3}{2}$을 대입하면

$\dfrac{3}{2}=\dfrac{a}{4}$ $\quad \therefore a=6$

따라서 $y=\dfrac{6}{x}$의 그래프 위에 있는 점은 $(-1,\ -6)$, $\left(8,\ \dfrac{3}{4}\right)$이다.

31 $y=\dfrac{a}{x}$에 $x=-5,\ y=-3$을 대입하면

$-3=\dfrac{a}{-5}$ $\quad \therefore a=15$

따라서 $y=\dfrac{15}{x}$의 그래프 위의 점 중에서 x좌표와 y좌표가 모두 정수인 점은

$(1,\ 15),\ (3,\ 5),\ (5,\ 3),\ (15,\ 1),\ (-1,\ -15),$
$(-3,\ -5),\ (-5,\ -3),\ (-15,\ -1)$

로 모두 8개이다.

32 $y=\dfrac{a}{x}\,(x>0)$의 그래프가 점 $\left(4,\ \dfrac{5}{2}\right)$를 지나므로

$y=\dfrac{a}{x}$에 $x=4,\ y=\dfrac{5}{2}$를 대입하면

$\dfrac{5}{2}=\dfrac{a}{4}$ $\quad \therefore a=10$

$y=\dfrac{10}{x}\,(x>0)$의 그래프 위의 점 $(m,\ n)$ 중에서 $m,\ n$이 모두 정수인 점은

$(1,\ 10),\ (2,\ 5),\ (5,\ 2),\ (10,\ 1)$로 모두 4개이다.

33 $y=\dfrac{a}{x}$의 그래프가 점 $(8,\ 2)$를 지나므로

$y=\dfrac{a}{x}$에 $x=8,\ y=2$를 대입하면

$2=\dfrac{a}{8}$ $\quad \therefore a=16$

$y=\dfrac{16}{x}$에 $x=-4$를 대입하면

$y=\dfrac{16}{-4}=-4$

$\therefore \mathrm{A}(-4,\ -4)$

34 $y=\dfrac{a}{x}$에 $x=3,\ y=2$를 대입하면

$2=\dfrac{a}{3}$ $\quad \therefore a=6$

$y=\dfrac{6}{x}$에 $x=b,\ y=-6$을 대입하면

$-6=\dfrac{6}{b}$ $\quad \therefore b=-1$

$\therefore a-b=6-(-1)=7$

35 그래프가 점 $(2,\ 5)$를 지나므로

$y=\dfrac{a}{x}$에 $x=2,\ y=5$를 대입하면

$5=\dfrac{a}{2}$ $\quad \therefore a=10$

$y=\dfrac{10}{x}$에 $x=k,\ y=-\dfrac{5}{2}$를 대입하면

$-\dfrac{5}{2}=\dfrac{10}{k}$ $\quad \therefore k=-4$

36 $x=6$일 때, $y=\dfrac{a}{6}$

$x=-2$일 때, $y=\dfrac{a}{-2}$

두 점 P, Q의 y좌표의 합이 -6이므로

$\dfrac{a}{6}+\left(-\dfrac{a}{2}\right)=-6,\ -\dfrac{1}{3}a=-6$ $\quad \therefore a=18$

37 점 P의 좌표를 $\left(t,\ \dfrac{a}{t}\right)\,(t>0)$라고 하면

(선분 OA의 길이)$=t$, (선분 OB의 길이)$=\dfrac{a}{t}$이므로

(선분 OA의 길이)×(선분 OB의 길이)$=t\times\dfrac{a}{t}=a=18$

38 $y=-\dfrac{12}{x}$의 그래프가 점 A$(-3,\ b)$를 지나므로

$y=-\dfrac{12}{x}$에 $x=-3,\ y=b$를 대입하면

$b=-\dfrac{12}{-3}=4$

즉, 두 그래프의 교점의 좌표는 A$(-3,\ 4)$이다.

$y=ax$의 그래프도 점 A$(-3,\ 4)$를 지나므로

$y=ax$에 $x=-3,\ y=4$를 대입하면

$4=-3a$ $\therefore a=-\dfrac{4}{3}$

$\therefore \dfrac{a}{b}=\left(-\dfrac{4}{3}\right)\div4=\left(-\dfrac{4}{3}\right)\times\dfrac{1}{4}=-\dfrac{1}{3}$

39 두 그래프가 만나는 점의 y좌표가 6이므로

$y=-\dfrac{3}{2}x$에 $y=6$을 대입하면

$6=-\dfrac{3}{2}x$ $\therefore x=-4$

즉, 두 그래프의 교점의 좌표는 $(-4,\ 6)$이므로

$y=\dfrac{a}{x}$에 $x=-4,\ y=6$을 대입하면

$6=\dfrac{a}{-4}$ $\therefore a=-24$

40 $y=\dfrac{a}{x}$에 $x=5,\ y=4$를 대입하면

$4=\dfrac{a}{5}$ $\therefore a=20$

$y=\dfrac{20}{x}$의 그래프와 직선이 만나는 점의 x좌표가 2이므로

$y=\dfrac{20}{x}$에 $x=2$를 대입하면 $y=\dfrac{20}{2}=10$

즉, 만나는 점의 좌표는 $(2,\ 10)$이다.

구하는 직선을 그래프로 하는 x와 y 사이의 관계식을

$y=bx\ (b\ne0)$라고 하면 정비례 관계 $y=bx$의 그래프는

점 $(2,\ 10)$을 지난다.

$y=bx$에 $x=2,\ y=10$을 대입하면

$10=2b$ $\therefore b=5$

따라서 직선을 그래프로 하는 x와 y 사이의 관계식은 $y=5x$

이다.

41 $y=\dfrac{a}{x}$의 그래프가 점 $(6,\ -4)$를 지나므로

$y=\dfrac{a}{x}$에 $x=6,\ y=-4$를 대입하면

$-4=\dfrac{a}{6}$ $\therefore a=-24$

또한, $y=bx$의 그래프도 점 $(6,\ -4)$를 지나므로

$y=bx$에 $x=6,\ y=-4$를 대입하면

$-4=b\times6$ $\therefore b=-\dfrac{2}{3}$

$\therefore ab=(-24)\times\left(-\dfrac{2}{3}\right)=16$

42 $y=-\dfrac{1}{2}x$에 $y=-2$를 대입하면

$-2=-\dfrac{1}{2}x$ $\therefore x=4$

$y=\dfrac{a}{x}$에 $x=4,\ y=3$을 대입하면

$3=\dfrac{a}{4}$ $\therefore a=12$

$y=\dfrac{12}{x}$가 점 $(-2,\ b)$를 지나므로

$y=\dfrac{12}{x}$에 $x=-2,\ y=b$를 대입하면

$b=\dfrac{12}{-2}=-6$

$\therefore a\div b=12\div(-6)=-2$

43 $y=-\dfrac{6}{x}$의 그래프가 점 $(a,\ -3)$을 지나므로

$y=-\dfrac{6}{x}$에 $x=a,\ y=-3$을 대입하면

$-3=-\dfrac{6}{a}$ $\therefore a=2$

이때 직선 $y=2x$가 점 $(2,\ b)$를 지나므로

$y=2x$에 $x=2,\ y=b$를 대입하면 $b=2\times2=4$

따라서 점 P의 좌표는 $(2,\ 4)$이다.

44 점 $(-1,\ a)$가 $y=2x$의 그래프 위의 점이므로

$y=2x$에 $x=-1,\ y=a$를 대입하면

$a=2\times(-1)=-2$

또, 점 $(2,\ b)$가 $y=2x$의 그래프 위의 점이므로

$y=2x$에 $x=2,\ y=b$를 대입하면

$b=2\times2=4$

따라서 세 점 $(-1,\ -2)$, $(2,\ 4)$,

$(2,\ -4)$를 꼭짓점으로 하는 삼각형의

넓이는

$\dfrac{1}{2}\times8\times3=12$

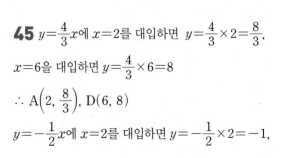

45 $y=\dfrac{4}{3}x$에 $x=2$를 대입하면 $y=\dfrac{4}{3}\times2=\dfrac{8}{3}$,

$x=6$을 대입하면 $y=\dfrac{4}{3}\times6=8$

$\therefore$ A$\left(2,\ \dfrac{8}{3}\right)$, D$(6,\ 8)$

$y=-\dfrac{1}{2}x$에 $x=2$를 대입하면 $y=-\dfrac{1}{2}\times2=-1$,

$x=6$을 대입하면 $y=-\dfrac{1}{2}\times 6=-3$

$\therefore$ B$(2,\,-1)$, C$(6,\,-3)$

사다리꼴 ABCD에서 높이는 $6-2=4$

(선분 AB의 길이)$=\dfrac{8}{3}-(-1)=\dfrac{11}{3}$

(선분 DC의 길이)$=8-(-3)=11$

따라서 사다리꼴 ABCD의 넓이는

$\dfrac{1}{2}\times\left(\dfrac{11}{3}+11\right)\times 4=\dfrac{88}{3}$

46 점 P의 좌표를 $(t,\,mt)$ $(t>0)$라고 하면

(삼각형 POC의 넓이)$=\dfrac{1}{2}\times 6\times mt=3mt$

(삼각형 ABP의 넓이)$=\dfrac{1}{2}\times 2\times t=t$

(삼각형 POC의 넓이)$=2\times$(삼각형 ABP의 넓이)

이므로 $3mt=2\times t$

이때 $t\neq 0$이므로 $3m=2$ $\therefore m=\dfrac{2}{3}$

47 사각형 ABCD가 정사각형이므로

(선분 AD의 길이)$=$(선분 DC의 길이)$=1$

점 A의 좌표를 $(a,\,2a)$라고 하면 점 D의 좌표는

$(a+1,\,2a)$, 점 C의 좌표는 $(a+1,\,2a-1)$이다.

이때 점 C는 $y=\dfrac{1}{2}x$의 그래프 위의 점이므로

$y=\dfrac{1}{2}x$에 $x=a+1$, $y=2a-1$을 대입하면

$2a-1=\dfrac{1}{2}(a+1)$, $4a-2=a+1$

$3a=3$ $\therefore a=1$

따라서 점 D의 좌표는 D$(2,\,2)$이다.

48 점 A는 $y=4x$의 그래프 위의 점이므로

$y=4x$에 $x=a$, $y=9$를 대입하면

$9=4a$ $\therefore a=\dfrac{9}{4}$

또, 점 C는 $y=\dfrac{1}{2}x$의 그래프 위의 점이므로

$y=\dfrac{1}{2}x$에 $x=6$, $y=b$를 대입하면 $b=\dfrac{1}{2}\times 6=3$

따라서 (선분 BC의 길이)$=6-\dfrac{9}{4}=\dfrac{15}{4}$,

(선분 AB의 길이)$=9-3=6$이므로

(직사각형 ABCD의 넓이)

$=$(선분 BC의 길이)$\times$(선분 AB의 길이)

$=\dfrac{15}{4}\times 6=\dfrac{45}{2}$

49 (선분 CB의 길이)$=6-2=4$, (선분 OA의 길이)$=6$,

(선분 AB의 길이)$=6$이므로

(사다리꼴 OABC의 넓이)$=\dfrac{1}{2}\times(4+6)\times 6=30$

$y=ax$의 그래프와 선분 AB가 만나는 점을 D$(6,\,6a)$라고

하면 $y=ax$의 그래프가 사다리꼴 OABC의 넓이를 이등분

하므로

(삼각형 OAD의 넓이)$=\dfrac{1}{2}\times$(사다리꼴 OABC의 넓이)

$\dfrac{1}{2}\times 6\times 6a=\dfrac{1}{2}\times 30$

$18a=15$ $\therefore a=\dfrac{5}{6}$

50 (선분 AD의 길이)$=6$, (선분 DC의 길이)$=2k$이고 직

사각형 ABCD의 넓이가 24이므로

$6\times 2k=24$ $\therefore k=2$

즉, 점 D의 좌표는 $(3,\,2)$이다.

$y=\dfrac{a}{x}$에 $x=3$, $y=2$를 대입하면

$2=\dfrac{a}{3}$ $\therefore a=6$

51 $y=\dfrac{a}{x}$의 그래프가 점 D$(2,\,3)$을 지나므로

$y=\dfrac{a}{x}$에 $x=2$, $y=3$을 대입하면

$3=\dfrac{a}{2}$ $\therefore a=6$

$y=\dfrac{6}{x}$의 그래프에서 점 B와 점 D를 지나는 직사각형의 넓

이는 각각 6이고, 두 직사각형의 넓이의 합은 12이다.

또한, 점 A와 점 C를 지나는 두 직사각형의 넓이의 합은

$36-12=24$이므로 점 A와 점 C를 지나는 직사각형의 넓이

는 각각 12이다.

이때 $y=\dfrac{b}{x}$의 그래프 위의 점은 x좌표와 y좌표의 곱이 일정

하고, 두 점 A와 C는 각각 제2사분면과 제4사분면에 있으므

로 $b=-12$

52 (사각형 CGFE의 넓이)

$=$(사각형 OFEB의 넓이)$-$(사각형 OGCB의 넓이)

이므로 $10=12-$(사각형 OGCB의 넓이)

$\therefore$ (사각형 OGCB의 넓이)$=2$

$\therefore$ (사각형 ABCD의 넓이)

$=$(사각형 OGDA의 넓이)$-$(사각형 OGCB의 넓이)

$=12-2=10$

53 전체 일의 양을 1이라고 하면 수민이가 1시간 동안 일한

양은 $\dfrac{1}{2}$, 지혜가 1시간 동안 일한 양은 $\dfrac{1}{3}$이고, 수민이와 지

혜가 함께 1시간 동안 일한 양은
$$\frac{1}{2}+\frac{1}{3}=\frac{5}{6}$$이다.
따라서 x와 y 사이의 관계식은 $y=\frac{5}{6}x$

54 타일 10개의 무게가 12 kg이므로 타일 1개의 무게는 1.2 kg이고, 타일 6 kg의 가격이 2400원이므로 타일 1 kg의 가격은 400원이다.
따라서 타일 1개의 가격은 $1.2\times400=480$(원)이므로 x와 y 사이의 관계식은 $y=480x$

55 일정한 시간 동안 맞물린 톱니의 수가 같으므로
$$32x=24y \qquad \therefore y=\frac{4}{3}x$$
또한, 톱니바퀴 A가 6바퀴 회전하므로
$y=\frac{4}{3}x$에 $x=6$을 대입하면
$$y=\frac{4}{3}\times6=8$$
따라서 톱니바퀴 B는 8바퀴 회전한다.

56 1분에 4 L씩 물을 넣고 있으므로 x분 동안 늘어난 물의 양 y L 사이의 관계식은 $y=4x$이다.
이때 20분 동안 늘어난 물의 양이
$y=4\times20=80$(L)이므로 5시에 들어 있던 물탱크의 물의 양은 $320-80=240$(L)이다.

57 전체 일한 양은 서로 같으므로
$$4\times8=x\times y,\ xy=32 \qquad \therefore y=\frac{32}{x}$$

58 일정한 시간 동안 맞물린 톱니의 수가 같으므로
$$30\times4=x\times y에서\ xy=120 \qquad \therefore y=\frac{120}{x}$$
또한, 작은 톱니바퀴의 톱니가 20개이므로
$y=\frac{120}{x}$에 $x=20$을 대입하면
$$y=\frac{120}{20}=6$$
따라서 작은 톱니바퀴는 6바퀴 회전한다.

59 부피 y cm³는 압력 x기압에 반비례하므로 $y=\frac{a}{x}$의 꼴이다.
$y=10$일 때, $x=3$이므로 $y=\frac{a}{x}$에 $x=3$, $y=10$을 대입하면
$$10=\frac{a}{3} \qquad \therefore a=30$$

즉, x와 y 사이의 관계식은 $y=\frac{30}{x}$이고 압력이 5기압이므로
$y=\frac{30}{x}$에 $x=5$를 대입하면
$$y=\frac{30}{5}=6$$
따라서 압력이 5기압일 때, 기체의 부피는 6 cm³이다.

60 수족관의 전체 용량은 일정하므로
$$200=x\times y에서\ xy=200 \qquad \therefore y=\frac{200}{x}$$
물을 가득 채우는 데 20분이 걸렸으므로
$y=\frac{200}{x}$에 $y=20$을 대입하면
$$20=\frac{200}{x} \qquad \therefore x=10$$
따라서 물을 1분에 10 L씩 넣었다.

61 밑변의 길이가 x cm, 높이가 8 cm인 삼각형 ABP의 넓이가 y cm²이므로
$$y=\frac{1}{2}\times x\times8=4x\ (0<x\le12)$$
즉, $y=4x$
삼각형 ABP의 넓이가 28 cm²이므로
$y=4x$에 $y=28$을 대입하면
$$28=4x \qquad \therefore x=7$$
따라서 선분 BP의 길이는 7 cm이다.

62 밑변의 길이가 x cm, 높이가 10 cm인 삼각형 ABP의 넓이가 y cm²이므로
$$y=\frac{1}{2}\times x\times10=5x\ (0<x\le16),\ 즉\ y=5x$$

63 점 P는 점 B를 출발하여 점 C까지 매초 2 cm씩 움직이므로 x초 동안 점 P가 움직인 거리는
(선분 BP의 길이)$=2x$(cm)
따라서 밑변의 길이가 $2x$ cm, 높이가 18 cm인 삼각형 ABP의 넓이가 y cm²이므로
$$y=\frac{1}{2}\times2x\times18=18x,\ 즉\ y=18x$$
그런데 점 P는 선분 BC 위의 점이므로
$$0<2x\le18 \qquad \therefore 0<x\le9$$

64 점 P는 점 C를 출발하여 점 B까지 매초 2 cm씩 움직이므로 x초 동안 점 P가 움직인 거리는
(선분 CP의 길이)$=2x$(cm)
삼각형 DPC의 넓이는
$$y=\frac{1}{2}\times2x\times6=6x\ (0<x\le4),\ 즉\ y=6x$$

삼각형 DPC의 넓이가 $12\ \text{cm}^2$이므로
$y=6x$에 $y=12$를 대입하면
$12=6x$　　$\therefore x=2$
따라서 넓이가 $12\ \text{cm}^2$가 되는 것은 점 P가 점 C를 출발한
지 2초 후이다.

65 x초 후의 선분 PC의 길이는 $3x\ \text{cm}$이므로
(선분 PC의 길이)$=3x(\text{cm})$
(사각형 APCD의 넓이)
$=$(삼각형 APC의 넓이)$+$(삼각형 ACD의 넓이)
에서 (삼각형 ACD의 넓이)$=\dfrac{1}{2}\times9\times6=27(\text{cm}^2)$
이때 사각형 APCD의 넓이가 $36\ \text{cm}^2$이려면
$36=$(삼각형 APC의 넓이)$+27$에서
(삼각형 APC의 넓이)$=9(\text{cm}^2)$
(삼각형 APC의 넓이)$=\dfrac{1}{2}\times$(선분 PC의 길이)$\times6$이므로
$9=\dfrac{1}{2}\times3x\times6,\ 9=9x$　　$\therefore x=1$
따라서 넓이가 $36\ \text{cm}^2$가 되는 것은 점 P가 점 C를 출발한
지 1초 후이다.

66 $\dfrac{1}{2}\times x\times y=12$　　$\therefore y=\dfrac{24}{x}$
이때 $0<x\leq8,\ 0<y\leq10$이고
$x=8$일 때, $y=3$
$y=10$일 때, $x=\dfrac{12}{5}$이므로
$\dfrac{12}{5}\leq x\leq8$이다.
$\therefore y=\dfrac{24}{x}\left(\dfrac{12}{5}\leq x\leq8\right)$

67 ① 걸어서 가는 경우의 그래프는 원점을 지나는 직선이
고, 점 $(4,\ 200)$을 지나므로
$y=ax$에 $x=4,\ y=200$을 대입하면
$200=4a$　　$\therefore a=50$
따라서 x와 y 사이의 관계식은 $y=50x$이다.
② 자전거를 타는 경우의 그래프는 원점을 지나는 직선이고,
점 $(4,\ 1200)$을 지나므로
$y=ax$에 $x=4,\ y=1200$을 대입하면
$1200=4a$　　$\therefore a=300$
따라서 x와 y 사이의 관계식은 $y=300x$이다.
③ 5분 동안 걸어갔으므로 $y=50x$에 $x=5$를 대입하면
$y=50\times5=250$
따라서 5분 동안 걸어간 거리는 250 m이다.
④ 집에서 정보센터까지의 거리가 1800 m이고, 걸어갔으므

로 $y=50x$에 $y=1800$을 대입하면
$1800=50x$　　$\therefore x=36$
따라서 집에서 정보센터까지 걸어서 가면 36분이 걸린다.
⑤ 집에서 정보센터까지의 거리가 1800 m이고, 자전거를 타
고 갔으므로 $y=300x$에 $y=1800$을 대입하면
$1800=300x$　　$\therefore x=6$
따라서 집에서 정보센터까지 자전거를 타고 가면 6분이
걸린다.

68 10분 동안 A와 B 두 수도꼭지에서 나온 물의 양이 6 L
이므로 1분 동안 나온 물의 양은 $\dfrac{6}{10}=\dfrac{3}{5}(\text{L})$이다.
또한, 10분부터 30분까지 20분 동안 B 수도꼭지에서 나온
물의 양은 4 L이므로 B 수도꼭지에서 1분 동안 나온 물의 양
은 $\dfrac{4}{20}=\dfrac{1}{5}(\text{L})$이다.
즉, A 수도꼭지만 이용하면 1분 동안 $\dfrac{3}{5}-\dfrac{1}{5}=\dfrac{2}{5}(\text{L})$의 물
이 나오므로 A 수도꼭지에서 x분 동안 나오는 물의 양을 y L
라고 할 때, x와 y 사이의 관계식은 $y=\dfrac{2}{5}x$이다.
한편, 물탱크의 부피가 10 L이므로
$y=\dfrac{2}{5}x$에 $y=10$을 대입하면
$10=\dfrac{2}{5}x$　　$\therefore x=25$
따라서 A 수도꼭지만을 이용하여 물탱크를 가득 채울 때 걸
리는 시간은 25분이다.

69 음료수의 가격 x원과 판매량 y개 사이의 관계식을
$y=\dfrac{a}{x}$라고 하면 500원일 때 100개가 팔렸으므로
$y=\dfrac{a}{x}$에 $x=500,\ y=100$을 대입하면
$100=\dfrac{a}{500}$　　$\therefore a=50000$
또한, 음료수 1개의 가격을 500원에서 20 % 할인하면
$500\times\left(1-\dfrac{20}{100}\right)=400(원)$이므로
$y=\dfrac{50000}{x}$에 $x=400$을 대입하면
$y=\dfrac{50000}{400}=125$
따라서 예상되는 판매량은 125개이다.

70 동생과 형의 그래프에서 x와 y 사이의 관계식을 각각
$y=ax,\ y=bx$라고 하자.
$y=ax$에 $x=10,\ y=2400$을 대입하면
$2400=10a$　　$\therefore a=240$
즉, 동생의 그래프의 식은 $y=240x$이다.

$y=bx$에 $x=16$, $y=2400$을 대입하면
$2400=16b$ ∴ $b=150$
즉, 형의 그래프의 식은 $y=150x$이다.
따라서 집에서 동시에 출발한 지 x분 후 형과 동생 사이의 거리 y m 사이의 관계식은
$y=240x-150x=90x$, 즉 $y=90x$

71 A와 B의 그래프에서 x와 y 사이의 관계식을 각각
$y=ax$, $y=bx$라고 하자.
$y=ax$에 $x=2$, $y=240$을 대입하면
$240=2a$ ∴ $a=120$
즉, A의 그래프의 식은 $y=120x$이다.
$y=bx$에 $x=2$, $y=160$을 대입하면
$160=2b$ ∴ $b=80$
즉, B의 그래프의 식은 $y=80x$이다.
A, B 두 수문을 동시에 열어 x시간 동안 방류한 물의 양을
y만 톤이라고 할 때, x와 y 사이의 관계식은
$y=120x+80x=200x$, 즉 $y=200x$
A, B 두 수문을 동시에 열어 1400만 톤을 방류하므로
$y=200x$에 $y=1400$을 대입하면
$1400=200x$ ∴ $x=7$
따라서 1400만 톤의 물을 방류하는 데 7시간 걸린다.

72 동욱이와 규호의 그래프에서 x와 y 사이의 관계식을 각각 $y=ax$, $y=bx$라고 하자.
$y=ax$에 $x=2$, $y=200$을 대입하면
$200=2a$ ∴ $a=100$
즉, 동욱이의 그래프의 식은 $y=100x$이다.
$y=bx$에 $x=2$, $y=400$을 대입하면
$400=2b$ ∴ $b=200$
즉, 규호의 그래프의 식은 $y=200x$이다.
이때 집에서 공원까지의 거리가 2 km, 즉 2000 m이므로
$y=100x$에 $y=2000$을 대입하면
$2000=100x$ ∴ $x=20$
$y=200x$에 $y=2000$을 대입하면
$2000=200x$ ∴ $x=10$
따라서 동욱이와 규호가 공원까지 가는 데 걸린 시간은 각각 20분, 10분이므로 규호가 공원에 도착한 지 $20-10=10$(분) 후에 동욱이가 도착한다.

73 현주와 유진의 그래프에서 x와 y 사이의 관계식을 각각
$y=ax$, $y=bx$라고 하자.
현주는 5분 동안 600 m를 갔으므로
$y=ax$에 $x=5$, $y=600$을 대입하면

$600=5a$ ∴ $a=120$ ∴ $y=120x$
또한, 유진이는 5분 동안 1000 m를 갔으므로
$y=bx$에 $x=5$, $y=1000$을 대입하면
$1000=5b$ ∴ $b=200$ ∴ $y=200x$
이때 집에서 학교까지의 거리가 4.2 km, 즉 4200 m이므로
$y=120x$, $y=200x$에 $y=4200$을 각각 대입하면
$4200=120x$ ∴ $x=35$
$4200=200x$ ∴ $x=21$
따라서 현주와 유진이가 학교까지 가는 데 걸린 시간은 각각
35분, 21분이므로 유진이는 도착한 후 현주가 도착할 때까지
$35-21=14$(분)을 기다려야 한다.

74 오른쪽 그림과 같이 $x=-3$일 때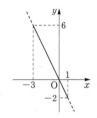
$y=6$으로 가장 크고, $x=1$일 때
$y=-2$로 가장 작으므로
y의 값의 범위는 $-2 \leq y \leq 6$
∴ $a+b=(-2)+6=4$

75 오른쪽 그림과 같이 $x=1$일 때
$y=9$로 가장 크고, $x=3$일 때 $y=3$으로
가장 작으므로 y의 값의 범위는
$3 \leq y \leq 9$

76 오른쪽 그림과 같이 $y=-5$일 때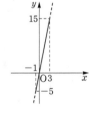
$x=-1$로 가장 작고, $y=15$일 때
$x=3$으로 가장 크므로 x의 값의 범위는
$-1 \leq x \leq 3$
따라서 $a=-1$, $b=3$이므로
$a+b=(-1)+3=2$

77 오른쪽 그림과 같이 $y=3$일 때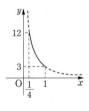
$x=1$로 가장 크고, $y=12$일 때
$x=\frac{1}{4}$로 가장 작으므로 x의 값의 범위는
$\frac{1}{4} \leq x \leq 1$
따라서 $a=\frac{1}{4}$, $b=1$이므로
$a+b=\frac{1}{4}+1=\frac{5}{4}$

단원 종합 문제

154~160쪽

01 1	**02** ①, ⑤	**03** ④	
04 −40	**05** ③	**06** ②	**07** ②
08 ③	**09** $\dfrac{10}{3}$	**10** ㄱ, ㅁ	**11** ③
12 ②	**13** ①	**14** ④	**15** ①
16 ④			

17 (1) A(4, 3), B(−8, 0), C(−8, 6) (2) 36

18 ①, ④	**19** ④	**20** ②	**21** ④
22 ②	**23** (1) $y=\dfrac{900}{x}$ (2) 15 %		
24 (1) $y=\dfrac{1}{20}x$ (2) 160 g		**25** ④	
26 $y=\dfrac{72}{x}$	**27** ③	**28** ③	**29** ④
30 9시간 20분			

01 ㄱ. $y=2(6+x)$에서 $y=2x+12$

ㄴ. 시침은 60분에 30° 회전하므로 1분에 0.5° 회전한다. 즉,
$y=0.5x$ (정비례)

ㄷ. $y=\dfrac{1}{2}x^2$

ㄹ. $xy=460$에서 $y=\dfrac{460}{x}$ (반비례)

ㅁ. $y=10x$ (정비례)

ㅂ. $x+y=600$에서 $y=-x+600$

ㅅ. (거리)=(속력)×(시간)이므로
$$y=120\times\dfrac{x}{60}=2x \text{ (정비례)}$$

ㅇ. $xy=10000$에서 $y=\dfrac{10000}{x}$ (반비례)

따라서 정비례인 것은 ㄴ, ㅁ, ㅅ의 3개이고, 반비례인 것은
ㄹ, ㅇ의 2개이므로 $a=3$, $b=2$
$$\therefore a-b=3-2=1$$

02 y가 x에 정비례하므로 $y=ax$라고 하고
$x=-2$, $y=-1$을 대입하면

$-1=-2a$ ∴ $a=\dfrac{1}{2}$

따라서 관계식은 $y=\dfrac{1}{2}x$이다.

① $-\dfrac{1}{4}=\dfrac{1}{2}\times A$ ∴ $A=-\dfrac{1}{2}$

② $B=\dfrac{1}{2}\times(-3)=-\dfrac{3}{2}$

③ $7=\dfrac{1}{2}x$ ∴ $x=14$

④ $x=1$일 때 $y=\dfrac{1}{2}\times1=\dfrac{1}{2}$이고 $x=8$일 때 $y=\dfrac{1}{2}\times8=4$
이므로 x의 값이 8배가 되면 y의 값도 8배가 된다.

⑤ $C=\dfrac{1}{2}$이므로
$$A-B\div C=\left(-\dfrac{1}{2}\right)-\left(-\dfrac{3}{2}\right)\div\dfrac{1}{2}$$
$$=-\dfrac{1}{2}-\left(-\dfrac{3}{2}\right)\times2=-\dfrac{1}{2}-(-3)$$
$$=-\dfrac{1}{2}+3=\dfrac{5}{2}$$

따라서 옳지 않은 것은 ①, ⑤이다.

03 $a=600\div3=200$, $b=600\div5=120$이므로
$a+b=320$

또, $xy=600$이므로 x, y 사이의 관계식은 $y=\dfrac{600}{x}$

04 x의 값이 3, 5, 7일 때, y의 값은 x의 값의 −4배임을
알 수 있다.
따라서 관계식은 $y=-4x$이다.
$a=-4\times4=-16$, $b=-4\times6=-24$
$$\therefore a+b=-16+(-24)=-40$$

05 y가 x에 반비례하므로 $y=\dfrac{a}{x}$라 하고
$x=10$, $y=2$를 대입하면
$2=\dfrac{a}{10}$ ∴ $a=20$
따라서 $y=\dfrac{20}{x}$에 $x=5$를 대입하면
$$y=\dfrac{20}{5}=4$$

06 그래프가 원점을 지나는 직선이므로 x와 y 사이의 관계
식은 $y=ax$의 꼴이다.
점 $(3, 2)$를 지나므로 $y=ax$에 $x=3$, $y=2$를 대입하면
$2=3a$ ∴ $a=\dfrac{2}{3}$
따라서 $y=\dfrac{2}{3}x$에 $x=k$, $y=-4$를 대입하면
$-4=\dfrac{2}{3}k$ ∴ $k=-6$

07 $y=\dfrac{8}{x}$의 그래프가 점 $(-2, a)$를 지나므로

$y=\dfrac{8}{x}$에 $x=-2$, $y=a$를 대입하면 $a=\dfrac{8}{-2}=-4$

또, $y=\dfrac{8}{x}$의 그래프가 점 $(b, 4)$를 지나므로

$y=\dfrac{8}{x}$에 $x=b$, $y=4$를 대입하면

$4=\dfrac{8}{b}$ $\therefore b=2$

$\therefore a+b=(-4)+2=-2$

08 $y=\dfrac{a}{x}$에 $x=3$, $y=-6$을 대입하면

$-6=\dfrac{a}{3}$ $\therefore a=-18$

따라서 $y=-\dfrac{18}{x}$에 각 점의 좌표를 대입하면

① $-3\neq-\dfrac{18}{-6}=3$ ② $3\neq-\dfrac{18}{-4}=\dfrac{9}{2}$

③ $-9=-\dfrac{18}{2}$ ④ $-5\neq-\dfrac{18}{4}=-\dfrac{9}{2}$

⑤ $3\neq-\dfrac{18}{6}=-3$

09 y가 x에 정비례하므로 $y=ax$라고 하고

$x=4$, $y=12$를 대입하면

$12=4a$ $\therefore a=3$

$\therefore y=3x$

또, z가 y에 반비례하므로 $z=\dfrac{b}{y}$라고 하고

$y=-2$, $z=5$를 대입하면

$5=\dfrac{b}{-2}$ $\therefore b=-10$

$\therefore z=-\dfrac{10}{y}$

따라서 $y=3x$에 $x=-1$을 대입하면 $y=-3$

$z=-\dfrac{10}{y}$에 $y=-3$을 대입하면 $z=-\dfrac{10}{-3}=\dfrac{10}{3}$

10 $18x=45y$ $\therefore y=\dfrac{2}{5}x$

ㄱ, ㄴ. y는 x에 정비례한다.

ㄷ, ㄹ, ㅁ. $\dfrac{y}{x}$의 값은 항상 $\dfrac{2}{5}$로 일정하다.

ㅂ. $x=7$일 때, $y=\dfrac{14}{5}$이다.

따라서 옳은 것은 ㄱ, ㅁ이다.

11 처음에는 물의 높이가 천천히 감소하다가 P지점에 가까워질수록 점점 빠르게 감소한 후, 이후로 물의 높이가 일정하게 감소한다.

즉, P지점 이전에는 수조의 단면이 점점 좁아지고, P지점 이후에는 단면의 넓이가 일정하므로 적당한 형태의 수조는 ③이다.

12 ② 제1사분면에 속하는 점은 점 B이다.

점 D는 x축 위의 점으로 어느 사분면에도 속하지 않는다.

13 $xy<0$, $x-y>0$이므로 $x>0$, $y<0$이다.

따라서 $x>0$, $-2y>0$이므로

점 $(x, -2y)$는 제1사분면 위의 점이다.

14 점 (a, b)가 제2사분면 위의 점이므로 $a<0$, $b>0$

따라서 $-a>0$, $ab<0$이므로

점 $(-a, ab)$는 제4사분면 위의 점이다.

15 점 $(ab, a-b)$가 제3사분면 위의 점이므로

$ab<0$, $a-b<0$

$ab<0$에서 a, b의 부호는 서로 반대이고,

$a-b<0$에서 $a<b$이므로 $a<0$, $b>0$

따라서 $b>0$, $-a>0$이므로

점 $(b, -a)$는 제1사분면 위의 점이다.

16 점 $A(5, -2)$와 x축에 대하여 대칭인 점은 $B(5, 2)$이고, 점 $B(5, 2)$와 원점에 대하여 대칭인 점은 $C(-5, -2)$이다.

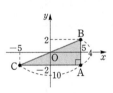

$\therefore$ (삼각형 ABC의 넓이)$=\dfrac{1}{2}\times10\times4=20$

17 (1) 점 $(-4, -3)$과 원점에 대하여 대칭인 점은 $(4, 3)$이므로 $A(4, 3)$

x축 위에 있으므로 y좌표는 0이고, x좌표가 -8이므로 $B(-8, 0)$

점 $(8, 6)$과 y축에 대하여 대칭인 점은 $(-8, 6)$이므로 $C(-8, 6)$

(2) 세 점 A, B, C를 좌표평면 위에 나타내면 오른쪽 그림과 같다. 삼각형 ABC의 밑변의 길이가 6, 높이가 12이므로 넓이는

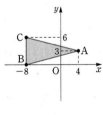

$\dfrac{1}{2}\times6\times12=36$

18 ② 제1사분면과 제3사분면을 지나는 직선이다.

③ x의 값이 증가하면 y의 값도 증가한다.

⑤ $x=3$일 때, $y=\dfrac{4}{3}\times3=4$이므로 점 $(3, 4)$를 지난다.

19 $y=\dfrac{3}{5}x$의 그래프가 점 A를 지나고 점 A의 x좌표가

5이므로 $y=\dfrac{3}{5}x$에 $x=5$를 대입하면 $y=\dfrac{3}{5}\times5=3$

즉, 점 A의 좌표는 $(5,\ 3)$이고,

$y=\dfrac{a}{x}$의 그래프도 점 $(5,\ 3)$을 지나므로

$y=\dfrac{a}{x}$에 $x=5,\ y=3$을 대입하면

$3=\dfrac{a}{5}$　　$\therefore a=15$

20 두 그래프가 만나는 점의 y좌표가 -1이므로

$y=-\dfrac{1}{3}x$에 $y=-1$을 대입하면

$-1=-\dfrac{1}{3}x$　　$\therefore x=3$

즉, 두 그래프의 교점의 좌표는 $(3,\ -1)$이므로

$y=\dfrac{a}{x}$에 $x=3,\ y=-1$을 대입하면

$-1=\dfrac{a}{3}$　　$\therefore a=-3$

또한, $y=-\dfrac{3}{x}$의 그래프가 점 $\left(b,\ -\dfrac{1}{2}\right)$을 지나므로

$y=-\dfrac{3}{x}$에 $x=b,\ y=-\dfrac{1}{2}$을 대입하면

$-\dfrac{1}{2}=-\dfrac{3}{b}$　　$\therefore b=6$

$\therefore a+b=(-3)+6=3$

21 $y=3x$에 $y=6$을 대입하면

$6=3x$　　$\therefore x=2$

즉, 점 B의 좌표는 $(2,\ 6)$이다.

또, $y=-\dfrac{2}{3}x$에 $y=6$을 대입하면

$6=-\dfrac{2}{3}x$　　$\therefore x=-9$

즉, 점 A의 좌표는 $(-9,\ 6)$이다.

따라서 (선분 AB의 길이)$=2-(-9)=11$이고

삼각형 AOB의 높이는 6이므로

(삼각형 AOB의 넓이)$=\dfrac{1}{2}\times11\times6=33$

22 점 P의 좌표를 $(a,\ b)$라고 하면

$y=\dfrac{12}{x}$의 그래프 위의 점이므로

$b=\dfrac{12}{a}$, 즉 $ab=12$

이때 점 A의 좌표는 $(a,\ 0)$,

점 B의 좌표는 $(0,\ b)$이므로

사각형 OAPB의 넓이는

(선분 OA의 길이)$\times$(선분 OB의 길이)$=ab=12$

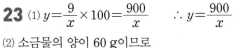

23 (1) $y=\dfrac{9}{x}\times100=\dfrac{900}{x}$　　$\therefore y=\dfrac{900}{x}$

(2) 소금물의 양이 60 g이므로

$y=\dfrac{900}{x}$에 $x=60$을 대입하면 $y=\dfrac{900}{60}=15$

따라서 소금물의 양이 60 g일 때, 소금물의 농도는 15 %

이다.

24 (1) 소금물의 농도는 $\dfrac{20}{400}\times100=5\,(\%)$

5 %의 소금물 x g에 들어있는 소금의 양은 y g이므로

$y=\dfrac{5}{100}\times x=\dfrac{1}{20}x$　　$\therefore y=\dfrac{1}{20}x$

(2) 소금의 양이 8 g이므로

$y=\dfrac{1}{20}x$에 $y=8$을 대입하면

$8=\dfrac{1}{20}x$　　$\therefore x=160$

따라서 소금의 양이 8 g일 때, 소금물의 양은 160 g이다.

25 20 km를 달리는 데 1 L의 휘발유가 필요하므로

1 km를 달리는 데는 $\dfrac{1}{20}$ L의 휘발유가 필요하다.

따라서 x km를 달리는 데 $\dfrac{1}{20}x$ L의 휘발유가 필요하므로

$x,\ y$ 사이의 관계식은 $y=\dfrac{1}{20}x$

26 $12\times6=x\times y$　　$\therefore y=\dfrac{72}{x}$

27 정민이는 1분에 200 m를 가고, 수진이는 1분에 80 m

를 가므로 $x,\ y$ 사이의 관계식은 각각 정민이는 $y=200x$이

고, 수진이는 $y=80x$이다.

이때 집에서 2 km, 즉 2000 m 떨어진 학교를 가므로

$y=200x$에 $y=2000$을 대입하면

$2000=200x$　　$\therefore x=10$

$y=80x$에 $y=2000$을 대입하면

$2000=80x$　　$\therefore x=25$

따라서 정민이와 수진이가 학교에 도착하는 데 걸린 시간은 각

각 10분, 25분이므로 수진이는 정민이보다 $25-10=15$(분)

먼저 출발해야 한다.

28 세 점 $A(a,\ -3)$, $B(2,\ 4)$,

$C(-1,\ -3)$을 좌표평면 위에 나타내

면 $a>0$이므로 오른쪽 그림과 같다.

삼각형 ABC의 밑변의 길이가

$a-(-1)=a+1$,

높이가 $4-(-3)=7$이고, 넓이가 14이므로

(삼각형 ABC의 넓이)$=\frac{1}{2}\times(a+1)\times7=14$

$a+1=4$ $\quad$ ∴ $a=3$

29 주어진 그래프에서 속력이 작아졌다가 커지는 구간이 4
개 있으므로 자전거는 트랙을 한 바퀴 돌 때 커브를 4번 돈다.
따라서 자전거가 달린 트랙의 모양으로 알맞은 것은 ④이다.

30 수도 A, B, C를 사용하면 20분 동안 60 m³의 물이 들
어가므로
1분 동안 3 m³의 물이 들어간다. $\quad$ …… ㉠
수도 A, B만 사용하면 $60-20=40$(분) 동안
$80-60=20(m^3)$의 물이 들어가므로
1분 동안 $\frac{1}{2}$ m³의 물이 들어간다. $\quad$ …… ㉡
수도 A만 사용하면 $120-60=60$(분) 동안
$100-80=20(m^3)$의 물이 들어가므로
1분 동안 $\frac{1}{3}$ m³의 물이 들어간다. $\quad$ …… ㉢
㉠, ㉡에 의하여 수도 C만 사용하면 1분 동안
$3-\frac{1}{2}=\frac{5}{2}(m^3)$의 물이 들어간다.
즉, 수도 C만 사용하여 물을 가득 채우려면
$100\div\frac{5}{2}=40$(분)이 걸린다.
또, ㉡, ㉢에 의하여 수도 B만 사용하면 1분 동안
$\frac{1}{2}-\frac{1}{3}=\frac{1}{6}(m^3)$의 물이 들어간다.
즉, 수도 B만 사용하여 물을 가득 채우려면
$100\div\frac{1}{6}=600$(분)이 걸린다.
따라서 수도 B는 수도 C보다 $600-40=560$(분), 즉 9시간
20분이 더 걸린다.

개념 확장

최상위수학

수학적 사고력 확장을 위한
심화 학습 교재

심화 완성

개념부터
심화까지

수학은 개념이다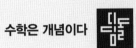